인류 진화의 역사

다림

인류 진화의 역사

로빈 맥키 지음 | 이충호 옮김

BBC

인류 진화의 역사

초판 1쇄   2005년 3월 21일

지은이 로빈 매키
옮긴이 이충호
펴낸이 한혁수

편   집 김정미, 엄희정
디자인 신수경
마케팅 모계영, 온재상, 반수규
제작관리 김남원

펴낸곳 도서출판 다림 서울 구로구 구로동 191-7 에이스 8차 906호
전화 862-2917, 538-2913   전송 563-7739
등록 1997.8.1 제 1-2209호

ISBN 89-87721-65-5 03470

Ape Man

차   례

머 리 말

　인류가 지구상에 출현하여 살아온 기간은 아주 짧지만, 우리는 사실상 지구의 지배자인 양 행세하고 있다. 수백 종의 운명이 향후 수십 년 안에 우리가 취할 행동에 달려 있는데, 이것은 호모 사피엔스가 신과 비슷한 특별하고 높은 존재라는 믿음을 확인시켜 주는 것처럼 보인다. 물론 우리는 그러한 존재하고는 거리가 한참 먼데, 우리의 기원(겨우 500만 년 전에 아프리카의 나무에서 내려온)을 한번 돌이켜보면 그것은 명백하게 드러난다. 우리는 우리뿐만 아니라 다른 모든 생물을 지배하는 진화의 힘에 떠밀려 여기까지 왔다. 그 과정을 자세히 파헤치는 것은 과학이 인류에게 선사할 수 있는 큰 선물이 아닌가 싶다.

　이것은 또한 과학에서 가장 극적인 이야기 중 하나이며, 각자의 재능을 결합하여 우리의 자아상에 혁명을 일으킨 과학자들(서로 전혀 관계가 없어 보이는 분야들에서 연구하는)의 노력이 낳은 결과물이다. 그러한 과학자들에는 먼 옛날에 죽은 동물의 뼈를 연구하는 고생물학자, 인간의 특징과 믿음에 대해 연구하는 인류학자, 옛 사람들이 만든 물건을 분석하는 고고학자, 오늘날의 남자와 여자의 유전자를 사용해 옛 사람들에 관한 소중한 자료를 밝혀 내는 분자생물학자 등이 포함된다. 이 책의 진정한 주인공은 바로 이들이다. 이들은 타는 듯한 무더위와 폐소공포증을 불러일으키는 동굴 또는 황량한 사막에서 일하면서 우리 자신을 이해하는 데 획기적인 업적을 이룬 사람들이다.

　이것은 또한 인간사가 흔히 그렇듯, 시기와 논란이 끊이지 않는 이야기이다. 지금까지 발견된 우리 조상의 화석은 극소수에 불과하다. 그렇지만 과학자들은 종종 그것을 우리에게 중대한 의미가 있는 방식으로 해석하도록 요구받는다. 우리는 본성 깊은 곳에 피에 굶주린 살인자가 숨어 있는 존재인가, 아니면 평화로운 채식주의자의 후손인가? 한 가지 발굴 자료가 우리의 이력을 완전히 뒤바꿀 수도 있고, 그 분석 결과가 기존의 견해를 뒤엎을 수도 있다.

　고생물학의 역사는 '필트다운인 사기 사건'처럼 잘못과 실수로 점철돼 있다. 나중에 보게 되겠지만, 필트다운인은 한 세대 동안 과학자들을 잘못된 길로 인도하였다. 그러한 잘못과 실수는 앞으로도 계속 일어날 것이며, 그러한 일은 우리의 이야기를 더욱 극적이고 흥미롭고 불가사의하게 만들 것이다.

한 마디로 이것은 지금까지 사람들이 들려 준 이야기 중에서 가장 위대한 이야기로, 500만 년 전에 아프리카에서 원숭이처럼 생긴 우리 조상이 최초로 출현하는 사건에서 시작되어 호모 사피엔스의 출현과 그 예술과 문화와 기술이 탄생하는 것으로 막을 내리는 대서사시이다. 이 위대한 영웅담에 참여하여 이야기 한 편을 쓸 수 있다는 것은 크나큰 특권이다. 내게 그러한 특권이 주어진 것에 대해 많은 사람들에게 감사드리고 싶다. 특히 내 원고를 읽고 귀중한 조언과 정보를 제공해 준 레슬리 아이엘로(Leslie Aiello)에게 깊은 감사를 표하고 싶다. 미브 리키(Meave Leakey)도 여러 장을 검토하고, 자신의 가족과 연구에 대해 귀중한 영감을 제공했다. 그 밖에도 많은 과학자들이 내 이야기에 세부적인 내용과 조언을 제공했다. 그들의 이름을 열거하면 다음과 같다: 폴 에이벌(Paul Abell), 피터 앤드루스(Peter Andrews), 후안 루이스 아르수아가(Juan Luis Arsuaga), 클라이브 갬블(Clive Gamble), 앤드루 힐(Andrew Hill), 앤 맥라넌(Ann MacLarnon), 리처드 포츠(Richard Potts), 마크 로버츠(Mark Roberts), 크리스 스트링어(Chris Stringer), 칼 스위셔(Carl Swisher), 에릭 트링코스(Erik Trinkaus), 앨런 워커(Allan Walker), 팀 화이트(Tim White). 또 나를 격려해 주고 이끌어 준 편집자 라라 스파이처(Lara Speicher)와 BBC 월드와이드의 셰일라 에이블먼(Sheila Ableman), 전문 지식과 조언으로 나를 도와 준 BBC 텔레비전의 필립 마틴(Philip Martin)과 리사 실콕(Lisa Silcock)에게도 감사드리고 싶다. 그러나 귀중한 도움과 인내와 지원을 아끼지 않으며, 모든 과학 오디세이 중에서도 가장 흥미진진한 이 이야기에 대한 내 열정을 함께 나눈 아내 새러에게 가장 큰 감사를 드린다.

로빈 매키

제 1 장

숲에서 나오다

화석 사냥꾼이 이용할 수 있는 복잡한 도구는 아주 많지만, 정말로 없어서는 안 될 필수적인 것을 하나 꼽으라면, 그것은 바로 운이다. 행운을 만나지 못한다면, 평생 동안 아무리 열심히 노력한다 하더라도 고생물학자는 결코 성공을 거둘 수 없다. 선사 시대에 관한 위대한 발견 중 많은 것은 과학자들이 발굴 작업을 막 끝내려고 할 무렵에, 또는 한 연구자가 하루의 일이 끝난 후에 한가하게 거닐 때 일어났다. 우리는 이 책에서 그러한 종류의 우연한 발견을 많이 접하게 될 것이다. 그러나 그 많은 행운들과 비교하더라도, 고생물학자 앤드루 힐(Andrew Hill)이 만난 행운은 행운의 여신이 그에게 보내 준 특별한 선물이라고 할 수 있다. 아프리카에서 발굴 작업을 하고 있던 그는 날아오는 코끼리 똥을 피하려다가 인류의 진화에 빛을 밝혀 주는 획기적인 발견을 하게 되었는데, 그것은 바로 라에톨리의 발자국 화석이었다. 원숭이인간(apeman)이 탄자니아 북부의 젖은 화산재를 밟고 지나가면서 남겨 놓은 이 발자국은 인류의 뿌리에 관해 가장 중요한 이미지 중 하나를 제공해 주었다. 이 발자국 화석은 350만 년도 더 전에 우리의 먼 조상이 이미 오늘날의 우리처럼 직립 보행을 했다는 사실을 분명하게 보여 준다. 수백만 년 전에 축축한 부석(浮石) 위에 새겨진 54개의 발자국은 우리가 최초로 두발 보행을 한 포유류라는 증거를 보여 준다. 우리는 두발 보행을 당연한 것으로 생각한다. 그러나 그것은 사람을 정의하는 중요한 특징이다. 두발 보행을 하면서 우리는 비로소 오늘날과 같은 종류의 동물로 진화할 수 있게 되었는데, 라에톨리에 남아 있는 이 화석은 바로 그 사실을 생생하게 증언해 준다.

시간 속에서 얼어붙은 이 발자국 화석은 1976년 고(故) 메리 리키(Mary Leakey)가 이끈 탐사에서 발견되었다. 메리 리키는 남편인 루이스 리키(Louis Leakey)와 아들 리처드 리키(Richard Leakey), 며느리 미브 리키(Meave Leakey)와 함께 세계에서 가장 유명한 화석 사냥꾼 가문을 이끈 가모장이다. 나중에 보게 되겠지만, 리키 가족은 인류의 진화 이야기를 밝히는 데 각자 중요한 역할을 담당한다. 그 중에서도 메리 리키가 라에톨리에서 한 연구가 가장 주목할 만하다.

1976년, 메리가 이끄는 탐사팀은 라에톨리(마사이 족 말로 '붉은 백합'이란 뜻[1])에서 두 차례 탐사 작업을 했고, 먼 조상의 화석을 찾기 위해 퇴적층을 파헤쳐 상당한 양의 이빨과 뼈 파편을 발견했다(화석 발굴 장소에서는 흔히 이빨이 가장 많이 발견되는데, 이빨에는 몸에서 가장 단단하고 오래 남는 법랑질이 포함돼 있기 때문이다). 그것은 매우 힘든 작업이었다. 어느 날 저녁, 힐과 동료들은 서로에게 마른 코끼리 똥을 던지며 기분 전환을 했다(놀이치고는 괴상해 보이지만, 고생물학자의 심리적 압박이 얼마나 심하면 그런 짓을 하겠는가!). "그 날 우리는 정말 열심히 일을 하고 나서 캠프를 향해 돌아가던 길이었는데, 한 사람이 분위기를 돋우기 위해 코끼리 똥을 던졌다." 힐은 그 때의 일에 대해 이렇게 이야기한다. "그는 나를 겨냥해 똥을 던졌고, 나는 그걸 피하려고 땅바닥에 엎드렸다. 땅에서 막 일어나려고 하는데 내 눈에 어떤 자국이 들어 왔다. 그것은 화석으로 변한 빗방울 자국이었다. 주위를 돌아보았더니 사방에 동물 발 자국이 찍혀 있었다. 우리는 이전에 그 곳을 수없이 지나쳤지만, 아무도 그것을 발견하 지 못했다. 그러나 일단 그것을 보자, 사방에서 발자국 화석들이 나타났다. 코뿔소, 코 끼리, 영양을 비롯해 온갖 종류의 발자국이 다 있었다."[2] 그 발자국 화석들은 화산재가 쌓여 만들어진 퇴적암인 응회암에 찍혀 있었는데, 메리와 그 동료들이 우연히 발견할 때까지 수백만 년 동안 아무에게도 발견되지 않은 채 보존돼 왔다. 훗날 메리는 "획기 적인 발견이 흔히 그렇듯이, 거기에는 운이 크게 작용했다."고 말했 다.[3]

캘리포니아 대학의 과학자인 가니스 커티스(Garniss Curtis)는 퇴적 층을 조사하여 발자국 화석 아래에 있는 지층이 커다란 흑운모 결정을 많이 포함하고 있다는 사실을 발견했다. 그리고 그 지층이 380만 년 전에 만들어졌고, 발자국 화석 위에 있는 지층은 360만 년 전에 만들 어졌다는 사실을 알아 냈다.[4] 따라서, 그 발자국 화석은 양 시기 사이 에 생겨 지금까지 보존되어 온 것이다. 이 지질학적 샌드위치 화석층 은 근처에 있는 사디만 화산의 작용으로 만들어졌다는 사실도 알 수 있었다. 나온 화산재의 크기는 해변의 미세한 모래알만 했다. 화산재 에는 젖으면 시멘트처럼 작용하는 물질인 카르보나타이트가 풍부하게 들어 있었다. 사디만 화산이 분화하고 나서 얼마 후 비가 내리면서 화 산재층이 얇은 반죽처럼 변했다. 그 위를 동물들이 지나가면서 발과 발굽과 다리의 흔적이 남게 되었다. 그러다가 햇볕이 내리쬐면서 발자 국이 그대로 말라 굳었고, 그 후에 화산이 다시 분화하면서 그 위를 화 산재층이 덮게 되었다. 발자국이 찍힌 퇴적층은 땅 속에 묻혔다가 350만 년 동안의 침식을 거쳐 다시 지표면에 드러나 마침내 이들의 눈에 띄게 된 것이다.[5]

발자국 화석을 발견한 메리 리키 팀은 다른 화석을 찾는 작업을 중단하고, 다음 2년 동안 라에톨리에서 발굴 작업에 매달려 오래 전에 죽은 토끼, 호로호로새, 코끼리, 기 린, 검치고양이, 히파리온(멸종한 말의 조상), 칼리코테리움(다리가 길고 발굽이 달린 기묘한 멸종 초식 동물)이 걸어간 발자국을 찾는 데 몰두했다.[6] 메리는 일부 발자국 화 석을 떼내어 라에톨리 근처 올두바이에서 자신이 운영하는 작은 박물관에 전시하고자 했다. 그래서 로드아일랜드 대학의 지구화학자 폴 에이벌(Paul Abell)에게 코뿔소 발자

1979년, 라에톨리 발자국 화석 발굴 장소에 서 일하고 있는 메리 리키. 그녀는 이 발견을 자신이 이룬 가장 큰 업적이라고 생각했다.

국이 찍힌 암석 덩어리를 좀 떼내 달라고 부탁했다. "그것을 잘라 내는 데에는 며칠이 걸렸다. 그 동안 나는 뭔가 새로운 동물 발자국이 없나 돌아다니면서 살펴보기로 했다." 에이벌은 그 때의 일을 이렇게 이야기한다. "그러다가 화산 응회암이 침식된 한 장소에 도착했는데, 그 밑으로 긴 화산재층이 드러나 있었다. 나는 거기서 사람 발꿈치로 보이는 자국을 발견했다. 나는 노출된 지면의 반대쪽으로 돌아가 그 곳에도 같은 자국이 있는지 살펴보다가 뒤를 돌아보았다. 한 지질학자가 망치를 들고 발자국을 깨부수려 하고 있었다. 그는 흥미로운 암석층에만 관심이 있었기 때문에 그의 눈에는 그것이 그저 화산재층으로만 보였다. 나는 동물 발자국을 찾고 있었기 때문에, 내 눈에는 그것만 보였다. 다행히도, 나는 그의 동작을 멈추게 할 수 있었다."[7]

발자국 주변의 흙을 조심스럽게 긁어 내자, 두 행락객이 젖은 해변 위를 걸어간 것처럼 북쪽을 향해 걸어간 발자국이 선명하게 드러났다. 일부 발자국에서는 발의 아치 모양과 엄지발가락, 심지어 발에서 불룩 솟은 부분까지도 분간할 수 있었다. 이것은 직립 보행을 한 종(種)이 남긴 발자국이 틀림없었다. 발이 지면에 닿을 때 발꿈치가 어디에 닿았는지, 그리고 다음 발걸음을 뗄 때 어느 발가락이 땅을 밀었는지 알 수 있었다. 그리고 무엇보다도 나무를 기어오르거나 물체를 붙잡을 때 네 발을 모두 사용하는 영장류처럼 엄지발가락이 나머지 네 발가락과 크게 벌어져 있지 않았다. 이 위를 걸어간 동물은 아주 능숙하게 두발 보행을 한 게 분명했다. 그것은 아주 놀라운 발견이었다. 훗날 메리 리키는 "하나는 크고 하나는 작은 두 개체가 360만 년 전에 이 곳을 지나갔다."[8]고 표현했다.

그러면 두 개체의 정체는 과연 무엇인가? 1996년에 사망한 메리 리키는 라에톨리의 발자국 화석을 60년 동안 동아프리카에서 자신이 한 연구 중 최고의 업적으로 여겼지만, 그 발자국을 남긴 존재에 어떤 종명을 부여하는 걸 거부했다.[9] 다만, 그녀는 그들이 인류의 직계 조상 중 하나라고 믿었다. 그렇지만 대다수 고생물학자들은 그 종의 정체를 확신하고 있다. 그들은 바로 오스트랄로피테쿠스 아파렌시스 (Australopithecus afarensis)라고 주장한다. 이 원숭이인간은 300만 ~400만 년 전에 아프리카에 살았는데, 아마도 여러분이 이들을 본다면 우리의 친척으로 인정하려 하지 않을 것이다. 키는 1.5m 미만이었고, 뇌는 민꼬리원숭이보다 약간 더 컸으며, 사실상 이마는 없는 거나 다름없었다. 팔은 길고 다리는 짧으며, 가슴은 민꼬리원숭이처럼 피라미드 모양이고, 주둥이는 툭 튀어나왔으며, 큰어금니는 견과류와 장과류, 씨 등을 씹기에 좋았다. 그러나 미국자연사박물관의 자연인류학 큐레이터인 고생물학자 이언 태터설(Ian Tattersal)은 "라에톨리의 발자국은 현대인이 맨발로 진흙길 위에 남긴 발자국과 놀라울 정도로 흡사하다. 둘은 너무나도 비슷하기 때문에 일부 과학자는 그 발자국이 라에톨리에서 발견된 뼈의 주인인 초기 인류가 남긴 것이라는 사실을 쉽게 믿으려 하지 않는다."라고 말한다.[10] 그럼에도 불구하고, 라에톨리 근처의 퇴적층에서 오스트랄로피테쿠스 아파렌시스의 화석이 여러 차례 발견되었고, 일반적으로 그 발자국의 주인으로 인정되고 있다.

　　라에톨리의 발자국 화석에는 특별한 것이 있는데, 그것은 오래 전에 죽은 개체들의 행동을 추적할 수 있다는 점이다. 태터설은 이렇게 덧붙인다. "대개 행동은 뼈나 이빨로부터 간접적으로 유추할 수밖에 없고, 그러한 유추는 항상 논란의 대상이 된다. 그러나 라에톨리에서는 발자국 화석에 행동 자체가 남아 있다."[11] 무엇보다도, 두 벌의 발자국은 서로 바짝 붙어 있다. 한 원숭이인간이 옆에 붙어서 따라가고 있었거나 신체적으로 닿아 있는 상태였던 것으로 보인다. 큰 발자국은 남자의 것이고, 그는 몸집이 작은 여자의 어깨에 팔을 두르고 걸었는지도 모른다. 태터설이 근무하는 박물관의 '인간 생물학 방'에 그림으로 묘사돼 있는 이 해석에 대해 일부 페미니스트는 '가부장적인' 해석이라고 발끈했다. 그러나 태터설 자신은 그 해석을 "불필요한 의미를 가장 적게"[12] 포함하고 있다면서 옹호한다.

　　라에톨리의 발자국이 찍힐 무렵, 동아프리카의 이 지역은 군데군데 아카시아나무가 자라고 있는 사바나였고, 아마도 저 멀리

라에톨리의 발자국 화석(12쪽)은 약 360만 년 전에 두발 보행을 한 원숭이인간(오스트랄로피테쿠스 아파렌시스로 추정됨)이 남겼다. 뉴욕에 있는 미국자연사박물관에는 그 장면을 묘사한 아래 그림이 전시돼 있다.

직 립 보 행

영장류 중에서 인간만이 두 발로 걸을 수 있는 것은 아니다. 침팬지와 긴팔원숭이도 직립 보행을 할 수 있지만, 가끔만 그럴 뿐이다. 이와는 대조적으로, 늘 두발 보행을 하는 것은 호모 사피엔스가 유일하다. 우리는 걸을 때 우리의 오스트랄로피테신 조상들이 그랬던 것처럼 엄지발가락에 가장 큰 힘을 주고 발을 지면에 대고 밀면서 뗀다. 그런 다음, 그 다리는 몸 아래에서 약간 구부린 상태로 흔들거리며 죽 뻗어 가 발꿈치가 먼저 닿으면서 지면을 밟는다. 그리고 나서 이 다리는 다른 다리가 움직이는 동안 몸을 지탱하는 역할을 한다. 사디만 화산이 뿌린 뜨거운 재 위로 오스트랄로피테쿠스 아파렌시스가 걸어가면서 발꿈치의 둥근 부분과 엄지발가락이 지면 위에 닿을 때 남긴 자국은 이들이 어떻게 두발 보행을 했는지 생생하게 증언해 준다.

그러나 우리 조상이 그러한 직립 보행을 할 수 있게 되기까지는 몇 가지 획기적인 해부학적 변화가 필요했다. 첫째, 체중을 지탱하는 데 필요한 근육의 힘을 줄이기 위해 다리를 곧게 펴야 했는데, 그러려면 무릎 관절과 고관절을 죽 뻗을 수 있어야 했다. 침팬지는 이러한 동작이 해부학적으로 불가능하기 때문에, 다리 근육으로 체중을 지탱할 수 없다. 또, 우리 조상은 걸을 때 비틀거리지 않도록 무게중심을 낮추는 게 필요했다. 이를 위해 우리가 걸을 때 발이 무게중심 아래에 오도록 대퇴골(넓적다리뼈)이 골반 아래에서 안쪽으로 약간 기울어져야 했다. 민꼬리원숭이는 대퇴골이 이런 식으로 기울어져 있지 않기 때문에, 직립 보행을 할 때 건들거리며 걸을 수밖에 없다. 게다가, 우리는 아랫부분이 구부러진 척추와 다른 발가락과 나란히 늘어선 커다란 엄지발가락도 발달했다.

무릎 관절과 골반의 비교

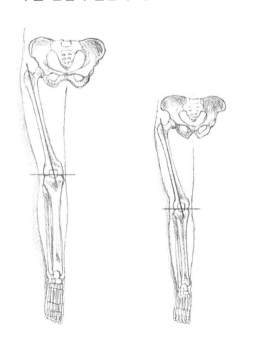
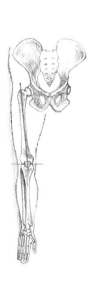

인간(왼쪽)

인간의 대퇴골(넓적다리뼈)은 넓적다리에서 무릎 쪽으로 내려가면서 안쪽으로 기울어져 있어서 발이 몸의 무게중심 바로 아래에 위치한다. 그래서 걸음을 내딛더라도 무게중심이 많이 이동하지 않는다.

오스트랄로피테쿠스(가운데)

대퇴골이 약간 경사저 있는 것으로 보아 오스트랄로피테쿠스 아파렌시스도 이미 민꼬리원숭이보다 훨씬 더 잘 걸었던 것으로 생각된다.

민꼬리원숭이(오른쪽)

민꼬리원숭이의 대퇴골은 안쪽으로 경사저 있지 않기 때문에 침팬지가 걸을 때처럼 건들거리며 걷게 된다.

민꼬리원숭이의 발과
인간의 발 비교

침팬지가 두 발로 걸을 때에는 체중이 발의 옆쪽에 실린다. 발걸음을 뗄 때, 민꼬리원숭이는 여러 발가락의 중심 근처에 있는 한 점에서 땅을 밀게 된다.

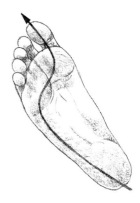

사람이 걸을 때에는 체중이 발꿈치 근처의 바깥쪽을 따라 옮겨지지만, 발바닥에 둥글게 튀어나온 부분을 따라 엄지발가락으로 전달되며, 발걸음을 뗄 때 엄지발가락에 힘을 주어 땅을 밀게 된다. 이것은 라에톨리의 발자국 화석(왼쪽)에서도 분명하게 나타난다. 이렇게 걷는 것이 훨씬 효율적인 두발 보행 방법이다.

여자 오스트랄로피테신이 아기와 함께 노는 장면. 이들 초기 원숭이인간 집단은 기후 변화와 포식 동물의 공격과 아프리카 사바나의 가혹한 환경을 견디며 살아남았다.

서 사디만 화산이 쿠르릉거리고 있었을 테고, 우리의 아파렌시스 조상은 숲에서 탁 트인 장소로 걸어가고 있었을 것이다. 그것은 많은 위험이 따르는 일이었다. 실제로 작은 개체(메리 리키가 여자라고 생각하는)는 한순간 걸음을 멈추었다. "그녀의 걸음을 따라가다 보면, 가슴아픈 고통이 전해 오는 것을 느낄 수 있다. 전문가가 아니더라도 그녀가 한 차례 발걸음을 멈추고 왼쪽으로 고개를 돌려 어떤 위협이나 예기치 못한 사건을 본 다음, 다시 북쪽으로 가던 길을 계속 걸어갔다는 것을 알 수 있다. 너무나도 인간적인 이 동작은 시간을 초월한다. 360만 년 전에 먼 우리 조상이, 여러분이나 나처럼, 불현듯 의혹을 느끼는 순간을 경험했던 것이다."[13]

그러나 우리 조상이 깜짝 놀라며 남긴 그 특징은 숙련되지 않은 눈으로는 분간하기 매우 어려운 것이다. 과학자들은 작은 개체의 발자국이 선명하게 찍혀 있는 반면, 다른 개체의 발자국은 메리의 표현에 따르면 "마치 발을 질질 끌고 걸어간 것처럼" 흐릿하다는 사실에 주목했다.[14] 남자가 걸어간 쪽은 화산재가 더 많이 말라 있어서 발자국이 선명하게 남지 않았을 가능성도 있다. 그러나 메리는 나중에 흐릿하고 더 큰 발자국을 이중 발자국으로 보는 게 최선이라고 결론내렸다. 즉, 세 번째 원숭이인간이 더 큰 오스트랄로피테신(온갖 오스트랄로피테쿠스 종을 두루 일컫는 명칭)의 발자국을 밟으면서 걸어가 발자국이 흐릿해졌다는 것이다. 네빌 애그뉴(Neville Agnew)와 라에톨리의 발자국을 보존하고 보호하기 위한 게티보존연구소의 주도자인 마사 디마스(Martha Demas)가 〈사이언티픽 아메리칸〉지에서 주장한 것처럼 그것은 "아마도 화산재로 덮인 미끄러운 땅 위를 쉽게 걷기 위한" 것이었는지도 모른다.[15] 에이벌도 이 생각을 지지한다. "사디만 화산에서 분출된 물질에는 탄산칼슘뿐만 아니라 탄산나트륨도 풍부하게 들어 있었기 때문에 물에 젖으면 부식성을 띠게 된다. 잠깐이라도 그 재 위를 맨발로 걸어갔다면 살갗이 벗겨졌을 것이다. 아마도 그 세 번째 사람은 자신의 발을 보호하려고 했을 것이다."[16] 아니면, 메리 리키는 가장 인간적인 행동, 곧 아이가 부모 뒤를 따라가면서 부모의 발자국을 정확하게 밟으며 걷는 행동을 발견한 것인지도 모른다(다만, 어른의 발걸음을 그대로 흉내내려면 상당히 큰 아이라야 가능할 것이다).

라에톨리는 이중의 보물 창고이다.[17] 그것은 우리 조상 호미니드(직립 보행을 하는 영장류를 통틀어 호미니드 hominid라 부른다)의 생활 방식에 빛을 던져 준다. 또한, 우리가 나무 위에서 살아가는 민꼬리원숭이에서 시작하여 달나라를 여행하고 우주의 기원을 탐구하는 존재로 발달해 가는 여정에서 중요한 전기가 되는 첫발을 이미 내디뎠다는 증거(오래 된 다리뼈나 골반 같은 증거와 비교가 안 될 정도로 결정적인)를 제시한다. 메리 리키는 라에톨리에 관해 〈내셔널 지오그래픽〉지에 쓴 글에서 이렇게 주장했다. "호미니드의 발달에서 두발 보행이 차지하는 역할은 아무리 강조해도 지나치지 않다. 이것은 아마도 사람 조상과 다른 영장류 조상 사이의 가장 큰 차이점일 것이다. 두발 보행 덕분에 자유로워진 손으로 물건을 운반하고, 도구를 만들고, 정교한 조작을 하는 등 온갖 가능성이 열리게 되었다. 사실, 모든 현대 기술은 바로 이 한 가지 발달에서 비롯되었다."[18] 그녀의 아들 리처드 리키는 이렇게 표현했다. "이 사람들은 우리와 같지는 않았지만, 두발 보행이라는 적응이 나타나지 않았더라면 결코 우리처럼 될 수 없었을 것이다."[19]

오늘날 사람을 정의하는 주요 특성은 일반적으로 세 가지로 요약하는데, 그것은 직립 보행 능력, 도구를 만드는 능력, 큰 뇌이다. 이 중에서 어느 것이 가장 먼저 나타났을까? 20세기 초반까지만 해도 뇌의 확대가 가장 먼저 일어났다는 것이 일반적인 가정이었다. 뇌가 커지면서 도구를 만들 수 있도록 손과 팔을 자유롭게 할 필요를 느끼게 되었을 것이라고 생각했다. 그러나 그렇지 않다. 화석의 증거와 라에톨리의 증거로 미루어 볼 때, 직립 보행이 맨 먼저 나타난 것이 명백하다. 큰 뇌와 도구는 나중에 나타났다 (그것도 한참 뒤에). 다시 말해서, 라에톨리에 발자국을 남긴 오스트랄로피테신은 호모 사피엔스(*Homo sapiens*: '지혜로운 사람'이란 뜻)의 진화에 이르는 중요한 첫발을 내디뎠던 것이다. 사실, 그들은 완전한 사람이 아니었다. 무엇보다도 뇌의 크기는 350~500 cc로, 민꼬리원숭이와 비슷했다(현대인의 뇌용량은 1200~1600 cc이다). 또, 아파렌시스가 도구를 만들었다는 증거도 없다(도구를 만드는 능력은 단순히 도구를 사용하는 능력과는 구별되어야 한다. 해달은 가끔 돌을 모루처럼 사용해 조개를 깨어 먹고, 갈라파고스 제도에 사는 여러 다윈핀치 종은 선인장 가시와 잔가지를 사용해 곤충을 잡아먹으며, 오스트레일리아의 검은가슴말똥가리는 돌을 날라 에뮤의 알에 떨어뜨려 알을 깨어 먹는 것으로 알려져 있다. 그러나 미래에 할 어떤 일을 위해 도구를 만든다는 것은 그것을 만든 존재가 상당한 수준의 계획을 세울 능력이 있다는 것을 의미한다). 라에톨리의 퇴적층에서는 석기가 단 한 점도 발견되지 않았고, 아파렌시스의 뼈가 발견된 다른 장소에서도 그러한 도구는 발견된 적이 없다. "손이 자유로워졌으니 이 종이 어떤 종류의 도구나 무기를 만들었을 것이라고 생각하기 쉽다. 그러나 화산 폭발에서 날아온 분출물을 제외하고는 그 퇴적층에서 단 하나의 돌도 발견되지 않았다. 우리가 발견한 호미니드는 아직 도구를 만드는 단계에 이르지는 못했다."고 메리 리키는 보고했다.[20]

그러나 그들은 이미 가장 중요하고도 어려운 진화상의 변화를 겪은 상태였다(그것도 놀랍도록 짧은 기간에). 초기의 호미니드는 직립 보행 자세를 택하면서 일련의 해부학적 변화를 겪을 수밖에 없었고, 이러한 변화는 오스트랄로피테쿠스 아파렌시스에 이르러 이미 충분히 발달해 있었다. 인간과 침팬지의 혈액 단백질과 유전자를 비교한 결과, 과학자들은 호모 사피엔스로 이어지는 계보와 침팬지와 그 친척인 피그미침팬지에 이르는 계보는 500만~600만 년 전에 서로 갈라졌다는 사실을 알아 냈다. 360만 년 전 그리고 그보다 훨씬 앞선 시기에 살았던(나중에 보게 되겠지만) 오스트랄로피테신의 뼈에는 사람의 골격과 민꼬리원숭이의 골격 사이에 존재하는 모든 차이점이 분명하게 나타나 있다. 이 놀라운 호미니드의 신체 구조에 대해서는 이 장의 뒤쪽에서 살펴볼 것이다. 우선 여기서는 영장류의 두발 보행이 생물학적으로 얼마나 놀라운 묘기인지 알아보기로 하자.

예를 들어 여러분의 무릎을 한번 살펴보자. 무릎 관절은 다리뼈와 꽉 맞물려 있어 근육의 힘을 쓰지 않고도 여러분의 체중을 지탱할 수 있다. 그러나 침팬지는 이렇게 할 수 없다. 침팬지는 가끔 서서 걸을 수 있지만, 그 자세를 오래 유지하기는 무척 힘들다.

게다가 사람의 넓적다리뼈(대퇴골)는 무릎 쪽으로 내려가면서 안쪽으로 기울어져 있어서 걸을 때 침팬지처럼 건들거리는 비효율적인 동작이 나오지 않는다. 또, 사람의 경우, 두개골 아랫부분에 척수가 연결돼 있는 구멍(대후두공)이 두개골 아래의 중앙 부분에 위치해 있다.[21] 민꼬리원숭이의 경우에는 네 발로 걸을 때 앞을 쉽게 쳐다볼 수 있도록 대후두공이 좀더 뒤쪽에 위치하고 있다. 또, 사람의 엄지발가락은 민꼬리원숭이에게서 볼 수 있는 엄지발가락 본래의 생김새가 사라지고, 나머지 발가락과 나란히 붙도록 진화했다. 아파렌시스는 완전히는 아니지만, 이러한 특징들이 모두 발달했다.

하버드 대학의 고생물학자 스티븐 제이 굴드(Stephen Jay Gould)가 인정하듯이, 이것은 깜짝 놀랄 만한 것은 아닐지라도 상당히 인상적인 적응이다. "직립 보행 자세는 우

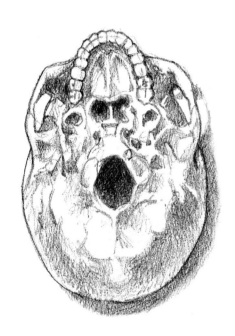
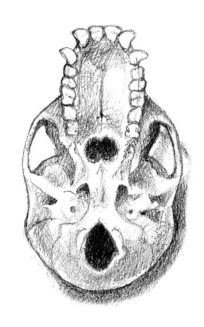

리의 해부학적 구조를 급속하고도 근본적으로 개조시킨 놀랍고도 일어나기 어려운 사건이다."라고 그는 말한다. 그 다음에 일어난 뇌의 확대는 해부학적으로 본다면 부차적 현상으로, 인간 진화의 일반적인 패턴에 섞여 쉽게 일어날 수 있는 변화이다. 단순히 신체 구조상에 일어난 변화로만 본다면, 직립 보행이야말로 근본적으로 큰 영향을 미친 사건이고, 뇌의 확대는 피상적이고 부차적인 사건이다. 그러나 뇌의 확대가 낳은 결과는 상대적으로 쉬웠던 그 구성 과정에 비해 엄청난 것이었다.[22]

이 놀라운 일련의 변화는 아무런 대가 없이 일어난 것이 아니다. 다른 영장류의 경우 하중이 네 다리에 골고루 분산되는 반면, 두 발로 걷는 자세는 전체 체중이 실리는 엉덩이에 큰 부담을 준다. 두발 보행이 네발 보행에 비해 반드시 효율적인 것도 아니

사람의 대후두공(왼쪽)은 두개골 중앙에 척수가 연결되었음을 보여 주는데, 이것은 직립 보행을 하는 동물의 특징이다. 오른쪽에 있는 것은 침팬지의 두개골인데, 척수가 연결된 구멍이 두개골 뒤쪽에 위치하고 있어 수직으로 서 있는 척추 위에서 머리가 균형을 잡고 설 수 없으며, 따라서 침팬지는 직립 보행을 할 수 없음을 시사한다.

공 통 조 상

사람의 DNA와 침팬지의 DNA는 약 98%가 일치한다고 한다. 이와는 대조적으로, 침팬지와 고릴라의 유전 물질은 97%만이 일치한다. 이것은 과학 작가 매트 리들리(Matt Ridley)가 지적한 것처럼, 고릴라보다는 사람이 침팬지와 더 닮았다는 뜻이다. 과학자들은 약 700만 년 전에 공통 조상에서 죽 내려오던 줄기에서 고릴라가 따로 갈라져 나갔고, 조금 후인 500만~600만 년 전에 사람으로 이어지는 가지와 피그미침팬지와 침팬지로 이어지는 또 다른 가지로 갈라져 나갔다고 믿고 있다. 그러나 '공통 조상'에 해당하는 최초의 줄기는 정확하게 무엇일까?

이 질문은 현대 고생물학에서 가장 어려운 질문 중 하나로 과학자들의 많은 노력에도 불구하고 답이 나오지 않고 있다. 2000만 년 전에서 3000만 년 전 사이에 민꼬리원숭이의 수가 크게 불어나면서 아프리카에서 아시아로 퍼져 갔는데, 후에 기후가 더 춥고 건조해지면서 그 수가 서서히 줄어들게 되었다. 아시아에서는 긴팔원숭이와 오랑우탄으로 이어지는 갈래만이 살아남았다. 아프리카에서는 사람과 침팬지와 고릴라로 발달해 갔다. 그러나 침팬지와 고릴라에 대한 화석 기록이 전혀 남아 있지 않아 공통 조상에 대한 추측을 더욱 어렵게 한다.

지금까지 과학자들이 생각한 유력한 후보로는 1000만~1200만 년 전에 살았던 시바피테쿠스, 오우라노피테쿠스, 로도피테쿠스, 드리오피테쿠스 등이 있고, 또 1600만~2000만 년 전에 살았던 프로콘술이라는 민꼬리원숭이도 있다. 그러나 이들 중 사람과 침팬지와 고릴라의 공통 조상이 지니고 있을 만한 특징을 모두 갖춘 종은 하나도 없다.

예를 들면, 공통 조상으로 볼 만한 골격을 갖춘 종은 이빨이 제대로 발달하지 않았고, 이빨이 제대로 갖추어진 종은 골격이 제대로 발달하지 않았다. 그래서 수수께끼는 아직 풀리지 않았다.

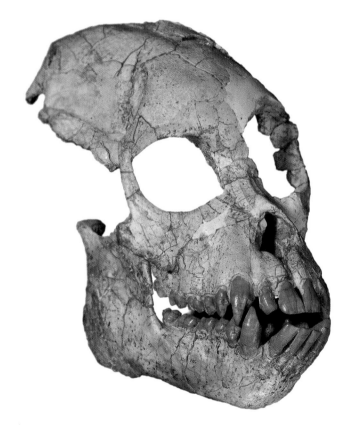

1800만 년 전의 프로콘술의 두개골

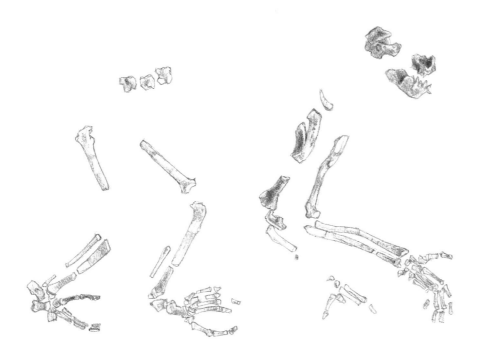

민꼬리원숭이와 인간의 초기 조상으로
생각되는 프로콘술. 1948년, 케냐 빅토리
아 호수에 있는 루싱가 섬에서 메리 리키
가 프로콘술의 골격(위쪽)을 발견했다. 아
래 그림은 화가가 프로콘술의 모습을 상
상하여 그린 것이다.

다. 달릴 때에는 네 발로 달리는 것이 두 발로 달리는 것보다 에너지를 덜 소모한다. 다만, 걸을 때에는 두 발로 걷는 것이 네 발로 걷는 것보다 더 효율적이긴 하다. 미국 켄트 주립대학의 해부학자 오언 러브조이(Owen Lovejoy)가 언급했듯이 "두발 보행으로 옮겨 간 것은 진화생물학에서 볼 수 있는 가장 획기적인 해부학적 변화 중 하나이다."[23]

그렇다면 우리는 왜 직립 보행을 하게 되었을까? 동아프리카(이 곳에서 풍부하게 출토된 화석으로 보아 이 곳이야말로 인류의 조상이 탄생한 장소로 보인다)에서 어떤 변화가 일어났길래 거기에 살던 한 영장류 종이 네발 보행을 버리고 두발 보행으로 옮겨가게 되었을까? 그리고 이 획기적인 변화가 일어난 시기는 정확하게 언제일까? 어느 경우든, 답은 진화를 이끄는 주요 과정인 환경 변화로 귀결된다. 500만 년 전 세계 기후는 오랜 가뭄과 계절적인 폭우를 동반하며 악화되기 시작했다. 그 결과 숲이 줄어들고, 라에톨리의 사바나처럼 군데군데 아카시아나무가 자라고, 사방에 풀이 무성한 삼림 지대가 늘어났을 것이다. 민꼬리원숭이(침팬지와 우리의 공통 조상인)의 서식지는 축소되었고, 아프리카 동부에 살던 민꼬리원숭이들은 최소한 일생 중 어느 시기는 탁 트인 곳에서 먹이를 찾기 시작했다. 우리 조상은 사바나의 포식 동물을 감시하기 위해 직립 보행을 했을까? 그럴 가능성도 있다. 그러나 설사 그랬다 하더라도 그것은 애리조나 대학의 고생물학자 도널드 조핸슨(Donald Johanson)이 지적하듯이, 문제를 줄이기보다는 오히려 더 만들었을 것이다. "행동학적으로 큰 변화를 시도하려 할 때, 미지의 서식지로, 더군다나 무시무시한 포식 동물이 살고 있는 서식지로 옮겨 갈 때보다 더 취약한 시기가 있을까? 느릿느릿 움직이는 호미니드가 두 발로 선 자세로 자신의 존재를 알린다면, 큰 고양이과 동물이 얼마나 쉽게 공격할 수 있었을지 생각해 보라."[24] 혹은, 먹이를 손에 들고 집(점점 줄어드는 숲의 나무 위에 지었던)으로 가져가기 위해 두 발로 걸었는지도 모른다.

한편, 영국 리버풀에 있는 존 무어스 대학의 피터 휠러(Peter Wheeler)는 기발한 가설을 내놓았다. 그는 우리의 조상이 그늘진 숲에서 나오면서 심한 햇볕에 노출되는 피부 면적을 최소화하기 위해 직립 보행 자세를 취하게 되었다고 생각한다. 이 자세는 뇌가 과열되는 것을 막아 주고, 귀중한 물을 보존하는 데에도 도움을 주었다. 다시 말해서, 직립 보행을 함으로써 햇볕이 등에 내리쬐는 대신에 더 좁은 면적인 머리에 수직으로 내리쬐게 되었다는 것이다. 휠러의 연구(오스트랄로피테쿠스 아파렌시스를 모형으로 사용해서 한)에 따르면, 두발 보행을 함으로써 몸이 가열되는 것을 60% 정도 줄일 수 있었다고 한다. 게다가, 직립 자세를 취하면 햇볕에 달구어진 지면의 복사열로부터 몸을 더 멀리 할 수 있을 뿐만 아니라, 지상에서 조금 높은 곳을 지나가는 산들바람이나 공기의 흐름에 몸이 추가로 냉각되는 효과가 있다. "두발 보행을 함으로써 사람은

한가한 시간을 보내고 있는 오스트랄로피테신 어미와 아이. 기후 변동으로 인해 숲의 면적이 축소됨에 따라, 이들 호미니드는 먹을 것을 찾아 탁 트인 사바나로 나서지 않을 수 없었다.

동물계에서 가장 강력한 냉각 시스템을 발달시키게 되었다.”고 휠러는 말한다.[25]

이것들은 모두 아주 흥미로운 가설이지만, 그것을 뒷받침하는 구체적인 증거는 부족하다. 이 시기에 해당하는 화석의 증거가 너무나도 빈약하기 때문이다. 아파렌시스보다 시기가 앞선 종은 겨우 두 종만 알려져 있다. 아르디피테쿠스 라미두스(*Ardipithecus ramidus*)는 약 440만 전에 살았던 것으로 추정된다. 그 유해는 캘리포니아 대학의 팀 화이트(Tim White)가 이끄는 탐사팀이 에티오피아에서 발견했는데, 이빨과 두개골 파편, 팔뼈, 골격 일부가 다였다. 이 화석은 현재 화이트를 포함해 여러 분야의 과학자들이 분석하고 있으며, 인류의 진화에서 흐릿한 여명기로 남아 있는 이 시기에 중요한 빛을 비춰 줄 것으로 기대된다. 초기의 보고서에 따르면, 아르디피테쿠스 라미두스는 비록 대후두공(두개골 아랫부분에 난 구멍)이 상당히 앞쪽으로 이동하긴 했지만(두발 보행을 시사하는 증거), 호미니드보다는 민꼬리원숭이에 더 가깝다. 그러나 라미두스가 오스트랄로피테신의 직계 조상이자 우리의 조상인지, 아니면 생명의 줄기에서 돋아나 곧 사라져 버린 곁가지인지는 추가적인 연구가 나올 때까지 기다려야 할 것이다. 화이트는 라미두스가 우리의 조상이며, 그것도 지금까지 우리의 직계 조상으로 알려진 것 중 최초의 존재라고 믿고 있지만, 추가적인 분석과 발굴이 완료되기 전까지는 확신할 수 없다. 결론적으로 말하자면, 과학계는 라미두스에 관한 평결을 아직 내리지 않은 상태이다.[26]

아파렌시스의 또 다른 조상을 발견한 사람은 미브 리키(Meave Leakey)이다. 미브는 케냐국립박물관의 고생물학부 책임자로, 리처드 리키의 아내이자 메리 리키의 며느리이다. 미브는 최근에 케냐 북부 투르카나 호수 근처에 있는 카나포이라는 곳에서 최소한 420만 년 전의 것으로 추정되는 아파렌시스의 조상 화석을 발견했다. 북쪽의 오모 강에서 물이 흘러드는 투르카나 호수는 리프트밸리의 중심에 위치하고 있으며, 뒤에서 보게 되겠지만 그 주변의 사바나에는 인류 진화에 관한 많은 무용담이 묻혀 있다. “민꼬리원숭이와 비슷한 최초의 우리 조상은 아프리카에서 출현한 것이 거의 확실한데, 이 지역만큼 화석 기록이 풍부한 곳은 찾아보기 어렵다.” 라고 미브 리키는 말한다. 판의 활동으로 오래 된 퇴적층이 융기했고, 초기 호미니드의 뼈가 화석으로 들어 있는 토양이 빨리 침식되었다. 게다가, 오랜 세월에 걸친 화산 작용으로 많은 화산재층이 퇴적되었다. 화산재 속에 포함된 방사성 광물은 일정한 속도로 붕괴하기 때문에 우리는 각 층과 그 사이에 들어 있는 화석의 연대를 알아 낼 수 있다.[27]

카나포이는 뜨거운 햇볕이 쨍쨍 내리쬐는 불모의 땅으로, 깊이 침식된 협곡들이 여기저기 나 있는데, 미브 리키와 그 동료들은 그 중 한 협곡에서 호미니드의 턱 조각과 얼굴 아랫부분, 다리뼈를 발견했다. 이 호미니드는 민꼬리원숭이와 비슷한 특징도 지니고 있지만, 명백하게 사람을 닮은 특징도 있었다. 예를 들면, 하악골(아래턱뼈)은 좁은 U자 모양으로 침팬지의 것과 비슷하다(반면에, 사람의 턱은 입 뒤쪽으로 가면서 넓어진다). 그러나 다리뼈는 튼튼하고, 무릎 관절과 발꿈치 관절은 아파렌시스의 것과 비슷한데, 이것은 420만 년 전에 이미 우리의 조상이 직립 보행을 할 준비가 충분히 되어 있었음을 시사한다. 미브는 이 종에 오스트랄로피테쿠스 아나멘시스(*Australopithecus anamensis*; anam은 현지어로 '호수'라는 뜻이다)란 이름을 붙였다. 이 종은 라에톨리에 발자국을 남긴 아파렌시스 바로 위의 조상으로, 지금까지 알려진 인류의 직계 조상 중 가장 앞선 종이다. 얼마 후, 근처에 있는 알리아 만에서도 아나멘시스의 화석이 발견되었다. 이 발견은 아나멘시스가 탁 트인 장소에서만 살았던 것이 아님을 시사한다. 숲에 살던 원숭이와 영양의 뼈와 식물의 씨도 같은 퇴적층에서 발견된 것으로 미루어 보아 이 초기의 우리 조상은 여전히 어느 정도는 수관으로 덮인 삼림 지대에 살았던 것으로 생각된다.[28]

사실, 그 후손인 아파렌시스(수십만 년 뒤에 아나멘시스로부터 진화한 것으로 보이는) 역시 삼림 지대에서 살았던 것으로 보인다. 호미니드의 화석이 발굴된 여러 장소에서 함께 나온 동물과 식물 화석은 호미니드가 살던 환경이 탁 트인 삼림 지대, 갈레리아숲(사바나 지역에서 강을 따라 띠 모양으로 자란 숲—역자 주), 울창한 삼림 지

뜨거운 햇볕이 내리쬐는 카나포이의 사막. 미브 리키는 이 곳에서 420만 년 전에 살던 오스트랄로피테쿠스 아나멘시스의 화석을 발견했다. 카나포이의 퇴적층은 고생물학자에게는 금광이나 다름없다. 침식 작용과 판의 활동으로 먼 옛날의 지층이 지표면에 노출되면서 수백만 년 동안 조용히 묻혀 있던 화석들이 모습을 드러냈기 때문이다.

대, 드넓은 초원 등이었음을 시사한다. 우리의 조상
은 그저 단순히 탁 트인 사바나로 걸어나온 것이 아니
다. 그 과정은 서서히 점진적으로 일어났다. 이언 태
터설은 이렇게 말한다. "이들처럼 체구가 작고 비교
적 느린 동물이 숲을 떠나 살아가기는 매우 위험했을
것이다. 따라서, 종종 이전에 살던 곳을 피난처로 삼
았을 것이다."²⁹ 아파렌시스의 발과 다리와 엉덩이는
직립 보행에 알맞게 발달해 있었지만, 팔은 민꼬리원
숭이와 비슷하게 길고 튼튼했는데, 이것은 아직도 자
주 나무에 올라가곤 했음을 시사한다. 워싱턴에 있는
스미스소니언 협회 인간 기원 프로그램의 총책임자
인 리처드 포츠(Richard Potts)는 "이들 초기의 오스트
랄로피테신은 사람과 민꼬리원숭이의 특징을 합성해
놓은 듯한 몸을 갖고 있었다. 그들은 두발 보행과 나
무에서 살아가는 생활에 모두 적응해 있었다."고 말
한다. 이들이 민꼬리원숭이와 사람의 특징을 모두 지
닌 것은 환경과 밀접한 관계가 있다. "오스트랄로피
테신은 다양한 이동 능력이 필요했는데, 울창한 숲
지역과 탁 트인 서식지 양쪽에서 살아가야 했기 때문
이다."라고 포츠는 말한다.³⁰ 라에톨리에서는 이들이
탁 트인 곳에서 돌아다닌 일부 증거를 발견할 수 있
다. 앤드루 힐은 이렇게 말한다. "지금까지 발견된 다
른 호미니드의 화석은 대부분 강이나 호수와 연관이
있었고, 그 퇴적층에 묻혀 보존되었다. 그러나 라에
톨리에서는 하마나 악어의 화석이 없으며, 호수 퇴적
층의 흔적도 없다. 이것은 이들이 비교적 탁 트인 공
간에서 걸어다녔다는 것을 시사한다."³¹ 그러나 그
당시 심한 기후 변동이 나타나면서 원숭이인간 조상
은 나무가 계속 보호해 줄 수 있을지 확신할 수 없게
되었다. 거기에 대응해 다양한 행동 변화가 나타나게
되었는데, 직립 보행에 적응한 골반이나 최소한 일부
시기는 여전히 나무에서 생활했음을 시사하는 길고

1993년 동료들과 함께 카나포이(가운데)에
서 발견된 아나멘시스 화석 일부를 들여다
보고 있는 미브 리키(위).

발굴된 화석 중에는 현생 침팬지의 것과 비
슷한 완전한 아래턱뼈(아래 오른쪽)도 있었
다. 그러나 정강이뼈(아래 왼쪽) 조각은 두발
보행을 한 동물의 것이 분명하다.

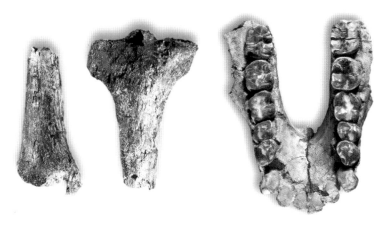

논란에 휩싸인 뼈

〈뉴스위크〉지는 학문적인 중상 모략이라면 화석 사냥꾼들을 따를 자가 없을 것이라고 언급한 적이 있다. 고생물학자는 다른 어떤 분야의 과학자보다 치열한 싸움을 벌이는 것으로 악명이 높다. 이 책에 등장하는 유명한 사람들 중 상당수도 한때 크고 작은 논쟁에 휘말린 적이 있다. 그러한 논쟁으로는 타옹 아이(42쪽 참고)의 기원을 놓고 벌어진 레이먼드 다트(Raymond Dart)와 아서 키스(Arthur Keith)의 논쟁에서부터 오스트랄로피테쿠스 아파렌시스의 정의를 놓고 리처드 리키와 도널드 조핸슨 사이에 벌어진 논쟁, 그리고 최근에 현생 인류의 기원에 관해 벌어진 논쟁(이 책의 후반부에서 다룰 것이다) 등이 있다. 이러한 논쟁은 종종 지나치게 과열된 싸움으로 비화되곤 해 이 분야에 종사하는 사람들이 아주 다혈질이고 완고한 사람들이라는 인상을 준다.

그러나 사실은, 외관상의 소란함에도 불구하고 고생물학자의 이러한 행동은 다른 분야의 과학자보다 더 심한 것은 아니다. 이러한 문제가 발생하는 일부 원인은 그들이 연구하는 대상(인간) 자체가 지닌 성격에 있다. 다른 과학 분야에 비하면 지원이 형편 없지만, 고생물학은 언론의 관심을 받을 때가 많으며, 발견된 화석에 대한 해석은 종종 톱 뉴스가 되곤 한다. 그 과정에서 고생물학자의 주장이 너무 단순화되거나 왜곡되는 일이 종종 일어나고, 그러한 언론의 압력으로 각자는 점점 더 양극화된 견해를 주장하게 된다.

게다가, 어떤 주장을 뒷받침해 주는 증거가 부족한 것도 이 분야의 문제 중 하나이다. 인류 진화에 관해 우리가 알고 있는 지식은 겨우 2000여 명의 혈거인이나 원숭이인간이 남긴 뼈에 바탕하고 있는데, 그 대부분은 뼈 한두 점만 남아 있는 게 고작이다. 간단히 말해서, 자료가 극히 제한적이다 보니, 추측이 개입할 여지가 많을 수밖에 없다.

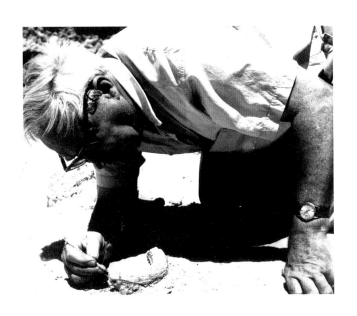

(26쪽 왼쪽) 호모 하빌리스가 인류 계통에서 최초의 종이라고 주장하여 많은 과학자를 놀라게 한 루이스 리키.

(26쪽 오른쪽) 오스트랄로피테쿠스 아파렌시스가 별개의 종이라는 도널드 조핸슨과 팀 화이트의 주장을 의심했던 리처드 리키.

(27쪽 왼쪽) 루시와 최초의 가족을 포함해 하다르와 라에톨리에서 발굴된 전체 화석 옆에 서 있는 팀 화이트. 화이트와 조핸슨은 루시와 최초의 가족을 근거로 아파렌시스를 새로운 종으로 명명했다.

(27쪽 오른쪽) 도널드 조핸슨은 얼마 후 팀 화이트와 결별하여 지금은 애리조나 주립대학에서 인간 기원 연구소를 맡고 있다.

튼튼한 팔에 그 증거가 남아 있다.

순전히 초식만 하던 종에게는 이러한 수상(樹上) 생활의 경향이 여전히 강하게 남아 있었을 것이다. "아파렌시스는 채식을 하던 종으로부터 진화했고, 가끔 흰개미, 도마뱀을 비롯해 작은 동물을 먹긴 했지만, 주로 채식을 하고 살았다."고 조핸슨은 말한다. 오스트랄로피테신은 환경의 지배자가 아니었으며, 다른 동물을 잡아먹기보다는 잡아먹히는 입장이었을 가능성이 더 높다. 다른 동물에 비해 유리한 점이 있었다면, 최대 30명까지 사회적 집단을 이루어 산 점이라고 조핸슨은 생각한다. "집단 생활은 포식 동물에 대해 공동의 방어 수단이 되었는데, 특히 불의 보호를 받지 못하던 밤중에 요긴했을 것이다. 내 눈앞에는 아파렌시스 부모들이 소리를 지르면서 검치호랑이에게 돌을 던지는 장면이 떠오른다. 포식 동물은 차라리 가젤영양을 쫓는 편이 훨씬 수월했을 것이다."[32]

오스트랄로피테쿠스 아파렌시스는 결코 만만한 상대가 아니었다. 아파렌시스는 화석이 발굴된 장소에 약 400만 년 전에 처음 나타난 이후 약 100만 년 간이나 번성하면서 지구상에서 큰 성공을 거둔 영장류 중 하나였다. 아파렌시스를 진짜 사람으로 진화해 가는 과정에 잠깐 출현한 호미니드 가족의 일원으로 평가절하하는 것은 확실히 정당하지 않다. 아파렌시스는 나름대로 확고한 자리를 잡고 살았고, 뛰어난 적응력을 보였으며, 그러한 적응력은 살아남는 데 큰 도움이 된 게 분명하다고 조핸슨은 강조한다. 조핸슨은 이 오래 된 인류 조상의 골격 중 가장 완전한 골격 (루시라 이름 붙여진)을 발견한 당사자이니, 아파렌시스에 관한 한 최고의 권위자이다. 루시는 인류 조상의 화석들 중에서는 최초로 유명 인사가 되었다. 조핸슨은 루시가 발견자인 자신보다 더 유명해졌다

왼쪽: 에티오피아 하다르의 일출 광경. 도널드 조핸슨이 이끈 팀은 이 곳에서 고생물학에서 아주 중요한 발견으로 꼽히는 초기 인류의 화석을 발견했다.

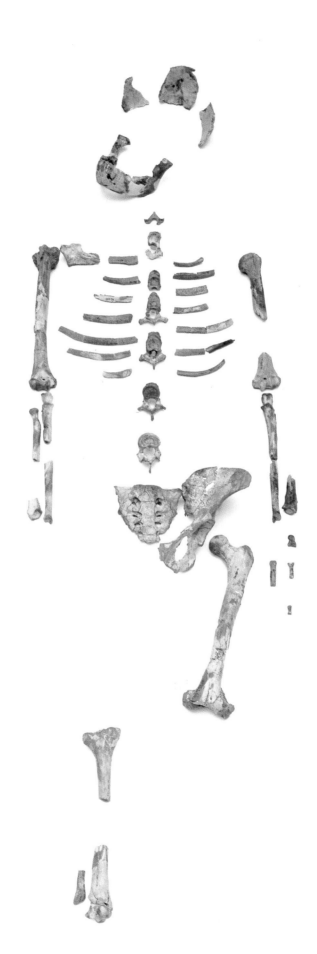

루시: 루시의 화석은 전체 골격 중 40%가 발견되었으며, 두개골 일부, 하악골, 왼팔뼈와 오른팔뼈 등이 포함돼 있다. 이 골격의 주인은 작은 체격 때문에 여자로 추정된다.

제 1 장 | 숲에서 나오다

고 농담삼아 불만을 늘어놓기도 했고, 루시는 만화와 낱말맞추기 퍼즐, 록 음악, 연극, 심지어 문신에도 등장했다. 묻힌 지 320만 년이나 지난 루시의 뼈는 1974년 11월 24일 에티오피아의 아파르 삼각 지대 하다르에 위치한 아와시 강 근처의 미로 같은 협곡에서 발견되었다. 이번에도 운이 크게 작용했다. 그 날, 조핸슨은 그 때까지 발굴한 작업 결과를 기록하면서 하루를 보내려고 했는데, 자신의 제자이던 톰 그레이 (Tom Gray)가 모래와 실트와 재 퇴적층이 쌓여 있는 하다르의 언덕 사이에서 동물 뼈 화석을 찾아보자고 졸라 따라나섰다. 구릉진 지역을 걸어가던 두 사람은 팔뼈 조각을 하나 발견했는데, 그것은 민꼬리원숭이와 비슷한 동물의 것으로 보였다. "우리는 언덕 쪽으로 눈길을 돌려 보았다. 믿을 수 없게도, 그 곳에는 거의 완전한 형태의 아래턱, 넓적다리뼈, 팔뼈, 갈비뼈, 척추뼈를 비롯해 수많은 뼛조각이 널려 있었다. 톰과 나는 한낮의 땡볕 아래에서 미친 사람들처럼 소리를 지르며 서로 부둥켜안고 춤을 추었다."고 조핸슨은 회상한다.[33]

1974년에 루시를 발견한 후, 고생물학자 도널드 조핸슨은 하다르에서 발굴 작업을 계속하다가 더 중요한 화석을 여러 차례 발견했다. 그 중에는 함께 매장된 오스트랄로피테쿠스 아파렌시스 13구의 뼈인 '최초의 가족' 도 있다.

조핸슨과 그레이는 잔뜩 흥분하여 클랙슨을 빵빵 울리면서 캠프로 돌아갔다. 그리고 아와시 강물에 담가 시원해진 맥주와 염소 바비큐로 축하 파티를 했다. 결국 한 개체의 뼈 47점이 발굴되었는데, 전체 골격의 약 40%에 이르는 양이었다. 골반 모양으로 보아 그 뼈의 주인은 여자이며, 짧은 다리로 볼 때 키는 1.1~1.2미터 정도, 또 이미 사랑니가 부러진 것으로 보아 어른이 된 뒤에 죽은 것으로 보였다. 게다가, 여러 뼈의 가장자리가 닳은 흔적이 있어 관절염을 앓았던 것으로 추정되었다. 조핸슨은 "그렇게 귀중한 작은 화석 여인에게는 적당한 이름을 붙여 주는 게 합당해 보였다. 하루 저녁은 모두들 둘러앉아 비틀스의 노래를 듣고 있었는데, 누군가 "루시라고 부르는 게 어때요? 비틀스의 노래 '루시 인 더 스카이 위드 다이아몬즈'에서 따서 말이에요."라고 말했다. 그래서 이름이 루시로 정해졌다."고 말한다.[34]

루시는 고생물학계에 신이 보낸 선물이나 다름없었고, 그 뼈는 거의 4반세기 동안 활발한 과학적 토론과 논쟁을 낳았다. 그 다음 4년 동안 조핸슨은 아파르 지역에서 화석 발굴을 계속했는데, 루시와 비슷한 종의 뼈들을 발굴하는 큰 성과를 거두었다. 그 중 가장 중요한 발견은 1975년에 조핸슨의 제자인 마이클 부시(Michael Bush)가 아파르 333 구역이라 명명된 지역에서 발견한 '최초의 가족' 이다. 처음에 부시는 이빨이 붙어 있는 위턱뼈 일부가 땅에 삐죽 나와 있는 것을 발견했다. 그리고 그 주변에서 넓적다리뼈와 발꿈치뼈, 곧이어 다리뼈가 더 발견되었다. 그 뒤에도 계속해서 더 많은 뼛조각이 발견되었다. "언덕 전체에 뼈가 널려 있었다."고 조핸슨은 말한다.

결국 333 구역에서는 13명(어른 9명, 아이 4명)의 뼈가 발견되었는데, 13명이라는 수치는 서로 다른 이빨과 턱뼈 조각에 바탕해 나온 것이다.[35]

발견된 화석의 수(모두 200점 이상)가 많다는 점 외에도 이 뼈들은 흥미로운 특징이 몇 가지 있다. 포식 동물이 뼈를 깨문 흔적이 전혀 없고, 뼈가 묻히기 전에 닳은 흔적도 전혀 없는 것으로 미루어 이들은 아주 빠른 시간에 흙 속에 묻힌 것으로 보인다(아마도 돌발적인 재난을 당한 것이 아닐까?). 조핸슨은 돌발 홍수의 가능성을 가장 높게 본다. 만약 죽기 전에 이들 어른과 아이 집단이 같은 시간과 장소에 함께 있었다면, 모두 한 가족일 가능성이 매우 높다. 그래서 조핸슨은 그들을 '최초의 가족 (the First Family)'이라 이름 붙였다.[36]

그것은 아주 중대한 의미를 지닌 발견이었다. 과학자들은 그보다 앞서 몇 해 동안 에티오피아, 케냐, 탄자니아에서 발굴된 루시 비슷한 화석들의 크기에 큰 차이가 나타나는 것에 의문을 품고 있었다. 루시는 키가 1.2m 미만으로 난쟁이에 해당하는 반면, 나머지는 키가 1.5 m 이상은 돼 보였다. 이들은 개인차가 큰 같은 종일까, 아니면 서로 다른 종일까? 이 의문에 대해 최초의 가족이 중요한 단서를 제공했는데, 어른들의 뼈 사이에서도 큰 차이가 났기 때문이다. 이것은 그 화석들이 모두 같은 종이며, 단지 이형(異形: 전형적인 예로는 몸집이 큰 남자와 작은 여자를 들 수 있다)이 심하게 나타나는 종이라는 것을 시사했다. 이 경우에는 남자는 평균적으로 키 1.5 m, 몸무게 65 kg인 반면, 여자는 키 1 m, 몸무게 30 kg에 불과했다. 한편, 몸크기의 차이는 그들의 사회 구조가 인간 사회와는 상당히 달랐고, 일부일처제가 확립되지 않았음을 시사한다. 수컷 고릴라와 마찬가지로, 최초의 가족에 속한 남자들은 많은 여자(하렘)를 거느리기 위해 경쟁하느라 몸집이 크게 발달했는지도 모른다. 그러나 수컷 고릴라는 경쟁자를 물리칠 수 있는 강력한 무기인 튼튼하고 큰 송곳니가 있는 반면, 아파렌시스의 송곳니는 훨씬 작다는 점에 주목해야 한다고 조핸슨은 말한다. 아마도 아파렌시스는 민꼬리원숭이와 비슷한 생활 방식에서 서서히 벗어나 일부일처제에 가까운 짝짓기 제도로 옮아 가는 과정에 있었는지도 모른다.[37]

이러한 개념을 바탕으로 조핸슨은 팀 화이트와 함께 1978년에 스톡홀름에서 열린 노벨 심포지엄에서 루시와 라에톨리에서 발견된 호미니드 화석, 최초의 가족과 그 밖의 여러 화석은 오스트랄로피테쿠스 아파렌시스(아파르의 남부 원숭이란 뜻)라는 하나의 종에 속한다고 발표했다. 모든 과학자가 조핸슨의 결론에 동의하지는 않았으며, 이 주장은 많은 논란을 낳았다. 그러나 오늘날 대부분의 고생물학자는 조핸슨의 분류가 옳다고 여기며, 최소한 초기 인류의 진화에 관한 그림을 단순화시켰다고 평가한다.[38]

오른쪽: 여자 오스트랄로피테쿠스 아파렌시스를 상상해 복원한 모습. '루시'도 아마 이와 비슷하게 생겼을 것이다.

현생 인류(오른쪽), 오스트랄로피테쿠스 아파
렌시스(가운데), 침팬지(왼쪽)의 아래턱뼈. 오
스트랄로피테신의 턱은 포물선 모양인 호모
사피엔스의 턱과 폭이 좁은 U자 모양인 침팬
지의 중간 형태에 해당한다.

루시와 최초의 가족은 약 320만 년 전에 살았던 것으로 추정되며, 후에 이어진 모든 인류 가지(우리 자신을 포함해)의 공통 조상이라고 조핸슨은 주장한다. 어떤 의미에서 루시는 인류의 어머니라고 말할 수 있다.[39] 그러나 약 300만 년 전에 이르러 아파렌시스는 화석 기록에서 완전히 사라진다. 그 대신에 새로운 원숭이인간들이 나타난다 (그러나 이들은 하나의 종으로 쉽게 분류할 수 없다). 아파렌시스와 비슷한 변종들이 아프리카의 광범위한 지역에 걸쳐, 그리고 다양한 생태적 지위에 걸쳐 나타난다. 인류의 다양한 조상들이 나타나 진화의 어느 단계에서 잠깐 머물다가 영영 그 흔적을 찾아볼 수 없게 사라지곤 했다. 이렇게 다양한 형태의 호미니드가 출현한 것은 충분히 예상할 수 있는 일이다. 케임브리지 대학의 인류학자 로버트 폴리(Robert Foley)는 이렇게 말한다. "진화는 다양성을 내포한다. 진화는 우리를 향해 일직선으로 죽 이어진 것이 아니다."[40] 이것은 정말 중요한 주제로, 아파렌시스의 운명과 그 뒤에 출현한 종들, 그리고 인류의 역사에서 흥미롭고도 신비스러운 부분을 파헤치는 데 아주 중요한 역할을 하게 된 놀라운 재능을 가진 사람에 대해 더 깊이 알아보기 전에 다음 장 첫머리에서 자세히 다룰 것이다.

제 2 장

스타워즈 바

지난 세기는 인류의 진화 과정에 대한 이해가 폭발적으로 확대된 시대였다. 우리 조상에 관한 단편적인 증거들을 추적하여 500만 년에 걸친 인류 진화의 계보를 작성할 수 있었다. 겨우 2000여 명(지난 100년 사이에 발굴되고 연구된 모든 원숭이 인간과 인류의 뼈를 합한 수치임)의 화석에 바탕해 그러한 일을 이루어 냈다는 것은 실로 대단한 일이다.[1] 현재 지구상에 살고 있는 사람만 해도 60억 명이 넘고, 오랜 세월에 걸친 우리의 진화 과정을 생각하면, 2000여 명은 정말로 미미한 숫자라고 할 수 있다. 그러나 신중한 분석을 통해 과학자들은 우리와 다른 영장류를 분자생물학적으로 분석한 결과와, 우리 조상이 사용한 도구와 무기를 조사한 결과를 참고하여 여러 가지 증거들을 꿰어 맞춰 상당히 설득력 있는 이야기를 만들 수 있었다.

뼈와 돌과 유전자, 이 셋은 실로 강력한 위력을 가진 결합이다. 그 중에서도 뼈가 아직까지는 가장 큰 발언권을 지니고 있다. 화석은 우리의 잃어버린 조상에 대해 가장 확실한 증거를 제공한다. 도널드 조핸슨이 표현했듯이, "완전한 두개골을 바라보는 것은 개인을 바라보는 것과 똑같다."[2] 그러나 두개골이나 뼛조각, 이빨 하나가 우리에게 무엇을 말해 주는지 정확하게 이해하는 것은 그리 쉬운 일이 아니다. 화석을 이해하고, 명확한 틀 속에 그것을 끼워 넣기 위해서는 상당한 판단력이 필요하다. 그러한 노력이 없다면, 화석은 그저 오래 된 뼛조각에 불과하다. 불행하게도, 바로 그러한 해석을 둘러싸고 종종 고생물학자들의 의견이 엇갈린다. 예를 들면, 어떤 사람들은 인류의 계보에

는 다양한 호미니드 종이 존재하며 아주 복잡하다고 믿는다. 이들은 인류 진화의 경로를 되도록이면 많이 나누고, 새로운 종을 쉽게 만드는 경향 때문에 '세분파'라 부른다. 이들과 정반대 입장에 서있는 사람들을 '병합파'라 부르는데, 우리의 계보를 되도록이면 단순하고 명확하게 만들려고 노력하며, 여러 가지 화석들을 한 종으로 묶으려는 경향이 강하다.

병합파와 세분파는 고생물학계를 양분하는 가장 기본적인 두 파벌이라고 할 수 있다. 다만, 양쪽 진영에 다 속하는 것도 가능하다. 조핸슨이 하다르에서 발견한 호미니드 뼈와 메리 리키가 라에톨리에서 발견한 호미니드 뼈의 경우를 살펴보자. 고생물학자들이 이 화석들을 조사한 결과, 상당한 유사성을 발견했다. 그러나 모양과 크기가 아주 다양했다. 그렇다면 이들은 같은 종일까, 다른 종일까? 1978년, 조핸슨은 팀 화이트와 함께 이들 화석은 오스트랄로피테쿠스 아파렌시스라는 같은 종이라고 발표했다. 이렇게 화석을 같은 종으로 분류함으로써 조핸슨은 병합파의 입장에 섰다. 즉, 그는 우리의 계보를 단순화시키고 있었던 것이다. 그러나 한편으로 그는 아파렌시스가 이전에 분류된 적이 없는 새로운 종이라고 주장했다. 즉, 그는 아파렌시스와 이전에 발견된 호미니드 사이의 본질적인 차이점을 강조했다. 진화의 나무에 새로운 가지를 추가했기 때문에, 이 점에서 그는 세분파라고 할 수 있다.

20세기 전반에는 세분파가 득세했다. 화석이 하나 발견될 때마다 새로운 종명을 붙

인류의 진화를 단순히 계속 진보를 향해 나아간 것으로 묘사한 고전적인 그림. 이것은 편리하긴 하지만 잘못된 견해이다. 사실은, 약 200만 년 전의 아프리카에는 여러 종의 호미니드가 살고 있었고, 그 중 일부는 인류 진화의 나무에서 막다른 나뭇가지에 이르러 사라졌다.

였는데, 이러한 관행은 얼마 안 가 난관에 부닥치게 되었다. 오스트랄로피테쿠스 트란스발렌시스, 파란트로푸스 크라시덴스, 호모 카나멘시스 등 호미니드의 종수는 그것을 연구하는 고생물학자의 수보다 더 많은 것처럼 보였다. 20세기 중반에 이르러 전체 그림이 혼란스러워지자 병합파가 힘을 얻기 시작해, 결국 호미니드의 종수는 손가락을 꼽을 정도로 줄어들게 되었다. 이것은 인류의 진화 과정을 훨씬 이해하기 쉽게 만드는 장점이 있었다. 그렇지만 정도가 심하면 문제점이 나타나기 마련이다. 인류 진화의 나무에서 많은 가지를 쳐 내며 너무 많은 종을 통합하다 보니, 아파렌시스에서 호모 사피엔스에 이르는 경로가 복잡한 나무가 아니라 하나의 직선처럼 보였다.

이러한 단순한 시각은 우리의 출현이 영장류가 나무를 떠날 때부터 예정된 결과였다는 기존의 잘못된 믿음을 더욱 부추겼다. 자연 선택의 정상 궤도에서 벗어났다는 어떤 증거도 없이 진화의 나무는 하나의 줄기로 축소되었고, 호모 사피엔스의 출현은 사전에 예정돼 있던 것처럼 보였다. 우리의 초기 조상은 진보를 향해 나아가려는 강한 충동을 지닌 생물학적 주인공처럼 보이도록 만들어졌다. 반면에, 다른 영장류들은 20세

타웅 아이를 비롯해 200만 년 이전에 살았던 원숭이인간의 화석이 발견된 남아프리카 공화국의 석회암 동굴 중 하나인 마카판스가트 동굴.

기 초에 해부학자이자 인류학인 조지 엘리엇 스미스(George Elliot Smith)가 표현했듯이 '주어진 환경에 만족한 채' 나무에서 늘어져 지낸 것으로 묘사되었다.[3] 미국의 레이 채프먼(Ray Chapman)은 그것을 다음과 같이 묘사했다. "서두름은 인류의 진화에서 일관되게 나타난 특징이었다. 원시적인 민꼬리원숭이 단계에서 벗어나고, 몸과 뇌와 손과 발을 변화시킨 속도는 창조의 역사에서 일찍이 유례를 찾아보기 힘들 정도로 빨랐다. 그리고는 육지와 바다와 하늘을 정복하고, 지상의 지배자로 우뚝 설 때까지 그러한 서두름은 계속되었다."[4]

인류의 진화에 이러한 목적성과 남다른 노력의 개념을 부여하려는 태도는 학계의 일반적인 관행이었고, 그것은 지금도 계속되고 있다. 스티븐 제이 굴드는 그것을 다음과 같이 묘사한다. "진보를 향한 행진이란 개념은 진화를 가장 단순하게 표현한 것이며, 모든 사람이 즉각 받아들이고 본능적으로 이해한 그림이다." 실제로 직선적인 진보라는 개념은 너무나도 뿌리 깊게 박혀서 우리가 진화를 제대로 이해하는 것을 방해하는 정신적인 구속복이 되어 버렸다(최소한 얼마 전까지는). "진화란 단어 자체가 진보와 동의어가 되어 버렸다." 그러나 생명은 그와 같은 것이 아니다. 생명은 "수많은 가지를 뻗어 나가면서 멸종이라는 저승 사자에게 끊임없이 가지치기를 당하는 관목이지, 예측 가능한 사닥다리가 아니다."고 굴드는 말한다.[5]

비록 스스로에게 배타적이고 어떤 운명적이고 특별한 위대성을 부여하려는 행동(설사 틀린 것이더라도)은 자연스러운 것이라 하더라도, 호모 사피엔스의 출현이 사전에 예정된 것이 아님은 명백하다(곧 보게 되겠지만). 지구상에 다른 호미니드가 존재하지 않는 상황에서 이러한 행동은 더욱 당연해 보인다. 우리는 자신이 유일한 존재라는 사실을 당연하게 받아들인다. 우리는 스스로를 뭔가 특별한 존재라고 느낀다. 그러나 지구상에 호미니드가 오직 한 종만 존재한 것은 겨우 지난 3만 년 동안(우리의 전체 진화사에서 보면 극히 일부)에 불과하다. 이스라엘의 고생물학자 요엘 라크(Yoel Rak)는 "오늘날 존재하는 인류 종이 단 하나뿐이기 때문에 과거에도 늘 그랬을 것이라는, 우리의 의식 속에 깊이 박혀 있는 이 생각을 버리지 않으면 안 된다."라고 말한다. "우리의 전체 진화사는 오히려 그 반대였다. 〈스타워즈〉에 나오는 장면을 떠올려 보라. 그 곳 바에는 온갖 종류의 외계인이 모여 마시고 떠들며 놀고 있다. 나는 이 그림이 오히려 우리 과거에 더 잘 어울리는 모습이라고 본다."[6] 태터설도 여기에 동조한다. "호미니드에 이르는 길은 여러 갈래가 있으며, 우리의 길은 그 중 하나에 불과하다는 것을 인류 가족의 역사가 보여 준다."[7] 또, 굴드는 이렇게 말한다. "하나의 종으로서 행성 전체에 최대한 확산되어 있는 현재 인류의 상태는 분명히 비정상적인 것이다."[8]

실제로 우리의 선사 시대를 돌아보면, 아프리카에서 시작해 나중에는 구세계에 여러 호미니드 종이 동시에 번성하고(최소한 생존하고) 있었다. 이러한 시각은 특히 약 300만 년 전에 아파렌시스가 화석 기록에서 사라지는 사건을 검토할 때 염두에 두어야 할 중요한 사실이다. 의문은 그 다음에 무엇이 나타났느냐 하는 것이다. 답은 아주 다양하지만, 그 다음 단계의 진화 이야기는 시작 단계보다 덜 직선적이며, 지리적으로는 더 다양하다(현재까지 발견된 화석 기록에 따른다면). 사실, 그 다음에 이어지는 우리의 무용담은 동아프리카 북부가 아니라, 대륙의 반대편인 남아프리카에서 시작된다.

1924년, 요하네스버그의 비트바테르스란트 대학에 해부학 교수로 새로 부임한 레이먼드 다트는 기묘하게 생긴 어린 민꼬리원숭이의 두개골 앞쪽 절반을 발견했는데, 거기에는 턱과 이빨도 달려 있었다. 원래 그 화석은 타웅의 석회암 채석장에서 일하던 공사장 감독의 책상 위에 놓여 있었는데, 다트의 한 동료가 그것을 발견하고는 그 곳에서 나온 다른 화석들과 함께 다트에게 보냈다. 다트는 결혼식에 참석하려고 연미복을 입던 중에 그 상자를 받았다고 한다. 다트는 옷깃도 제대로 여미지 않은 상태에서 상자를 열고 타웅에서 발견된 두개골을 끄집어냈다. "나는 어두운 곳에서 수전노가 황금을 꼭 품듯이 탐욕스럽게 그 두개골을 들고 서 있었다. 나는 이것이야말로 인류학사에서 가장 중요한 발견이라는 확신이 들었다. 행복한 꿈에 취해 있는데, 신랑이 내 소매를 끌어당기는 바람에 다시 현실로 돌아왔다."[9]

타웅 아이의 두개골을 들고 있는 레이먼드 다트. 학계의 조롱에도 불구하고, 이 두개골이 현생 인류의 조상이라는 그의 주장은 얼마 후 옳은 것으로 입증되었다.

야심 만만하고 뛰어난 재능을 지닌 오스트레일리아의 해부학자 다트는 화석에 깊은 흥미를 느끼고 있던 터라 그 두개골에서 여러 가지 흥미로운 특징을 발견했다. 그러나 당시 요하네스버그는 변경의 도시와 비슷했기 때문에 다트는 두개골을 조사하는 데 필요한 정교한 도구를 구할 수 없었다. 그래서 아내에게서 뜨개질 바늘을 빌려 두개골에 들러붙어 있는 돌과 이물질을 천천히 쪼아 내기 시작했다. 다트는 그 이빨이 어떤 민꼬리원숭이의 것과도 다르며, 대후두공(뇌 밑으로 척수가 지나가는 구멍)이 두개골 아래쪽의 중앙에 위치하고(이것은 두발 보행을 하는 동물의 특징이다) 있다는 사실을 발견했다. 게다가 두개골 내부를 보여 주는 캐스트를 조사한 결과, 뇌 뒤쪽에 난 틈(월상고랑)이 민꼬리원숭이와는 다른 위치에 있으며, 오히려 사람의 것에 더 가까운 위치에 있었다. 다트는 이 화석의 종을 오스트랄로피테쿠스 아프리카누스(*Australopithecus africanus*: '아프리카 남부 원숭이'란 뜻)라고 이름 붙였는데, 이것은 초기의 호미니드에 오스트랄로피테쿠스라는 이름을 붙인 첫 사례였다.[10] 비록 다트는

두개골에 아직 어른의 특징이 발달하지 않았다는 점을 인정했지만(다트는 어금니 영구치가 막 돋아나기 시작한 사실을 근거로 그 두개골의 주인이 여섯 살쯤 되었다고 추정했다), 이 종은 현생 인류의 조상이며, 지능이 높고, 도구를 만들었다고 주장했다.[11] 다트의 발견은 전세계 신문의 머리기사를 장식했지만, 학계에서는 회의적인 반응을 보였다. 큰 영향력을 행사하던 유명한 인류학자 아서 키스(Arthur Keith)는 특히 경멸적인 태도를 보였다. 〈네이처〉지에 발표한 글을 통해 그는 "고릴라나 침팬지와 유사점이 너무 많기 때문에, 이 화석이 이들 집단에 속한다고 보는 데에는 조금의 망설임도 있을 수 없다."면서 타웅의 두개골이 어린 민꼬리원숭이의 것이라고 주장했다. 그것이 인류의 조상이라는 주장에 대해 그는 "지금 서식스주에 살고 있는 농부를 정복왕 윌리엄의 조상"이라고 주장하는 것과 같다고 말했다.[12] 아무리 잘 봐 준다 하더라도, 아프리카의

타웅 아이의 화석은 두개골 일부, 턱뼈와 두개강 캐스트(두개골 속을 채우고 있던 퇴적물이 돌로 변한 것)로 이루어져 있다. 이것은 얼핏 보기에는 민꼬리원숭이의 두개골처럼 생겼지만, 다트는 사람을 닮은 특징도 있다는 사실을 깨달았다.

오스트랄로피테신은 인류의 진화가 아시아에서 펼쳐지는 동안 아프리카에 남겨진 민꼬리원숭이 비슷한 동물이라는 게 학계의 대체적인 시각이었다.

지금 입장에서 보면, 찰스 다윈이 《인류의 유래(*The Descent of man*)》에서 "우리의 선조가 다른 곳보다도 아프리카 대륙에 살았을 가능성이 더 높아 보인다."[13]고 서술했고, 조핸슨과 리키 가족과 그 밖의 많은 고생물학자가 그 후에 발견한 많은 화석의 증거가 아프리카에서 유래한 종이라는 사실을 감안할 때, 인류 진화의 도가니는 아프리카 인이 아니라 아시아 인이라는 이 시각은 다소 이상해 보일지 모른다. 그러나 다트가 활동하던 그 시절에는 아프리카는 인기가 없었으며, 과학자들은 인류의 고향이 아시아라는 생각에 사로잡혀 있었다. 아시아는 가장 큰 대륙이고, 생물 종들이 가장 풍부하게 존재하며, 가장 오래 된 문명들도 거기서 생겨났고, 우리가 나무에서 내려와 환경에 적응해 현재의 상태로 발전해 갈 수 있는 적절한 기후 조건을 갖추고 있다는 게 학자들의 주장이었다.

오늘날 우리는 다트의 주장이 많은 점에서 옳고, 그의 동료들이 틀렸다는 사실을 알고 있다. 아프리카는 인류의 초기 진화가 펼쳐진 주무대로 인식되고 있으며, 우리는 아

프리카누스가 우리의 조상이라고 믿고 있다. 그 화석은 유럽과 아시아에 남아 있는 인류의 화석보다 훨씬 오래 되었다. 그러나 아프리카누스가 특별히 지능이 발달했다고 말할 수는 없으며, 도구를 만들었다는 증거는 더더구나 발견된 적이 없다. 사실, 아프리카누스는 몸 크기와 뇌용량을 비롯해 많은 점에서 아파렌시스와 비슷하다(비록 남녀 사이의 차이는 훨씬 작은 것으로 보이지만). 앞니는 아파렌시스에 비해 약간 작고, 어금니는 상대적으로 더 크며, 얼굴은 조금 더 납작하고, 광대뼈는 더 돌출했다. 아파렌시스와 마찬가지로 아프리카누스도 직립 보행을 했고, 아마도 잡식성이었겠지만 주로 채식을 했으며, 가끔은 고기를 주워 먹기도 했을 것이다.

다트의 발견은 오랫동안 주류 과학계에서 조롱을 받으며 무시당했다. 사실, 로버트 브룸(Robert Broom)의 노력이 없었더라면, 그의 연구는 더 오랫동안 냉대를 받으며 묻혀 있었을 것이다. 당시 남아프리카 공화국에서 일하고 있던 스코틀랜드 의사 브룸은 다트를 지지한 몇 안 되는 과학자 중 한 명이었다. 영국의 유명한 유전학자 홀데인(J. B. S. Haldane)은 글래스고 대학을 졸업한 그를 버나드 쇼, 베토벤, 티치아노 (1477?~1576; 이탈리아의 베네치아파 화가—역자 주)의 반열에 나란히 세울 만한 천

타웅 아이에 대한 레이먼드 다트의 주장이 옳다고 믿었던 몇 안 되는 과학자 중 한 명인 로버트 브룸(가운데). 스테르크폰테인(왼쪽)과 같은 장소에서 발견한 오스트랄로피테쿠스 로부스투스(*Australopithecus robustus*,오른쪽 아래)를 비롯해 그 후에 브룸이 이룬 발견과 연구는 다트의 주장이 옳음을 입증했을 뿐만 아니라, 우리의 조상에 관한 견해를 완전히 뒤바꾸어 놓았다.

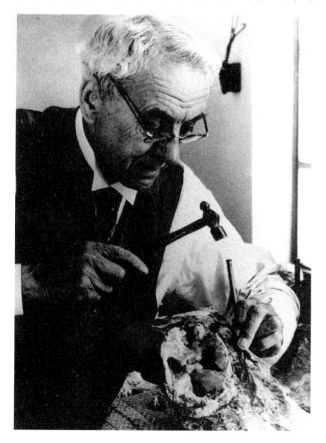

재라고 평한 반면, 그의 전기 작가인 핀들레이(G. Findlay)는 그를 뛰어난 포커 도박꾼만큼 정직하다고 지적했는데, 아주 흥미로운 재능과 성격이 뒤섞여 있었던 인물임은 분명하다. 브룸은 또 햇빛의 효능에 대해 과대망상적인 생각을 가지고 있어 햇볕이 따갑게 내리쬐는 외딴 장소에서 화석을 찾을 때에는 옷을 홀라당 벗곤 했다. 그러다가 한번은 옷을 벗어 둔 곳을 찾지 못하기도 했다.[14] 브룸은 의사로 일했지만, 화석을 수출하는 도매상으로도 일하며 귀중한 화석을 미국 박물관에 팔아 넘겼다. 이 때문에 남아프리카 공화국 정부는 국가 자산을 외국으로 빼돌린다며 브룸을 비난했다. 잠깐 동안 그는 지방 당국의 눈에 거슬리는 존재였다. 그런데 중요한 사실은, 그가 다트의 지지자, 아니 정확하게는 다트가 발견한 화석의 지지자였다는 점이다. 다트가 아프리카누스를 발견한 사실을 공표한 지 2주일 후에 브룸은 예고도 없이 불쑥 다트의 연구소로 찾아가서는, 교수와 학생들을 지나쳐 타웅 아이의 두개골 앞으로 걸어가더니 경의의 표시로 무릎을 꿇었다.[15]

브룸은 또 특별한 재능을 지닌 고생물학자라는 것을 증명했다. 그는 1938년 70세의 나이로 새로운 종류의 오스트랄로피테신 중 첫 번째 화석을 발견했고, 그 후에 비슷하게 생긴 더 중요한 호미니드 화석도 여럿 발견했다. 오늘날 이것들은 단순히 오스트랄로피테쿠스 로부스투스(*Australopithecus robustus*)라는 하나의 종으로 알려져 있는데, 체격이 건장한 로부스투스는 아프리카누스보다 몸집이 조금 더 크고, 어금니는 납작한 맷돌처럼 생겼다. 로부스투스는 뿌리와 순과 그 밖의 먹이를 튼튼한 이빨로 씹어먹었을 것이다. 브룸은 또한 아프리카누스의 화석도 더 발견했고, 1946년에는 오스트랄로피테신에 관해 방대한 양의 논문을 썼다. 거기서 그는 "이 영장류들은 많은 점에서 사람과 아주 가깝게 일치한다. 이들은 두발 보행을 한 게 거의 확실하다."[16]고 썼다. 브룸은 발굴 작업을 계속하다가 1947년에는 직립 보행을 한 것이 분명한 오스트랄로피테신의 두개골과 골반, 척추뼈 화석을 발견했다. 마침내 학계도 항복하지 않을 수 없었다(다트가 타웅 아이를 발견한 지 23년이 지난 뒤였다). 키스는 〈네이처〉지에 보낸 편지에서 "다트 교수가 옳았고, 내가 틀렸다."고 인정했다. 다트의 주장은 처음부터 옳았지만, 그 진실을 만천하에 밝히고 증명한 사람은 브룸이었다. 84세가 된 브룸은 그 종에 관한 자신의 최종 논문을 완성하고자 했다. 1951년 4월 6일, 원고를 마지막으로 교정본 후, 그는 "이제 끝냈다. 그리고 나도 끝났다."고 말했다. 그리고 그 날 밤에 눈을 감았다.[17] 인류 고생물학의 역사를 다룬 저서《잃어버린 고리(*Missing Links*)》에서 존 리더(John Reader)는 "오스트랄로피테쿠스에 관한 브룸의 연구는 이전의 어떤 과학자나 발견보다도 화석 인류에 대한 연구를 근본적이고도 획기적으로 바꾸어 놓았다."고 평가했다.[18] 실제로 브룸은 중요한 업적을 여러 가지 남겼다. 그는 오스트랄로피테신이 비

록 뇌는 작지만 인류의 조상이 확실하다는 것을 입증했
다. 우리의 혈통을 정의하는 첫 번째 특징은 지능이 아
니라 두발 보행이라는 사실이 점차 분명해졌다. 브룸은
또한 호모 사피엔스가 처음 진화한 무대는 아시아가 아
니라 아프리카라는 설득력 있는 증거를 제시했다. 게다
가(이것은 뒤에 이어지는 이야기에서 아주 중요한 의미
를 지니는데) 호미니드 종이 다양하게 존재했다는 구체
적인 증거도 처음으로 발견했다. 지금은 약 200만 년
전에 아파렌시스에서 최소한 두 종의 호미니드가 갈라
져 나와 각자 다른 생태적 지위를 차지하고 살았다는
사실이 분명하게 밝혀졌다. 잎과 순을 비롯해 부피는
크지만 영양분이 적은 먹이를 먹고 살아간 것으로 추정
되는 오스트랄로피테쿠스 로부스투스와, 고기를 비롯
해 다양한 먹이를 먹고 살았던 오스트랄로피테쿠스 아
프리카누스가 그들이다. 인류의 스타워즈 바에는 손님
들이 하나 둘 들어오기 시작했다.

　스타워즈 바에 들른 것은 아프리카누스와 로부스투
스뿐만이 아니었다. 1959년, 메리 리키와 루이스 리키
는 케냐에서 세 번째 종류의 오스트랄로피테신 화석을
발견했는데, 이 종은 오늘날 오스트랄로피테쿠스 보이
세이(*Australopithecus boisei*)로 알려져 있다. 이 종도
로부스투스처럼 체격이 건장하고, 주로 채식을 했으
며, 턱이 아주 두껍고 어금니가 컸다.[19] 다시 말해서,
우리의 조상은 아프리카누스, 로부스투스, 보이세이,
이렇게 세 종이 존재했으며, 뒤의 두 종은 서로 비슷하
게 생겼고, 같은 생태적 지위를 차지하고 살았다. 결국
에는 그 수가 줄어들다가 사라지긴 했지만, 두 종 다 약
250만 년 전부터 100만 년 전까지 살아남은 것으로 보
아(로부스투스는 남아프리카에, 보이세이는 동아프리
카에) 비교적 환경에 잘 적응했던 것이 분명하다. 이들
은 오스트랄로피테쿠스 아프리카누스보다 얼굴과 턱
과 이빨은 더 컸지만, 뇌의 크기는 서로 비슷했다.

위: 올두바이 협곡에서 달마시안 두 마리와 함께 발굴 작업을 하고 있는 메리 리키.

아래: 오스트랄로피테신은 서식지 환경이 변함에 따라 식성을 다양하게 변화시키지 않을 수 없었다. 전에는 채식을 주로 했지만, 이 때부터 동물 시체도 뜯어먹기 시작한 것으로 보인다.

원숭이인간: 살인자였나 희생자였나?

1924년에 타웅 아이(오스트랄로피테쿠스 아프리카누스)의 두개골을 발견한 레이먼드 다트가 인류의 기원이 아프리카라고 말한 것은 옳았다. 그렇지만 그가 한 다른 추측 중에는 빗나간 것도 있다. 그 중 하나는 인간의 행동 습성에 관해 아주 위험한 오해를 불러일으켰다. 다트는 오스트랄로피테쿠스 아프리카누스가 무기를 만들었고, 그것으로 동물을 사냥했다고(또 경쟁자를 죽여서 먹었다고) 믿었다. 다트는 타웅과 그 밖의 장소에서 발견된 두개골과 뼈에 난 상처에 바탕해 "그들은 살아 있는 사냥감을 붙잡아 두들겨 패 죽이고, 시체를 찢어 발기고……꿈틀거리는 그 고기를 탐욕스럽게 뜯어먹은 육식 동물이었다."라고 썼다. 두개골에 난 구멍(타웅 아이의 경우처럼)은 다른 오스트랄로피테신이 석기 도구로 공격한 결과라고 주장했다.

미국 작가 로버트 아드리(Robert Ardrey)는 1960년대에 쓴 책 《아프리카 창세기(*African Genesis*)》에서 다트의 견해를 채택하여 인류는 살생 무기를 만들고 나서 비로소 뇌가 크게 발달했다고 주장했다. 점점 복잡하게 발달하는 무기를 다루기 위해 더욱 정교한 신경 제어가 필요해졌기 때문이라는 것이다. 살해 충동이 지능 발달을 가져왔다는 개념은 스탠리 큐브릭(Stanley Kubrick)과 아서 클라크(Arthur C. Clarke)가 〈2001: 우주 오디세이〉에서 더욱 발달시켰는데, 이 영화에서 원숭이인간이 뼈를 만지작거리다가 어느 순간 그것을 무기로 사용할 수 있다는 사실을 알게 된다. 나선을 그리며 하늘로 날아오른 넓적다리뼈가 결국 회전하는 우주선으로 변한다. 다시 말해서, 살해 행위가 기술의 발달을 낳았다는 것이다.

　그러나 이러한 전제는 화석을 잘못 해석한 데서 비롯되었다. 아프리카누스의 두개골에 난 구멍은 동료 아프리카누스의 공격을 받아 생긴 것이 아니라 다른 동물이 남긴 것이다. 표범 같은 육식 동물이 사람 시체를 물고 가면서 남겨 놓은 것이다. 게다가, 타웅 아이의 두개골에 난 구멍은 그 시체 혹은 최소한 두개골을 끌고 가던 독수리가 남긴 것으로 믿어지고 있다. 아프리카누스는 사냥꾼이 아니라 먹잇감이었다. 살인 행위는 우리의 유전자 속에 새겨져 있지 않다.

오스트랄로피테신의 두개골에 남아 있는 두 개의 움푹 파인 자국. 다트는 이 상처가 경쟁자 원숭이인간이 남긴 것이라고 주장했다. 그 후 연구를 통해 이러한 구멍은 포식 동물이 남긴 것으로 밝혀졌다. 위의 경우는 표범이 호미니드를 물고 끌고 가면서 생긴 구멍이다.

이러한 증거들을 바탕으로 고생물학자들은 1장의 호미니드로부터 이 장의 원숭이인간에 이르는 초기 인류의 진화에 관해 상당히 구체적인 그림을 그릴 수 있게 되었다. 첫째, 오스트랄로피테쿠스 아나멘시스는 오스트랄로피테쿠스 아파렌시스로 진화해 갔다. 그리고 아파렌시스는 오스트랄로피테쿠스 아프리카누스로 진화해 갔을 뿐만 아니라, 거기서 로부스투스와 보이세이라는 곁가지도 갈라져 나왔다. 이렇게 다양한 오스트랄로피테신이 아프리카에서 번성하다가 약 100만 년 전에 로부스투스와 보이세이가화석 기록에서 사라지면서 대신에 나머지 종의 생존 확률이 높아졌다. 직립 보행과 작은 뇌는 우리의 진화사에서 반복적으로 나타난 특징인 것처럼 보인다. 한편, 아프리카누스는 조상인 아파렌시스와 마찬가지로 주로 숲 가장자리와 삼림 지대와 탁 트인 초원에서 살았던 것으로 보인다. 다만, 한 장소(남아프리카의 마카판스가트)에서 나온 증거로 때로는 울창한 숲에서 살기도 했음을 알 수 있다. 아프리카누스는 나무에서 과일과 잎을 따 먹었을 뿐만 아니라, 덩이줄기와 뿌리도 파 먹었으며, 심지어는 동물 시체의 고기도 뜯어먹었을 것으로 추정된다. 아프리카누스는 그 당시 변화하는 환경에 적응해 훨씬 유연한 반응을 보였다.

생명의 나무

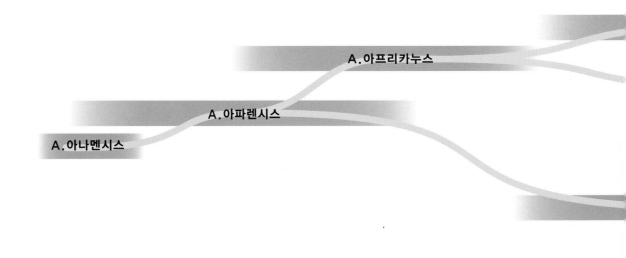

| 4.5 | 4 | 3.5 | 3 | 2.5 |

단위:100만 년

A. : *Australopithecus*(오스트랄로피테쿠스)
H. : *Homo*(호모)

대부분의 과학자가 받아들이고 있는 이 그림(약간 변형된 형태들이 존재하긴 하지만)은 한 가지 중요한 의문을 남기는데, 오스트랄로피테쿠스 아프리카누스는 그 뒤에 어떻게 되었느냐 하는 것이다. 로부스투스와 보이세이는 멸종하고 말았다. 그러나 다트의 남부 원숭이는 어떤 운명을 걸어갔을까? 화석 기록은 약 240만 년 전에서 끊긴다. 아프리카누스는 어디로 간 것일까? 이러한 의문에 최초로 설득력 있는 답을 발견한 사람은 전통 파괴주의자이자 가장 위대한 화석 사냥꾼 중 하나로 꼽히는 루이스 리키(Louis Leakey)였다.

1903년 선교사의 아들로 태어난 루이스 리키는 부모가 선교 활동을 하고 있던 동아프리카의 키쿠유 부족 속에서 자랐으며, 열한 살 때 부족의 정식 구성원으로 받아들여졌다. 케임브리지 대학에서 인류학을 공부한 그는 초기 인류가 아프리카에서 시작되었다고 확신을 갖게 되었다(앞에서 보았듯이, 이러한 생각은 그 당시 주류 학계의 시각과는 반대 되는 것이었다). 그리고 올두바이 협곡(탄자니아 북부의 세렝게티 평원 동쪽에 있는 길이 48km, 깊이 약 90m의 가파른 골짜기)이 우리 선사 시대에 대한 비밀을 간직하고 있는 장소라고 확신했다. 그는 "올두바이는 화석 사냥꾼이 꿈꾸는 장소이다. 그

비록 과학자들 사이에는 종 간의 정확한 관계와 공통 조상에 대해 이견이 분분하지만, 아래 도표는 인류의 조상에서 호모 사피엔스로 진화해 간 가장 그럴듯한 경로를 보여 준다.

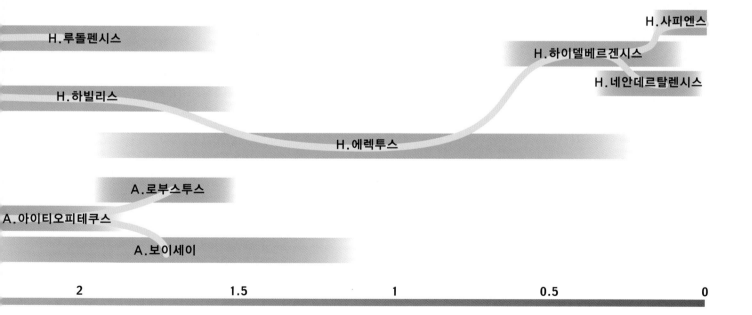

협곡은 거대한 레이어 케이크를 가르고 들어가듯이 지구의 역사가 쌓여 있는 층들을 90m나 뚫고 내려간다."고 말했다.[20]

그러나 그는 인류의 아프리카 기원설을 너무 확신한 나머지 처음에 몇 가지 판단 실수를 저질렀고, 그것을 만회하는 데 상당한 시간이 걸렸다. 한번은 올두바이 협곡을 방문하고 나서 한스 레크(Hans Reck)란 독일 과학자가 그 곳에서 발견한 골격이 우리 조상의 것이라고 주장했다. 그러나 그것은 비교적 최근에 옛날 지층에 파묻히게 된(고생물학에서 흔히 발생하는 문제지만, 극복할 수 없는 문제는 아니다) 현생 호모 사피엔스의 것으로 밝혀졌다. 또 한번은 저명한 교수인 보스웰(P. G. H. Boswell)이 리키가 발굴 작업을 하는 장소를 방문하기로 돼 있었다. 그가 도착하기 직전에 리키는 가장 중요한 화석이 발견된 장소를 표시해 놓은 금속 핀을 현지 어부가 낚싯바늘로 사용하기 위해 훔쳐갔다는 사실을 알았다. 그 중요한 장소를 잃어버린 부주의와 치밀하지 못한 성격에 실망한 보스웰은 영국으로 돌아가 리키의 연구를 비판하는 논문을 쓰기 시작했다. 주류 학계와의 불화는 리키가 첫 아내인 프리다를 버리고 메리 니콜(Mary Nicol)과 함께 살면서 더욱 악화되었다. 1930년대에 이러한 행동은 용납받기 힘들었고, 두 사람은 사실상 추방되었다.

그러나 리키와 메리 니콜은 환상적인 짝이었다. 제도에 얽매이지 않고, 자신의 능력을 펼칠 수 있는 모험을 원하던 메리는 리키에게 완벽한 짝이었다. 메리는 담배를 피우고, 바지를 입었으며, 글라이더도

왼쪽: 과학자들이 인류 진화에 관한 수많은 드라마를 발굴한 장소인 올두바이 협곡.
아래: 진잔트로푸스(지금은 오스트랄로피테쿠스 보이세이로 알려져 있음). 루이스 리키는 처음에는 이 종이 현생 인류의 조상으로, 도구를 만들 줄 알았다고 주장했다가 나중에 진화의 나무에서 갈라져 나간 하나의 곁가지로 평가절하했다. 루이스 리키는 '진지'라는 별명으로 불린 이 두개골을 1959년에 올두바이 협곡에서 발견했다.

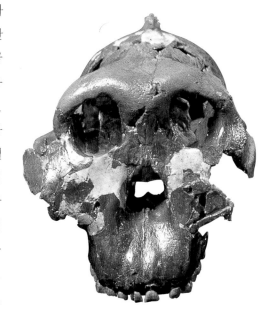

필트다운 인을 둘러싼 사기극

1912년 12월, 영국 과학자들은 정말로 놀라운 화석을 발견했다. 그것은 오래 된 호미니드의 두개골 일부와 턱뼈였다. 그 화석은 찰스 도슨(Charles Dawson)이라는 아마추어 지질학자가 서식스주 필트다운 근처의 자갈 채취장에서 발견했다. 그리고 당시 영국의 대표적인 고생물학자 아서 스미스 우드워드(Arthur Smith Woodward)는 그것을 분석하여 아주 오래 된 인간과 비슷한 존재의 뼈라고 확인했다. 우드워드의 복원 작업을 통해 필트다운인은 큰 뇌를 가졌지만, 민꼬리원숭이와 흡사한 턱과 이빨을 가진 존재로 만들어졌다. 영국 과학계는 이 발견을 대대적으로 환영하고 나섰다. 프랑스, 독일, 인도네시아를 비롯해 많은 나라에서 이미 중요한 인류 화석이 발굴된 적이 있었다. 이제 인류 진화의 드라마가 영국의 영토에서도 펼쳐졌다고 주장할 수 있게 된 것이었다. 게다가, 필트다운인은 그 당시 많은 고생물학자들이 믿고 있던 사실을 확인시켜 주었다. 바로 인간의 뇌는 우리가 육식 동물이 되거나 직립 보행을 하는 원숭이인간이 되기 전인 수백만 년 전에 진화했으며, 인간과 나머지 동물의 지능은 아주 오래 전부터 차이가 났다는 믿음이었다.

결국 필트다운인은 그것이 발굴된 직후부터 유럽과 미국의 많은 과학자들이 주장한 것처럼 사기로 드러났다. 그것은 사람의 두개골 조각과 오랑우탄의 턱을 붙이고, 오래 된 화석처럼 보이기 위해 모양과 색을 변형시킨 것이었다. 이 사기극은 1953년에 가서야 치과 의사인 앨번 마스턴

(Alvan T. Marston)이 플루오르 분석을 통해 두개골과 턱이 그다지 오래 되지 않은 것이란 사실을 밝혀 내면서 들통이 났다. 필트다운인 사기극의 주모자는 분명하게 밝혀지지 않았지만, 찰스 도슨이 가장 유력한 용의자로 지목되고 있다. 불행하게도 필트다운인은 영국뿐만 아니라 많은 나라의 인류 고생물학을 오도하는 큰 영향을 미쳤다. 우리 조상이 비교적 얼마 전까지 뇌가 작았음을 시사하는 발견(레이먼드 다트의 발견을 비롯해)은 필트다운인이 확인해 준 과학계의 편견에 들어맞지 않는다 하여 수십 년 동안 무시당했다.

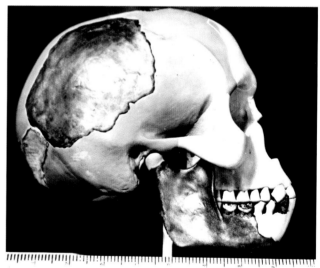

왼쪽: 1913년경에 찍은 필트다운의 발굴 현장. 왼쪽에서 두 번째 사람이 아서 스미스 우드워드이고, 맨 오른쪽에 서 있는 사람이 필트다운 인을 발견한 찰스 도슨이다.

가운데: 필트다운 인이 조작되었다는 것을 처음 밝혀 낸 치과 의사 앨번 마스턴. 1953년, 집에서 자신이 소장한 고고학 표본을 들고 서 있는 모습이다.

오른쪽 위: 인간의 두개골과 오랑우탄의 턱뼈를 붙여 만든 필트다운 인의 두개골. 과학자들은 40년이 넘게 필트다운 인이 진짜라고 믿었다.

조종할 줄 알았다. 학교를 정식으로 졸업한 적도 없었고, 어떤 시험을 치르거나, 학위를 취득한 적도 없었다(비록 훗날 여러 개의 명예 학위를 받게 되지만). 이처럼 학문적 배경이 전혀 없음에도 불구하고, 메리는 레제지를 비롯해 프랑스에서 선사 시대 유적이 발굴된 여러 장소(이 책에서도 나중에 이 중 여러 곳이 소개될 것이다)를 방문한 뒤 고고학에 큰 관심을 갖게 되었다. 리키와 메리는 어느 만찬 파티에서 처음 만났고, 메리가 리키의 저서 《아담의 조상(*Adam's Ancestors*)》에 들어갈 석기 도구의 그림을 그려 주면서 서로 끌리게 되었다. 메리의 어머니는 딸을 남아프리카 공화국으로 보내 두 사람 사이를 떼어 놓으려고 애썼다(리키는 유부남이었고, 자식도 둘이나 있었으니까). 그러나 빅토리아 폭포에 이르렀을 때, 메리는 어머니를 떠나 탕가니카(지금의 탄자니아)로 날아가 네 번째 동아프리카 탐사에 나선 루이스 리키와 만났다.[21] 이 곳에서 두 사람은 올두바이 협곡과 평생에 걸친 유대를 맺게 된다. 나중에 두 사람은 런던으로 돌아가 결혼했다.

오스트랄로피테신은 도구를 만들지 않은 것으로 생각되지만, 뼈를 부숴 골수를 꺼내는 데 돌을 사용했을 가능성이 있다.

그러나 리키는 탐사 작업을 위한 지원금을 얻는 데 큰 어려움을 겪었다. 그는 키쿠유 부족에 관한 인류학적 연구 논문을 비롯해 여러 가지 논문을 썼지만, 학계에 자리를 얻을 수 없었다. 한번은 아프리카로 돌아간 후, 돈을 구하기 위해 구슬과 밀랍을 팔기도 했다. 그러다가 1939년에 케냐 정부의 정보부에서 민간인 관리로 일했고, 그 후 영국 정부의 아프리카 정보부에 배속되어 일했다. 제2차 세계 대전 동안에는 에티오피아를 점령한 이탈리아 군과 싸우던 에티오피아인 게릴라에게 무기를 공급한 일도 있었다. 즉, 총포 밀수상으로도 일한 셈이다.[22]

전쟁이 끝난 후, 메리와 루이스 리키의 형편은 서서히 나아지기 시작했고, 1951년에는 올두바이의 발굴 현장으로 돌아갔다. 그 곳의 생활 환경은 견디기 힘든 것이었지만, 우기가 끝날 때마다 그들은 빗물에 침식돼 드러난 새로운 화석을 찾아나섰다. 이를 위해서는 지면에 눈을 바짝 갖다 대고 협곡의 사면을 따라 기어오르거나 내려오면서 그럴듯해 보이는 뼈나 돌이 있으면 붓이나 치과 도구를 사용해 파내거나 조사해야 했다. 때로는 43°C까지 치솟는 무더위 속에서 작업을 해야 했다. 두 사람은 아주 오래 된 석기를 잇달아 발견했으며, 그 중에는 지금은 멸종한 코뿔소만 한 크기의 거대한 돼지나 큰 검치고양이과 동물의 뼈를 비롯해 다양한 동물 뼈도 섞여 있었다. 그러다가 1959년에 그들의 인생을 뒤바꾸어 놓는 발견을 하게 된다. 메리가 석기로 둘러싸여 있는 장소에서 커다란 호미니드 두개골 조각과 여러 개의 이빨을 발견한 것이다. 메리는 캠프로 돌아와 "찾았어요! 내가 찾았어요!" 하고 외쳤다. 유행성감기에 걸려 누워 있던 루이스는 벌떡 일어나 메리를 따라나섰다. 그는 훗날 "평생 동안 몇 번 있을까 말까 한 큰 감동에 사로잡힌 우리는 너무나도 기쁜 나머지 눈물이 쏟아져 나올 지경이었다."고 회상했다.[23] 루이스 리키는 그 때까지 알려진 것 중 가장 오래 된 호모 사피엔스의 조상을 발견했다고 선언하고, 그것을 진잔트로푸스 보이세이(*Zinjanthropus boisei*; '보이스의 동아프리카 사람'이란 뜻. 진지는 동아프리카의 옛 이름이고, 보이세이는 리키의 연구에 많은 지원을 해 준 찰스 보이스 **Charles Boise**의 이름에서 딴 것이다)라고 이름 붙였다.

곧 그 두개골(약 175만 년 전의 것으로 연대가 측정된)은 특이한 해부학적 특징을 지닌 것으로 드러났다. 꼭대기에는 커다란 시상릉(矢狀棱: 머리 위에 화살 모양으로 돌출한 부위-역자 주)이 솟아 있고, 그 아래에는 아래턱의 튼튼한 근육이 붙어 있었다. 얼굴은 특이하게도 오목했고, 광대뼈는 커다란 플라잉 버트레스(flying buttress: 두 벽 사이에 아치 모양으로 가로지른 지주-역자 주)처럼 돌출해 있고, 어금니는 아주 큰 반면 앞니는 작았다. 하버드 대학의 피바디 박물관에 근무하는 로저 르윈(Roger Lewin)은 "정말로 눈길을 끄는 아주 특이한 골상"이라고 묘사했다.[24] 그럼에도 불구하고, 리키는 이 두개골이 "남아프리카의 원숭이인간(즉, 아파렌시스)과 우리가 알고 있는 진짜 인간을 이어 주는 연결 고리"라고 확신했다. 그는 "이것은 지금까지 발

올두바이 협곡에서 발견된 약 170만 년 전의 조약돌 도구. 이러한 도구는 최초의 석기 제작자인 호모 하빌리스가 만든 것이다.

견된 것 중 가장 오래 된 확실한 석기 제작자"라고 덧붙였다.[25] 그들이 만든 석기를 한 번 보라고 그는 지적했다. 확실히 창조적 능력을 보여 주는 증거가 사방에 널려 있었다. 나중에 메리 리키가 명명하고 분류한 이 석기들은 지금까지 발견된 것 중 가장 조야한 호미니드의 도구로, 인류 문화의 여명을 대표하는 것이다. 올두바이 공작은 모서리가 날카로운 얇은 조각을 떼낸 단순한 조약돌과 몸돌(석핵 石核)로 이루어져 있다. 그 날카로운 조각은 아마도 동물 시체의 살을 가르는 데 쓰였을 것이다. 루이스 리키는 여러 차례 가젤영양에게 살금살금 접근하여 손으로 죽인 다음, 선사 시대의 도구를 가지고 가죽을 벗김으로써 그 용도를 직접 보여 주었다. 그는 또한 이빨로 토끼와 영

1972년 케냐의 동투르카나에서 리처드 리키의 발굴팀이 발견한 호모 루돌펜시스(호모 하빌리스의 가까운 친척)의 두개골. 이 두개골은 150여 개의 뼛조각으로 복원되었고, 주위에는 나머지 화석 조각들이 널려 있다. 이 화석은 약 180만 년 전의 것으로 추정된다.

양을 비롯해 동물들의 가죽을 벗기려고 시도했지만 실패했다. 그래서 석기가 발명되었을 것이라고 그는 추측했다.

남은 의문은 이 초기의 도구를 누가 만들었느냐 하는 것이었다. 리키는 진잔트로푸스 보이세이라고 확신했다. 그 화석이 정확한 장소와 정확한 때에 놓여 있지 않느냐고 지적했다. 그러나 다른 고생물학자들은 그 정도로 확신할 수 없었다. 진지는 남아프리카에서 발견된 오스트랄로피테쿠스 로부스투스와 너무나도 비슷했다(식물을 가는 데 사용한 것으로 보이는 큰 턱만 해도 그랬다). 이 종은 분화가 상당히 진행된 종이 틀림없다고 그들은 주장했다. 게다가, 이전에 오스트랄로피테신과 관련된 도구가 발견된 적은 한 차례도 없었다. 리키는 고집을 굽히지 않았고, 그러다가 다시 우연한 사건이 전체 이야기를 반전시켰다. 리키 가족은 되도록이면 항상 아들들(조너선과 리처드와 필립)을 발굴 현장에 데리고 가 발굴 작업에 참여시키려고 했다. 이것은 단기적으로나 장기적으로 그들의 연구에 큰 성과를 가져다 주었다(자세한 이야기는 나중에 보게 될 것이다). 1960년 5월, 큰아들인 조너선(당시 19세)은 올두바이에서 발굴 작업을 돕고 있었다. 그는 발굴 현장 주변을 어슬렁거리다가 기묘하게 생긴 화석을 발견했다. 그것은 검치호랑이의 아래턱이었다. 그 화석은 아주 희귀한 것이었기 때문에 더 자세히 조사할 필요가 있다고 판단했다. 조너선은 혼자서 발굴 작업에 착수하여 며칠만에 보물 단지를 발견했다. 열두 살 가량 된 호미니드 아이의 두개골 조각을 여럿 발견한 것이다. 그 다음 3년 동안 이와 비슷한 호미니드 화석이 올두바이에서 더 많이 발견되었고, 석기와 동물 뼈도 함께 발굴되었다. 결국 최소한 세 개체(조너선이 발견한 '자니의 아이'를 포함해)의 부분적인 뼈가 발굴되었고, 그와 함께 조야한 야영지처럼 보이는 모호한 증거도 발견되었다. 인류학자들은 부족 사람들이 거기에 남겨 둔 세 사람의 시체를 하이에나가 뜯어먹지 않았나 하고 추측한다.

그러나 정말로 놀라운 것은 화석의 모양이었다. 이들은 큰 뇌(최소한 다른 오스트랄로피테신에 비해서는)와 사람의 두개골과 비슷한 얇은 뼈로 이루어진 두개골, 현생 인류와 비슷한 이빨을 갖고 있었다. 석기를 만든 후보로는 이들이 진지보다 훨씬 유력해 보였다. 다시 말해서, 진지는 다른 부족의 영토에 우연히 흘러들었다가 최후를 맞이한 침입자였을 가능성이 높다. 루이스 리키는 즉각 진잔트로푸스 보이세이에 대한 주장을 철회하고, 모든 사람이 그에게 이야기하던 주장, 즉 진지가 오스트랄로피테신이라는 주장을 받아들였다. 실제로 진지는 오늘날 오스트랄로피테쿠스 보이세이(이 장의 앞부분에서 나왔던)로 분류되고 있다. 그리고 동료인 고생물학자 필립 토비어스(Philip Tobias)와 해부학자 존 네이피어(John Napier)와 공동으로 새로 발견한 호미니드에 호모 하빌리스(*Homo habilis*: '손재주가 있는 사람' 이란 뜻)라는 이름을 붙였다(호모 하빌리스란 이름은 레이먼드 다트가 제안한 것이다). 리키의 반대자들은 이 새로운 분류가 불충분한 증거(얼마 안 되는 화석 조각)에 바탕해 이루어졌다고 이의를 제기했다. 그렇지만 그 후에 호모 하빌리스의 화석이 더 발견되어, 지금은 호모 하빌리스가 올두바이 공작의 주인공이자 호모 사피엔스의 직계 조상으로 널리 인정되고 있다.

호모 하빌리스는 우리의 이야기에서 아주 중요한데, 그 출현 시점이 우리의 계통이 오스트랄로피테신에서 떨어져 나오는 지점에 해당하기 때문이다. 200만 년 이전에 호모 하빌리스가 출현한 사건은 호미니드 제국에서 한 갈래가 마침내 뇌의 루비콘강을 건넌 것(300만 년에 걸친 진화 끝에)에 해당한다. 호모 하빌리스는 도구를 만들기 시작했고, 뇌가 커지기 시작했다(그렇게 많이 커진 것은 아니다. 호모 하빌리스의 뇌용량은 약 700cc로, 호모 사피엔스의 절반 정도에 지나지 않지만, 아프리카누스나 다른 오스트랄로피테신에 비하면 50%나 커진 것이다). 따라서, 발굴 장소 근처에 흩어져 있는 석기는 이들이 만들었을 가능성이 매우 높다.

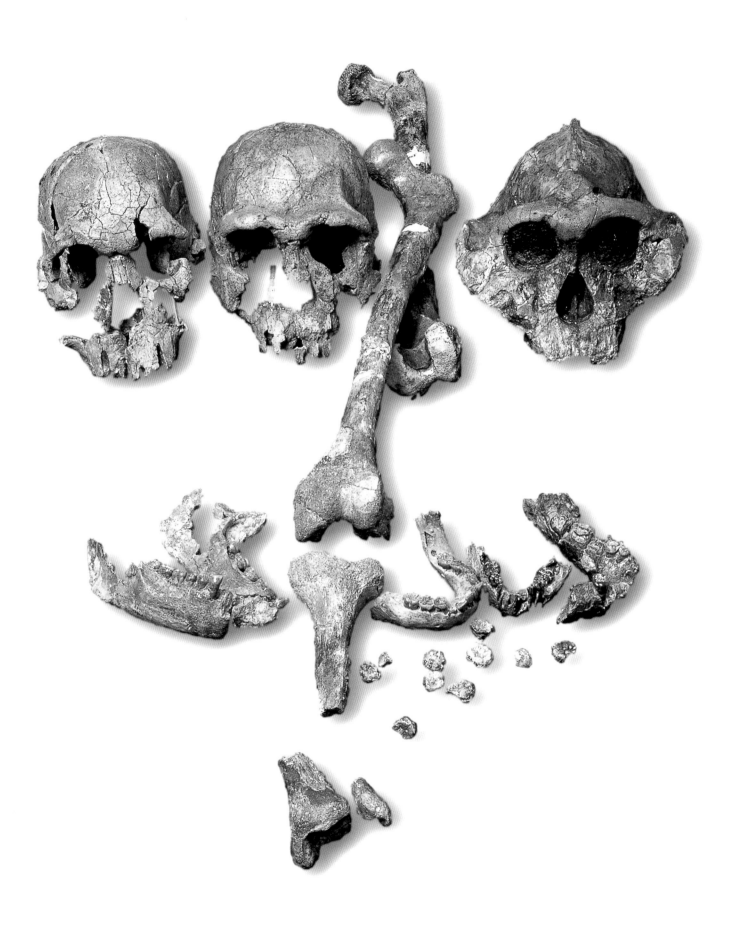

다시 한 번 복습해 보자. 원숭이인간 아파렌시스는 원숭이인간 아프리카누스로 진화해 갔을 뿐만 아니라, 체격이 크고 채식을 한 두 종의 오스트랄로피테신(남아프리카의 로부스투스와 동아프리카의 보이세이)으로도 진화해 갔다. 그러다가 아프리카누스가 사라지고, 호모 하빌리스가 나타나면서 200만 년 전에는 두 종류의 호미니드 실험이 나란히 진행되었다. 한쪽은 턱이 크고, 식물을 우물우물 씹어먹고, 뇌가 작은 원숭이인간(보이세이와 로부스투스)이고, 다른 쪽은 뇌가 크고, 도구를 만들고, 인간을 닮은 존재(호모 하빌리스)로, 최소한 부분적으로 육식을 한 것이 분명하다(그래서 도구를 만들었을 것이다). 루이스 리키는 "이 두 종류는 바로 곁에서 살아갔고, 결국 인간이라는 최종 목적지를 향해 진행된 두 가지 실험을 대표한다."고 말했다.[26]

아파렌시스 다음에 아프리카누스가 나오고(로부스투스와 보이세이는 곁다리로 주문할 수 있지만, 식탁 위에 그냥 남겨 놓아도 된다), 마지막에 호모 하빌리스가 나오는 이 순서는 아주 매력적인 메뉴이다. 그러나 불행하게도, 인류 진화에 관한 연구는 그렇게 간단치가 않다. 예를 들면, 일부 고생물학자는 호모 하빌리스로 이어지는 계보는 아프리카누스를 건너뛰어 아파렌시스에서 시작되었다고 본다. 이 말은 아프리카누스가 로부스투스와 보이세이로만 진화했으며, 따라서 진화상의 막다른 골목에 해당한다는 뜻이다. 또 어떤 사람들은 호모 하빌리스를 연구하면서 부닥친 심각한 문제들을 지적한다. 호모 하빌리스로 분류된 한 화석(OH 62라 명명된)은 1986년에 올두바이 협곡에서 도널드 조핸슨과 팀 화이트가 발견했다. 그 화석은 팔뼈와 다리뼈도 포함돼 있어서 중요한 의미를 지닌 것이었다(같은 호모 하빌리스 개체의 골격에 속하는 팔뼈와 다리뼈가 함께 발견된 최초의 사례 중 하나였다). 그러나 조핸슨 자신의 표현을 빌리면, 뼈들은 구제불능일 정도로 쪼개져 있어 분석하는 데 오랜 시간이 걸렸다. 분석이 끝났을 때, 그 결과는 아무리 줄여 말해도 놀라운 것이었다. 이 호모 하빌리스는 오스트랄로피테신 조상에 비해 더 크거나 호모 사피엔스에 더 가깝지도 않았고, 루시에 비해 긴 다리를 가져 오히려 루시보다도 더 민꼬리원숭이에 가까워 보였다. 실제로 현재 일부 과학자들은 이 종을 오스트랄로피테쿠스 하빌리스라고 부른다.[27]

어찌 된 영문인지는 알 수 없지만, 진화는 거꾸로 되돌아간 것처럼 보였다. 영국 고생물학자 앨런 워커(Alan Walker; 다음 장에서 우리의 다음 번 무용담을 이야기하는 데 중요한 역할을 하게 될)는 "나는 하빌리스를 하나의 종으로 분류하는 게 마음에 들지 않는다. 뭔가 잘못된 것이 있고, 늘 그래 왔다."고 말했다.[28] 미브 리키 역시 하빌리스가 오스트랄로피테신과 우리의 계보 중간에서 차지하는 역할이 썩 마음에 들지 않았다. "문제는 훌륭한 증거가 없다는 데 있다. 이 문제를 해결하기 위해서는 이 종에 속하는 한 개체의 훌륭한 두개골과 골격이 절실히 필요하다. 인류의 진화에서 이 단계는

왼쪽: 다양한 호미니드 두개골 화석은 스타워즈 바 가설을 뒷받침해 준다. 1970년대와 1980년대에 리처드 리키가 이끈 발굴팀이 케냐의 동투르카나에서 발견한 이 화석들의 종은 오른쪽부터 차례로 오스트랄로피테쿠스 보이세이, 호모 에렉투스, 호모 루돌펜시스(호모 하빌리스의 가까운 친척)이다. 이들은 모두 200만 년 전에서 150만 년 전까지 아프리카에서 공존했다.

가장 이해하기 어려운 부분 중 하나이다."[29] 간단히 말해서, 하빌리스는 문제가 있는 종이다. 하빌리스는 인류 진화의 나무에서 뻗어 나가다가 사라진 또 다른 곁가지이고, 그 대신 오스트랄로피테신에서 다른 중간 가지가 뻗어 나와 나머지 호모 계통으로 연결된 것으로 밝혀질지도 모른다. 또, 하빌리스로 분류된 화석들이 실제로는 한 종이 아니라 두 종 이상으로 드러날지도 모른다. 세분파에 속하는 여러 과학자(조지 워싱턴 대학의 버나드 우드 Bernard Wood를 비롯해)는 하빌리스의 것으로 분류된 두개골과 뼈 중 일부는 또 다른 호미니드종인 호모 루돌펜시스(*Homo rudolfensis*)의 것이라고 생각한다. 인류 진화의 나무에서 다소 수수께끼에 싸여 있는 이 종은 하빌리스보다 좀더 각진 턱과 긴 얼굴을 갖고 있다.[30] 호미니드의 진화는 아주 바쁘게 진행된 사업처럼 보인다. 스타워즈 바는 많은 호미니드 종으로 북적대고 있었다.

그러나 하빌리스의 결점을 너무 지나치게 물고 늘어질 필요는 없을 것 같다. 비록 그 지위(최초로 호모 계통의 한 구성원으로 인정받는 영예를 누린)에 의심스러운 부분

케냐의 마라 강 가장자리를 따라 숲이 듬성듬성 자라고 있다. 이 풍경은 기후 변화가 호미니드의 진화에 영향을 미쳤을지도 모르는 효과를 일부 보여 준다. 탁 트인 초원은 한때 완전히 숲으로 덮여 있었을 것이다. 기후가 점점 더워지자 숲의 면적이 줄어들었고, 나무에서 살던 영장류는 탁 트인 사바나 환경에 적응해 살아가지 않을 수 없었다.

아프리카 – 오스트랄로피테신의 중요한 화석이 발견된 장소

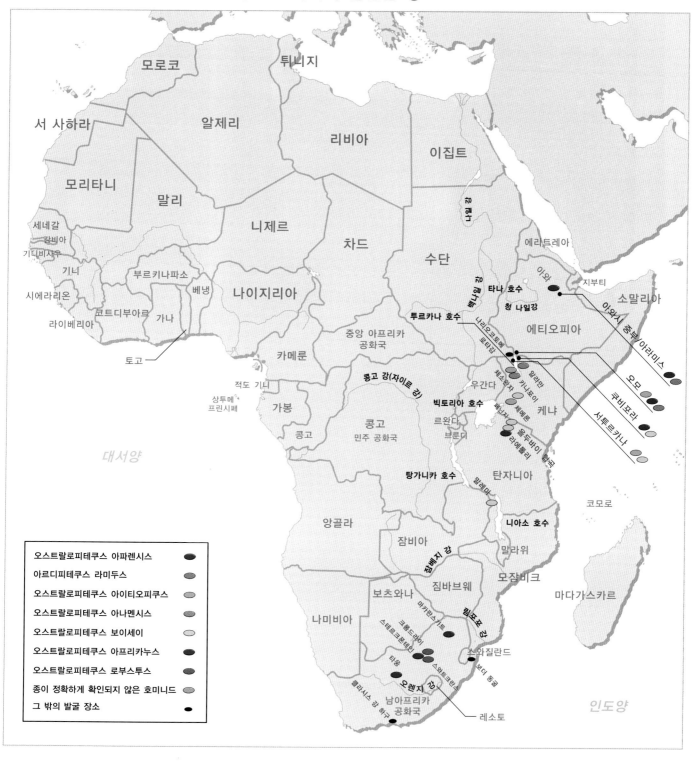

범례:
- 오스트랄로피테쿠스 아파렌시스
- 아르디피테쿠스 라미두스
- 오스트랄로피테쿠스 아이티오피쿠스
- 오스트랄로피테쿠스 아나멘시스
- 오스트랄로피테쿠스 보이세이
- 오스트랄로피테쿠스 아프리카누스
- 오스트랄로피테쿠스 로부스투스
- 종이 정확하게 확인되지 않은 호미니드
- 그 밖의 발굴 장소

올두바이 협곡 : 인류 진화의 요람

올두바이 협곡은 탄자니아의 세렝게티 평원을 지나가는 길이 50 km의 갈라진 틈이다. 루이스 리키와 메리 리키가 발견한 초기 인류의 화석은 사실상 거의 모두 이 곳에서 발견되었다. 이 곳은 햇볕이 타는 듯이 내리쬐는 황량한 장소로 사람 살 곳이 못 된다. 그렇지만 늘 그랬던 것은 아니다. 200만 년 전에는 이 지역의 대부분이 호수였다. 그렇지만 물은 근처에 있는 케리마시 화산과 올모티 화산에서 날아온 재 때문에 강한 염기성을 띠고 있었다. 화산재는 우연히도 행운의 결과를 가져다 주었는데, 얕은 염기성 호수는

다른 물보다 더 많은 생물량을 부양할 수 있기 때문이다. 그 결과, 조류(藻類)가 번성했고, 그와 함께 틸라피아 같은 물고기와 홍학 같은 새도 번성하여 올두바이는 사람을 비롯해 많은 야생 동물과 포식 동물을 끌어들이는 서식지가 되었다.

그러나 계속 쏟아진 화산재와 그 밖의 지질학적 변화와 기후 변동으로 인해 결국 호수는 말라붙기 시작했고, 약 60만 년 전에는 작은 연못들로 쪼그라들고 말았다. 그러다가 약 50만 년 전에 올두바이를 흐르던 주요 물줄기가 방

향을 틀어 오늘날처럼 동쪽으로 흘러가기 시작했다. 강물은 골짜기를 깎아 내면서 수백만 년 이상 그 곳에 쌓인 화산재층을 드러냈고, 그와 함께 그 속에 묻혀 있던 뼈와 도구도 노출되었다.

올두바이 협곡은 캘리포니아 대학의 리처드 헤이(Richard Hay)를 비롯해 많은 과학자들이 자세히 조사했고, 그 결과로 드러난 지질학적 증거는 고생물학자에게 초기 인류의 행동에 관해 소중한 정보를 제공했다. 예를 들면, 석기에 사용된 암석의 재료가 확인되어 초기 인류가 도구를 만들면서 어떤 재료가 적합한지 깨달아 간 과정을 추적할 수 있게 되었다. 약 190만 년 전의 초기 퇴적층에 들어 있는 도구는 불과 1.6km쯤 떨어진 곳에서 가져온 용암으로 만들어졌다. 그리고 더 최근의 퇴적층에서 나온 석기는 많은 종류의 암석이 사용되었는데, 그것을 분석하여 도구 제작자들이 다녔던 복잡한 교역로를 짐작할 수 있다.

왼쪽: 탄자니아의 세렝게티 평원 동남부가 침식되어 생긴 올두바이 협곡. 루이스 리키와 메리 리키는 올두바이 협곡에서 오랜 세월 발굴 작업을 했고, 그들이 발견한 놀라운 호미니드 화석도 대부분 이 곳에서 나왔다.

위: 올두바이 협곡에서 발굴된 석기들. 모서리가 날카로운 파편을 때낸 단순한 돌조각인 이것들은 전형적인 올두바이 공작에 속하는 도구들이다. 약 170만 년 전에 호모 하빌리스가 만든 것으로 생각된다.

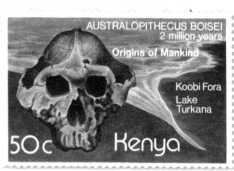

케냐에서 발행된 '인류의 기원' 우표 시리즈. 케냐에서 발견된 놀라운 화석을 기념하기 위해 발행한 것이다.

이 있다 하더라도, 200만 년 이전에 우리 조상이 지능의 간극을 뛰어넘었다는 것은 분명하다. 올두바이 협곡의 '살아 있는 바닥층들'에 흩어져 있는 석기들이 바로 그 사실을 증언해 준다. 도구를 만드는 사람이 마침내 나타난 것이다. 그 종의 정확한 정체에 대해서는 학자들 간의 의견이 아직 완전한 합의점에 이르지 못했다 하더라도, 그 의미는 아주 크다. 다음 장에서 보게 되겠지만, 그로부터 수십만 년 후(지금부터 200만 년 이내)에 후계자인 호모 에렉투스(*Homo erectus*)가 아주 극적인 방식으로 나타나게 된다. 호모 에렉투스는 확실히 도구를 만들었으며, 원시 시대의 주인공이었다. 그런데 앞으로 더 나아가기 전에 마지막으로 점검해 보아야 할 의문이 몇 가지 있다. 삼림 지대와 숲과 사바나에서 그렇게 오랫동안 행복하게 걸어다녔던 한 갈래의 오스트랄로피테신이 왜 새로운 형태의 호미니드로 진화해 갔을까? 즉, 200만 년 동안 조용히 직립 보행 생활을 성공적으로 영위해 오던 한 원숭이인간 집단이 오늘날 우리가 인간으로 인정하는 종으로 발달해 간 이유는 무엇일까? 원숭이인간은 손을 해방시켜 준 직립 보행 생활을 그토록 오랜 세월 동안 계속해 오다가 왜 도구를 만들기 시작하고, 느리지만 뇌가 점점 커지는 방향으로 진화를 하게 되었을까?

그 답은 오스트랄로피테신을 나무에서 끌어 내린 것과 똑같은 힘에서 찾을 수 있다. 바로 기후 변화가 그 원인이다. 약 250만 년 전 호모 하빌리스가 나타날 무렵, 세계의

케냐국립박물관의 금고실에서 자신이 발견한 호미니드 화석(60쪽 참고) 앞에 앉아 있는 리처드 리키.

기후는 큰 변동기에 접어들었다. 수천 년에 한 번씩 갑자기 더워지거나 추워지는 기후 변동이 일어났고, 극 지방을 덮고 있던 얼음은 전진과 후퇴를 거듭했다. 해류도 흐름이 바뀌곤 했는데, 어떤 경우에는 10년도 안 돼 바뀌곤 했다. 워싱턴 의과 대학의 신경생리학자 윌리엄 캘빈(William Calvin)은 "급속한 기후 냉각은 우리 조상이 의존해 살아가던 생태계를 파괴했을 가능성이 높다."고 말한다. "기온이 떨어지고 강수량이 적어지자, 아프리카의 숲이 말라 죽으면서 동물 개체군들도 그 수가 급감하기 시작했다. 현생 인류의 조상들은 그러한 사건을 수백여 차례 이상 겪어 왔지만, 각각의 사건은 인구 병목 현상을 일으켜 대부분의 친척들을 사라지게 했다. 우리는 거기서 기적적으로 살아남은 종의 후손이다."[31]

그렇다면 어떻게 살아남을 수 있었을까? 우리 조상은 어떤 운 좋은 재주를 지니고 있었으며, 생존에 유리한 특성은 어떤 것이 있었을까? 우리 조상은 식물뿐만 아니라 고기도 기꺼이 먹은 종이었다. 초식성이 발달한 것은 쉽게 이해할 수 있다(그것은 우리 조상 영장류가 지녔던 특성이기도 하다). 그러나 육식의 특성을 새로 발달시키는 것은 좀더 복잡하다. 그러기 위해서는 새로운 전술이 필요한데, 스미스소니언 협회의 인류 기원 프로그램에서 일하는 리처드 포츠는 그것을 다음과 같이 설명한다. "약 250만 년 전에 호미니드는 특별히 큰 기후 변동을 맞이하게 되었다. 그리고 같은 시기에 석기가 나타났다. 이것은 결코 우연의 일치가 아니다. 최소한 호미니드 한 종은 로부스투스나 보이세이가 보인 방식으로 분화해 가는 대신에 이러한 변화에 더 큰 적응력을 보이며 대처했음을 시사한다. 도구를 만듦으로써 먹이 선택의 폭이 훨씬 커졌다. 이제 사람들은 종종 발견되던 썩은 내 풍기는 큰 동물 시체의 가죽을 벗겨 살을 뜯어먹는 데 그치지 않고, 뼈를 깨어 골수를 꺼내 먹을 수 있게 되었다. 게다가, 도구는 단단한 식물과 견과류를 두들겨 깨는 데 도움을 주었다. 이전에는 그러한 먹이는 특별한 이빨 구조를 가진 동물만이 먹을 수 있었다. 또한, 단백질과 칼로리가 풍부한 덩이줄기를 땅 속에서 파내는 데에도 큰 도움이 되었다. 오스트랄로피테신이 기후 변동에 직립 보행과 이동으로 대응한 것과 마찬가지로, 200만 년 후 호모 계통의 첫 식구들도 똑같은 방식으로 대응했다. 그들은 도구를 만들고, 더 다양한 먹이를 먹게 되었다."[32]

　　최초의 석기는 약 250만 년 전에 나타났는데, 앞에서 본 것처럼 아주 조야한 것이었다. 그럼에도 불구하고, 초기의 인류가 도구에 점점 더 의존하게 된 것은 명백하다. 그것이 만들어진 장소에서 이들 도구가 갈수록 더 많이 발견되기 때문이다. 포츠의 표현처럼 "우리는 갈수록 서식지의 환경에 덜 얽매이게 되었다." 우리 조상의 행동은 갈수록 다양해졌고, 우리의 메뉴는 더욱 과감해졌다. 인류의 이동이 시작된 것이다.

제 3 장

사바나의 지배자

제 3 장

사바나의 지배자

나이로비 중심가에 있는 1970년대 양식의 흰색 콘크리트 건물 안에 있는 어둡고 서늘한 한 방에 들어서면, 철제 캐비닛들이 신비스럽고 성스러운 장소의 벽을 따라 죽 늘어서 있고, 캐비닛 안에는 발포 플라스틱으로 싸인 나무 상자들이 들어 있다. 각각의 상자에는 일련의 문자와 숫자가 적혀 있다. 바깥 공기는 도시를 달리는 차량들이 내뿜는 소음과 매연으로 시끄럽고 무덥다. 그러나 이 방 안의 공기는 에어컨 바람 때문에 서늘하고, 경건한 침묵과 고요함에 싸여 있다. 이 방은 케냐국립박물관에서 가장 성스러운 장소인 금고실이다. 폭탄에도 끄떡없게 만들어진 이 방 안에는 후세를 위해 인류 조상들의 뼈가 보관되어 있다. 이 방의 문은 하나밖에 없는데, 두께 23 cm 의 금속으로 만들어진 것으로 사실상 인류 은행이라고 부를 수 있는 방으로 연결된다. 이 방에는 오스트랄로피테신의 일부 골격, 호모 하빌리스의 파편, 그 후손인 호모 에렉

1984년 투르카나 호수에서 발굴한 160만 년 전의 호모 에렉투스 두개골을 들고 있는 리처드 리키.

투스의 골격 일부 등이 아주 조심스럽게 보관되어 있다. 금고실에 보관된 것 중 많은 것은 겨우 화석 파편 한두 점뿐인데, 과학자들이 케냐의 사막 한가운데에서 발견한 먼 옛날에 멸종한 종의 화석이 얼마나 적은지 증언해 준다. 그래도 뼛조각이 십여 개 들어 있는 상자 두어 개는 과학자들이 그 종의 뇌용량이나 직립 보행 능력을 파악하는 데 귀중한 단서를 제공한다. 그런데 나머지 화석들을 압도하는 것이 하나 있다. 그것은 모두 106개의 뼈로 이루어져 있어 캐비닛 하나를 거의 가득 채우고 있다. 그 화석이 묻힌 시기를 생각하면, 그렇게 많은 뼈가 남아 있다는 사실이 기적처럼 여겨진다. 이것은 나리오코토메 소년의 뼈이다.

이 소년은 호모 에렉투스의 일원으로 알려져 있다. 호모 에렉투스는 1887년에 최초로 발견된 종이지만, 그 동안 우리 계보에서 수수께끼의 존재로 남아 있었고, 그 해부학에 관한 단서는 고생물학자들이 발견한 몇 안 되는 두개골과 소수의 뼛조각에 국한돼 있었다. 그 두개골은 뼈가 두껍고, 뇌두개는 뒤쪽과 꼭대기, 양 옆쪽에 뼈로 된 융기가 솟아 있으며, 눈구멍 위에 툭 튀어나온 안와상 융기가 있고(이 때문에 두개골은 찌푸리고 노려보는 듯한 인상을 풍긴다), 쑥 들어간 낮은 이마는 길고 납작한 머리 꼭대기 부분으로 이어진다. 이빨은 오스트랄로피테신과 호모 하빌리스에 비해 눈에 띄게 작지만, 아래턱은 여전히 뼈가 굵으며 턱끝은 발달하지 않았다. 이 종의 태도와 행동거지 혹은 몸 크기에 대해서 과학자들은 아무런 단서도 얻지 못했다. 이처럼 호모 에렉투스는 수수께끼로 남아 있었다. 적어도 1984년 8월에 리처드 리키가

이끄는 탐사팀(여기에는 영국의 유명한 고생물학자 앨런 워커도 포함돼 있었다)이 나리오코토메 소년을 발견할 때까지는 그랬다. 이 발견은 오늘날 인류의 진화에 관한 연구 중 가장 획기적인 것으로 평가되고 있다.

　1972년 10월 1일에 심장마비로 사망한 아버지 루이스 리키의 뒤를 이어 화석 사냥꾼으로 활동하고 있던 리처드 리키는 투르카나 호수의 서쪽에 있는 나리오코토메 지역에서 워커와 함께 발굴 작업을 하고 있었다. 탐사팀에는 와캄바족 출신의 케냐인도 대여섯 명 포함돼 있었다. 리키에게서 화석을 찾는 법을 배운 그들은 화석을 찾아 내는 데 뛰어난 재능을 보여 '호미니드 갱'이라는 별명을 얻었다. 그들은 타는 듯한 열기 속에서 거닐다가 예리한 감각으로 회색 사막 땅에 묻혀 있는 작은 화석 조각을 찾아 내곤 했다. 그 중에서도 가장 뛰어난 사람은 호미니드 갱의 감독격인 카모야 키메우(Kamoya Kimeu)였다. 미브 리키(케냐국립박물관의 고생물학 책임자이자 리처드 리키의 아내)는 "카모야만큼 화석을 잘 찾는 사람은 없다."고 평한다.[1]

　하루는 말라붙은 나리오코토메 강 바닥을 훑으며 걸어가던 카모야가 은빛으로 빛나는 사람 두개골을 발견했다. 워커는 "그것은 작은 성냥통만 한 크기였고, 조약돌 색을 띠고 있었다. 키메우가 그것을 어떻게 발견하게 되었는지는 신만이 아실 것이다."라고 말한다.[2] 리처드 리키는 그 두개골 파편이 호모 에렉투스의 것임을 즉각 알아보았지만, 별로 대단한 반응을 보이지는 않았다. 그는 발굴 일지에 "그 정도 기대를 품게 하는 화석이야 과거에도 부지기수였다."고 기록했다.[3] 워커 역시 큰 기대를 품지 않았다. "2.5×5cm쯤 되는 조그마한 직사각형 화석 조각을 보고 우리는 실망했다. 그런 뼛조각이야 과거에도 백여 점 이상 발견된 적이 있는데, 계속된 조사에서 더 이상 신통한 것이 나온 적이 없었다."[4] 그래서 다음 날, 워커는 리키와 함께 다른 일을 찾아 그 곳을 떠났고, 키메우와 나머지 호미니드 갱만 그 곳에 남아 열심

날카로운 관찰력으로 작은 화석 조각도 잘 찾아 내는 비범한 능력을 지닌 카모야 키메우.

히 탐사를 계속했다. 그들은 막대 끝에 15 cm 길이의 못들을 박아 발굴 장소의 흙을 헤집었다. 그리고는 흙을 퍼올려 체로 치면서 큰 뼈가 섞여 있지 않나 유심히 살폈다. 이것은 고생물학자가 하는 일 중에서 가장 따분한 일이다. 이 점은 리처드 리키도 인정한다. 그는 "체질을 할 때가 오면, 모두들 다른 급한 일이 없나 찾으려고 한다."고 말한 적이 있다.[5] 그러나 이번에 키메우와 호미니드 갱이 노다지를 발견했다. 그 날 저녁, 발굴 장소로 돌아온 리키와 워커는 호미니드 갱이 더 많은 호모 에렉투스 화석을 찾아 낸 것을 보았다. 거기에는 이마, 오른쪽 귀를 둘러싼 부위의 두개골 파편, 왼쪽과 오른쪽

두정골이 포함돼 있었다. 의심은 환호로 바뀌었고, 그 날 밤, 탐사팀 일행은 훈제 생선, 토마토 수프, 스테이크, 치즈, 보졸레, 커피, 포트 와인 등으로 특별 만찬을 즐겼다.[6]

탐사팀은 발굴을 계속했고, 더 많은 뼈를 찾아 냈다. 그 중에는 아주 특별한 것도 있었는데, 바로 호미니드의 갈비뼈였다. 워커는 믿을 수가 없었다. 그는 팻 십먼(Pat Shipman)과 함께 쓴 《뼈에 담긴 지식(Wisdom of the Bones)》에서 "사람들이 다른 사람을 매장하기 시작한 약 10만 년 전 이전의 시기에서는 호미니드의 뼈를 결코 발견할 수 없다. 갈비뼈는 육식 동물이 맨 먼저 씹어 부수는 신체 부위에 속하기 때문이다."라고 썼다.[7] 그런데 바로 그 갈비뼈가 발견된 것이다. 행운은 그것으로 끝나지 않았다. 그 후 4주 동안 완전한 두개골과 골반, 다리, 팔이 발견되었다. 오래 전에 죽은 이 조상의 신체 중 오직 양 손과 발만 보이지 않았다. 리키는 그 때의 일을 이렇게 회상한다. "우리 눈

약 150만 년 전에 죽은 나리오코토메 소년의 마지막 순간을 재현한 모습. 과학자들은 이 소년이 패혈증으로 죽었을 것이라고 추정한다.

앞에 거의 완전한 호모 에렉투스 한 사람의 모습이 나타나기 시작했다. 이 종이 100여 년 전에 처음 발견된 이래 이렇게 완전한 개체가 발굴된 것은 처음이었다. 그것은 나뿐만 아니라 우리 모두에게 특별한 경험이었다. 고생물학계에 닥친 3주일간의 천국이라고나 할까."[8] 워커도 그에 못지않게 흥분했다. "우리 선배들은 잃어버린 고리를 찾기 위해 평생 동안 돈을 쏟아붓고, 건강까지 해쳐 가면서 경력을 쌓아 갔지만, 때로는 망치기까지 했다. 그런데 우리가 바로 그것을 발견한 것이다."[9]

　앞에서 말한 것처럼 나리오코토메 소년은 호모 에렉투스의 일원이지만, 일부 과학자는 하빌리스 이후에 나타난 에렉투스의 조상에 해당하는 종으로 보고 호모 에르가스테르(*Homo ergaster*)라는 새로운 종명을 부여했다(그러나 대부분의 과학자는 아직도 호모 에렉투스라 부르고 있다). 골격이 발견된 장소의 퇴적층을 분석한 결과, 연대가 약 150만 년 전으로 나왔다. 골반을 분석하여 성별은 남자로 밝혀졌고, 이빨 분석(미시간 대학의 인류학자인 홀리 스미스 Holly Smith가 담당했음) 결과 뼈의 주인은 9~11세의 소년으로 추정되었다. 두 번째 어금니가 닳기 시작하고, 사랑니가 이제 막 생기려고 한 것으로 미루어 그렇게 추정되었다(나머지 골격은 14~15세의 소년에 더 가까운 것으로 보이긴 하지만). 나리오코토메 소년의 이야기 중 가장 슬픈 마지막 운명에 관한 단서는 뼈에서 나왔다. 소년은 젖니 하나가 빠지면서 패혈증에 걸린 것으로 보였다. 항생제를 구할 수 없었던 소년은 속수무책이었을 것이다. 이렇게 소년은 습지에 코를 박은 채 죽었고, 시체에서 살이 썩어 분해된 뒤 진흙층 속에 묻히게 되었다. 그렇게 150만 년 동안 묻혀 있었는데, 퇴적층이 침식되어 화석으로 변한 뼈가 밖으로 노출되었을 때 예리한 눈을 가진 카모야 키메우의 눈에 띈 것이다.[10]

흙을 체로 치고 있는 호미니드 갱. 리처드 리키는 이 일을 화석을 찾는 과정에서 필수적인 부분이지만, '고생물학에서 가장 따분한 일'이라고 말한다.

　나리오코토메 소년의 유해 중 주요 부분은 처음 눈에 띈 지 한 달 안에 사실상 전부 발견되었지만, 리키와 워커는 네 차례에 걸쳐 발굴을 더 한 뒤에야 모든 부분을 다 회수했다고 확신하게 되었다. 그리고 1988년 말부터 그 뼈들을 자세히 분석하기 시작했다. 소년의 뼈는 나이로비국립박물관의 금고실로 옮겨져 미브 리키의 감독하에 보관되었다. 그들은 '놀랍도록 완전한' 골격을 얻었기 때문에 고생물학자들은 거기서 아주 흥미로운 정보들이 나올 것으로 기대했다.[11] 이미 앞에서 살펴본 것처럼, 호모 에렉투스는 호모 하빌리스의 후손이 거의 틀림없고, 호모 하빌리스는 오스트랄로피테쿠스 아프리카누스 혈통에서 진화해 나왔다. 다양한 형태의 가지로 이루어진 인류 진화의 나무에서 마침내 호모 사피엔스를 탄생시킨 것도 바로 이

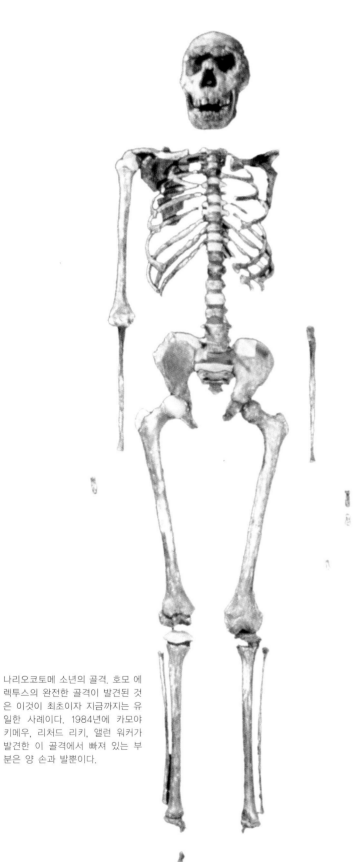

나리오코토메 소년의 골격. 호모 에 렉투스의 완전한 골격이 발견된 것은 이것이 최초이자 지금까지는 유일한 사례이다. 1984년에 카모야 키메우, 리처드 리키, 앨런 워커가 발견한 이 골격에서 빠져 있는 부분은 양 손과 발뿐이다.

갈래(아프리카누스-하빌리스-에렉투스)이다. 호모 에렉투스의 해부학을 제대로 이해하는 것은 우리의 진화사에서 이 갈래 부분을 이해하는 데 아주 중요하다고 과학자들은 생각하고 있었다. 그리고 마침내 그것을 연구할 수 있는 완전한 개체의 화석이 발견되었다.

맨 처음 드러난 놀라운 사실 한 가지는 나리오코토메 소년의 몸 형태와 크기가, 오늘날 덥고 황량한 장소에 살고 있는 사람들과 아주 비슷하다는 점이었다(키가 크고, 다리가 길고, 골반이 좁은 것을 비롯해). 이것은 인류의 체형이 아주 오래 전에 완성되었다는 사실을 확인시켜 주었다. 리키와 워커는 〈내셔널 지오그래픽〉지에 쓴 글에서 "낮은 이마와 툭 튀어나온 짙은 눈썹 부분을 가리기 위해 나리오코토메 소년에게 모자를 씌우고 적당한 옷을 입혀 오늘날의 군중 속에 섞어 놓는다면, 아무도 눈치채지 못할 것이다."고 썼다.[12] 나리오코토메 소년은 죽을 당시에 키가 약 1.6m였던 것으로 추정되는데, 열한 살짜리 소년치고는 상당히 큰 편이다. 만약 어른이 되었더라면 1.9m 혹은 그 이상으로 자랐을지도 모른다. 우리 조상은 키가 작고 짐승 비슷하게 생기기는커녕 키가 크고 다리가 길고 근육이 잘 발달해 있었다. 또, 튼튼한 골격으로 미루어 영양 상태도 아주 좋았던 것으로 보인다. 죽을 무렵의 체중은 약 35kg으로 추정되며, 어른이 되었더라면 69kg은 나갔을 것이다. "우리가 나리오코토메에서 발굴한 소년은 선사 시대의 농구 선수였을까?" 하고 앨런 워커는 반문했다.[13]

키가 크고 건장한 체격의 인간은 과학자들이 예상하고 있던 우리 조상의 모습이 아니었다. 이전에 발굴된 호모 에렉투스의 연약한 다리뼈와 에렉투스의 조상인 오스트랄로피테신의 작은 키(1.4m에 불과할 정도로)에 바탕해 고생물학자들은 호모 에렉투스의 몸집이 작을 것으로 예상하고 있었다. 그러나 이번에 발견된 조상은 키가 놀라울 정도로 커서 "인류는 수백만 년에 걸쳐 몸집이 서서히 커져 왔다는 기존의 학설"과 어긋난다고 리키와 워커는 말했다.[14] 사실, 인류가 호모 사피엔스를 향해 직선적으로 거침없이 진화해 왔다는 거의 정설에 가까운 이론에 비수를 꽂는 발견을 찾는다면, 이것보다더 좋은 것도 없을 것이다. 발을 질질 끌며 걷던 호미니드가 생물학적 진화의 꼭대기에위치한 현생 인류를 향해 나아가면서 점점 키가 커져 가는 그 이미지를 기억하고 있는가? 그러나 호모 에렉투스와 비교하면 우리는 도토리 키재기를 하는 존재에 불과하고,그들은 사바나에 우뚝 선 지배자처럼 보인다. 호모 에렉투스의 존재는 인류의 진화가현생 인류를 향해 거침없이 직선으로 죽 이어졌다는 개념을 조롱하는 듯이 보인다.

그렇다면 아파렌시스에서 에렉투스로 이어지는 수백만 년 동안에 도대체 어떤 일이 일어난 것일까? 무슨 이유로 에렉투스는 이처럼 놀라운 체형을 갖게 된 것일까? 한 가지 단서가 뼈에 남아있다. 체격이 크면 피부 표면적도 커지기 때문에, 땀을 흘려 덥고 건조한 기후에 대처하는 데도움이 되었을 것이다. 이러한 효과는 오늘날에도 볼 수 있다. 케냐의 마사이족은 키가 크고 호리호리한 체격을 갖고 있어 넓은 피부 표면적을통해 땀을 흘림으로써 체온을 식히는 데 유리하다. 이러한 적응은 신체 말단 부위의 길이가 상대적으로 큰 것으로 나타나는데, 특히 윗다리에 비해 아랫다리가 길고, 아래팔이 위팔에 비해 길다. 라프 인과 에스키모 인처럼 추위에 적응해 살아가는 사람들에게서는 그 반대 경향이 나타난다. 다시 말해서, 팔다리의 길이 비율은어떤 종족이 계속 살아온 지역의 평균 기온을 나타내는 일종의 온도계 역할을 한다.

나리오코토메 소년과 그 혈족은 오스트랄로피테신 조상과는 달리 피부가 부드러웠다. 이러한 적응은 큰 키와 함께 피부 표면적을 넓히는 효과를 낳았고, 이것은 땀을 통해 체온을 식히는 데(아프리카 사바나의 황량한 환경에서 활동하는 데 필수적인) 도움이 되었을 것이다.

나리오코토메 소년의 팔다리 길이를 그러한 온도계에 대입해 보았더니, 결과는 단순히 열대 지방에 사는 종족에 해당하는 것이 아니었다. 워커의 표현을 빌리면 '과열대지방'[15]에 사는 종족에 해당하는 것이었다. 다시 말해서, 그 소년은 열을 아주 효율적으로 발산하도록 신체 구조가 진화해 무더운 사바나에서도 뛰어다니며 활발하게 활동했을 것이다. "소년은 한낮의 태양 아래에서 활동한 종족의 일원으로 보인다."고 워커는 말한다.[16] 물론 이것은 그가 땀을 흘렸다는 것을 의미한다. 만약 땀을 흘리지 않았다면, 그는 활발하게 움직이지 못했을 것이다. 땀은 열을 배출하는 주요 수단이다. 만약

나리오코토메 소년의 뼈가 발견된 케냐의
투르카나 호숫가.

땀을 흘리지 않는다면, 우리는 치명적인 열사병의 위험에 시달리게 된다. 우리는 피부를 통해 따뜻한 물을 분비하는데, 그것이 증발하면서 우리의 몸을 식힌다(땀이 빼앗아가는 열은 우리가 하루에 잃는 전체 열의 약 15%에 해당한다).

만약 나리오코토메 소년이 땀을 흘렸다면(거의 확실한 사실이지만), 더 원시적인 조상의 몸에 났던 털은 거의 나지 않았을 것이다(털은 열을 배출하는 능력을 제약하므로). 그러나 뜨거운 태양 자외선을 차단해 주는 털이 없으면 치명적인 자외선에 그대로 노출되고 말았을 것이다(만약 검은색의 피부 색소가 진화하지 않았더라면). 이 점은 특히 리키가 강조했다. 호모 에렉투스에 와서 우리 조상의 몸을 뒤덮고 있던 두껍고 긴 털이 짧고 가느다란 털로 변했다고 그는 말한다. "그와 동시에 땀샘이 발달했는데 이것은 탁 트인 평원에서 사냥을 하는 생활에 적응한 결과이다. 이제는 몸을 식히는 것이 이전보다 더 중요한 문제가 되었기 때문이다. 몸을 덮고 있던 털이 사라지자, 검은색 피부가 발달한 것은 당연한 결과이다."[17]

오래 전에 죽은 호리호리하고 키가 크고 검은색의 부드러운 피부를 가진 한 소년의

투르카나 호수- 주요 화석 발굴지

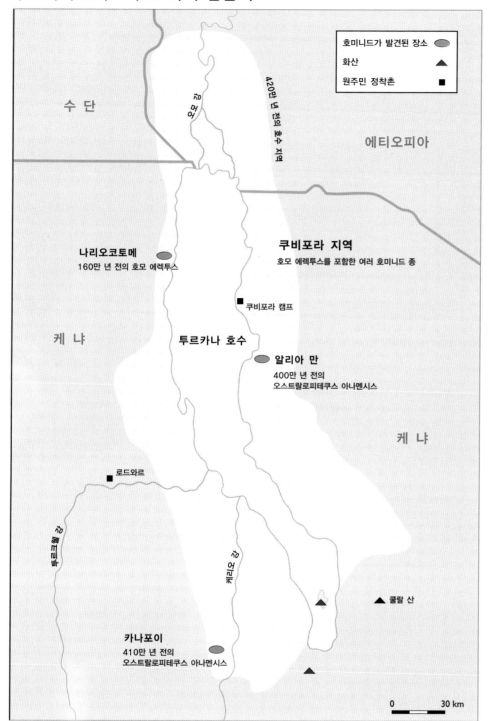

호미니드가 발견된 장소 ⬭
화산 ▲
원주민 정착촌 ■

수 단

에티오피아

420만 년 전의 호수 지역

나리오코토메
160만 년 전의 호모 에렉투스

쿠비포라 지역
호모 에렉투스를 포함한 여러 호미니드 종

■ 쿠비포라 캠프

케 냐

투르카나 호수

⬭ **알리아 만**
400만 년 전의
오스트랄로피테쿠스 아나멘시스

케 냐

■ 로드와르

▲ 쿨랄 산

카나포이
410만 년 전의
오스트랄로피테쿠스 아나멘시스

0   30 km

왼쪽의 확대 지도 참고

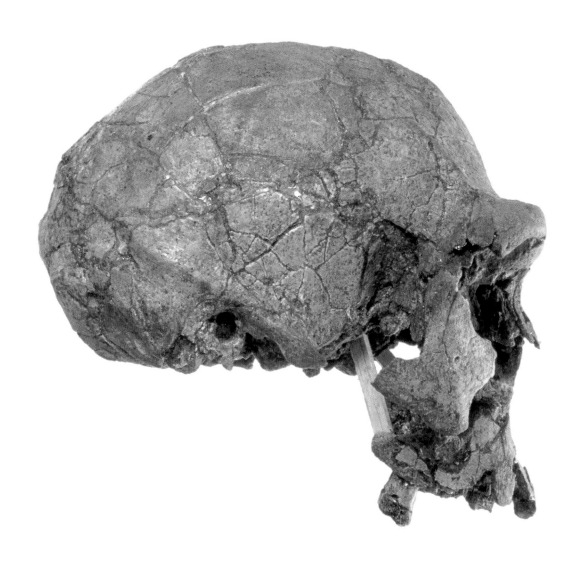

KNM-ER 3733으로 알려진 호모 에렉투스의 두개골. 케냐 북부의 쿠비포라에서 발견되었다. 기다랗고 높이가 낮은 두개골과 눈 위에 돌출한 안와상 융기가 이 종의 특징이다.

뼈에서 하나의 그림이 서서히 떠오르고 있었다. 그는 또한 예외적으로 신체가 건장했다. 다리뼈를 분석한 결과는 에렉투스가 체격이 아주 건장했음을 시사한다. 그들은 오늘날 우리가 알고 있는 어떤 수렵 채취인 부족보다도 더 힘든 육체적 활동을 하면서 살아가는 생활 방식이 주는 스트레스를 견딜 만한 체력을 지니고 있었던 게 분명하다. 이 소년은 아프리카의 뜨거운 한낮에 동물을 쫓고 사냥하거나 사나운 포식 동물의 공격을 피하는 등 격렬한 활동을 하기에 적합한 신체 구조를 지니고 있다.

나리오코토메 소년의 분석 결과에서는 또 평소에 우리가 사람이라는 종의 특성으로 여기지 않는 다른 특성이 발견되었다. 소년은 돌출한 코를 가지고 있었다. 인류학자인 봅 프랜시스커스(Bob Franciscus)와 에릭 트링코스(Erik Trinkaus)가 지적한 것처럼, 오스트랄로피테신은 다른 영장류처럼 콧구멍이 납작하다. 우뚝 솟은 사람의 코는 숨을 내쉴 때 숨 속에 더 많은 습기를 포함시킬 수 있는데, 이것은 내부의 열 평형을 유지하는 데 도움이 된다. 다시 말해서, 돌출한 코는 소년이 숨 속에 포함된 습기를 보존하는 능력을 높임으로써 활동 능력을 향상시켰을 것이다. 워싱턴 대학의 인류학 교수 트링코스는 이렇게 말한다. "호모 에렉투스가 등장하면서 열 및 체액 생리학에 큰 변화가 일어났는데, 그 중 하나가 코 형태의 변화이고, 또 하나는 신체 길이의 비율 변화였다. 우리가 비교적 털이 적어진 것, 더 정확하게는 털이 더 짧아진 것과 땀을 흘리는 것은 필시 거의 동시에 일어났을 것이다."[18]

그렇지만 가장 눈길을 끈 결과는 나리오코토메 소년의 머리와 상체의 분석에서 나왔다. 처음에 측정했을 때에는 뇌용량이 겨우 880 cc밖에 되지 않았다. 이것은 전형적인 민꼬리원숭이의 두 배 정도이고, 현생 인류의 평균인 1350 cc의 2/3 정도이다. 그 정도면 상당히 큰 뇌용량으로 보이지만, 워커의 견해는 다르다. 현생 인류와 비교한다면, 나리오코토메 소년은 "키는 15세 소년이지만 뇌는 한 살짜리"에 불과하기 때문이다. 다시 말해서, 그다지 인상적인 뇌용량은 아니라는 주장이다.[19] 반면에, 두개골 해부학의 다른 측면들은 우리와 아주 가까운 유사성을 보여 준다. 특히 뇌두개는 오른쪽과 왼쪽의 모양이 다른데, 이것은 오늘날 오른손잡이인 사람들에게서 흔히 나타나는 특징이다. 그러나 정말로 충격적인 사실은 나리오코토메 소년의 척추 분석에서 나왔다. 런던의 로햄프턴연구소에서 일하는 인류학자 앤 맥라넌(Ann MacLarnon)은 가슴 위치에 있는 척주관(뇌의 신경이 척추 속의 텅 빈 공간을 통해 나머지 몸으로 뻗어 가는 통로)이 현생 인류에 비해 좁다는 사실을 발견했다. 이 사실을 다른 증거와 결합하여 볼 때, 호모 에렉투스는 호흡에 관여하는 근육(말할 때 무의식적으로 우리가 사용하는 근육)을 정밀하게 제어하지 못했던 것으로 생각된다. 그렇다면 우리가 알고 있는 형태의 언어는 아직 발달하지 않았을 것이다.

워커는 이 점을 중시했다. 나리오코토메 소년과 호모 에렉투스 친척들은 그 때까지 지구상에 나타난 동물 중 가장 영리했을지 모르지만, 아직 부족한 게 있었다. 그들은 아직 말을 제대로 할 줄 몰랐다. 즉, 우리가 '사람의 의식'이라 부르는 것이 아직 나타나지 않았다는 말이다. 워커는 그것을 이렇게 표현한다. "그의 눈에서 이방인의 관망적인 눈빛은 찾아볼 수 없고, 사자의 공허한 노란색 눈에서 본 것과 같은 극도의 무표정밖에 보이지 않았다. 그는 우리의 조상이었을지 모르지만, 인간의 형체 속에 인간의 의식은 전혀 없었다. 그는 우리와 같은 존재가 아니었다." 지능이 모자란 나리오코토메 소년은 말을 할 수 없었고, 자신의 세계에 대해 마음 속으로 거친 지도밖에 만들지 못했을 것이다. "동료들과 함께 내가 수년에 걸쳐 발견하고 분석한 그 소년은 깊은 곳에서는 사람이 아니었다. 그는 몸집이 크고 튼튼했고, 도구를 만들었고, 사냥꾼이었으며, 열대

기후 변동

　지구의 기후는 안정했던 적이 없다. 지구 궤도의 미소한 변화나 대륙 이동을 비롯해 수많은 요인이 큰 기후 변동을 초래했고, 지난 200만~300만 년 동안에 그 중 가장 격심한 기후 변동이 몇 차례 일어나기도 했다. 그 결과, 초원과 숲의 면적은 확대와 축소를 반복했고, 해수면도 상승과 하강을 반복했으며, 대륙들을 잇는 육교도 물 위로 나타났다 잠겼다 했다. 오늘날 대부분의 과학자는 그러한 기후 변동이 인류의 진화에 중요한 역할을 했다는 가설을 받아들이고 있으며, 과거의 기후 변동 패턴에 관한 지식은 호모 사피엔스의 출현에 관해 중요한 단서를 던져 준다.

　중요하게 사용되는 한 가지 기술은 대기 중의 기체 분석으로, 그 중에서도 특히 산소 분석에 관한 것이다. 산소는 크게 두 가지 동위 원소의 형태로 존재한다. 이 둘은 화학적으로는 동일한 행동을 보이지만, 산소-18은 산소-16보다 약간 더 무겁다. 따뜻한 시기에는 바닷물에서 산소-16이 산소-18보다 좀더 쉽게 증발하는 반면, 추운 시기에는 가벼운 동위 원소가 무거운 동위 원소보다 빙하에 더 많이 저장된다. 바다 생물(산소를 흡수해 탄산칼슘 껍데기를 만드는)의 화석에 포함된 두 동위 원소의 비율을 비교하거나 남극 표면 아래의 깊은 곳에서 옛날의 얼음층을 채취해 그 조성을 분석함으로써 어떤 퇴적층 속에 산소-16이 풍부한지 부족한지 알 수 있다. 그 결과로 그 퇴적층이 따뜻한 시기에 생긴 것인지 추운 시기에 생긴 것인지 알 수 있으며, 이러한 분석을 통해 지구의 기후가 과거에 어떻게 변해 왔는지 자세히 알 수 있다.

남극 대륙 깊은 곳에서 채취한 얼음 코어(원통형 표본)를 자르고 있는 과학자. 그 속에 포함된 산소 함량은 먼 옛날 지구의 기후 변동에 관해 중요한 단서를 제공한다.

주요 사건

- 아프리카 바깥 지역에서 최초의 호모 사피엔스가 나타남.

- 유럽에서 호모 네안데르탈렌시스가 나타남 (6장 참고).

- 호모 하이델베르겐시스가 나타남 (5장 참고).

- 사람 비슷한 정착민이 서유럽에 거주했다는 분명한 증거를 남김.

- 아프리카에서 오스트랄로피테쿠스 로부스투스가 멸종함.

- 자바에서 호모 에렉투스가 살았던 최초의 증거가 남음.

- 아프리카에서 호모 에렉투스가 나타남.

기후 변동

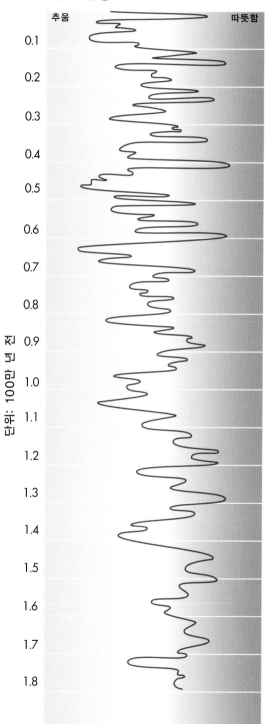

척주관을 분명하게 보여 주는 나리오코토메 소년의 흉추(왼쪽)와 현생 인류의 흉추(오른쪽). 나리오코토메 소년의 흉추에서 척수가 통과하는 구멍은 현생 인류의 것에 비해 절반 크기밖에 안 되는데, 이것은 호흡과 말을 제어하는 능력이 제한적이었음을 알려 준다.

지역의 활동적인 생활에 잘 적응한 사회적인 동물이었다. 그러나 그는 사람이 아니었고, 사람처럼 생각하지 못했고, 말하지도 못했다.”고 워커는 덧붙인다.[20]

호모 에렉투스에게서 사람의 지위를 박탈하는 이 주장은 놀라워 보인다. 이 종에게 호모(*Homo*)라는 속명을 부여해 온 것은 과학자들이 이 종을 최초의 진정한 사람으로 간주해 왔음을 의미한다. 그러나 나리오코토메 소년에 대한 워커의 분석은 이러한 견해를 부정한다. 잃어버린 고리를 찾기 위해 그렇게 오랫동안 애쓰다가 마침내 그러한 존재를 발견한 당사자와 주요 연구자들이 이제 와서 그 중요성을 깎아 내리고 있는 것이다(최소한 지능과 언어 능력 측면에서). 그러나 호모 에렉투스가 만든 도구들을 잊어서는 안 된다. 나리오코토메 소년이 죽고 나서 100만 년이 더 지난 후에 같은 종의 구성원들은 계속 똑같은 도구(아슐리안 공작으로 알려진 긁개와 도끼와 가로날도끼 등)를 만들었다. 이러한 상황이 이상할 정도로 반복된 점에 주목한다면 에렉투스는 지적인 팽창이 일어난 종이라고 보기가 어렵다. 캘리포니아 대학의 데즈먼드 클라크(Desmond Clark)는 이러한 상황을 “만약 먼 옛날에 살았던 이들이 서로 말을 했더라면, 똑같은 말을 하고 또 하고 반복했을 것이다.”라고 표현했다.[21]

맥라넌은 해부학적 구조로 볼 때 나리오코토메 소년은 호흡을 제어하는 데 큰 제약이 있었으며, 긴 문장을 말하는 게 불가능했을 것이라는 데 동의한다. 호모 에렉투스가 말을 할 수 없었다는 워커의 결론은 맥라넌의 척추 분석에 근거한 것이었다. 맥라넌은 챔팬지와 현생 인류를 포함해 다양한 영장류를 대상으로 척추와 척주관의 너비를 비교해 보았다. 그리고 나리오코토메 소년의 흉곽 뒤에 위치한 척주관이 좁아 호흡을 적절히 제어하기가 어려웠을 것이라고 결론내렸다. “폐는 풀무처럼 작용하고, 척추는 그러한 풀무를 움직이는 근육을 제어하는 신경이 지나가는 통로이다. 사람의 경우, 이것들을 제어하는 장치가 매우 정교하다. 이 때문에 우리는 오랫동안 멈추지 않고 계속 발음을 낼 수 있다. 우리는 오랫동안 말을 하고 나서도, 길고 복잡한 문장을 말하고 또 중요한 단어를 강조할 여력이 있다. 척추로 판단하건대, 나리오코토메 소년은 이러한 능력이 없었다. 그렇다고 해서 그 소년이 의미 있는 발음을 낼 수 없었다는 이야기는 아니다. 그렇지만 오늘날 우리가 하는 것과 비슷한 말은 하지 못했을 것이다.”[22]

그런데 이러한 분석은 두 가지 기본 가정에 기초하고 있다. 하나는 소년이 같은 종 중에서 전형적인 표본이라는 것이고, 또 하나는 질병이나 부상으로 뼈가 손상되지 않았다는 것이다. 첫 번째 가정에 대해 과학자들은 소년의 골격이 호모 에렉투스를 대표하는 것이라고 가정할 수밖에 없는데, 완전한 골격으로 남아 있는 것은 그것뿐이기 때문이다. 그 밖의 에렉투스 화석(주로 두개골 파편들로 이루어진)은 나리오코토메 소년의 화석과 아주 비슷해 보여서 소년이 표준적인 에렉투스였다는 가설을 뒷받침한다. 그

러나 두 번째 가정은 확인하기가 어렵다. 척추를 포함해 화석으로 남은 뼈는 어떤 질병 때문에 손상되었을 가능성이 있고, 맥라넌의 측정 결과를 왜곡시키는 효과를 낳았을지도 모른다. 일부 과학자는 이 점을 상당히 우려하는데, 나리오코토메 소년이 척추측만(척추가 구부러지는 병)에 걸렸을지도 모른다는 최근의 연구 결과가 나오면서 그러한 우려는 더욱 커졌다. "만약 그게 사실이라면, 내 자료를 왜곡시키는 결과를 낳았을 게 틀림없다. 그러나 정확하게 어떤 식의 왜곡이 일어났는지는 알 도리가 없다."고 맥라넌은 말한다. "어느 경우든, 나는 나리오코토메 소년을 연구하기 시작한 이후 다른 세 호미니드(모두 오스트랄로피테신)의 척추도 측정했는데, 흉곽 부분의 척주관의 너비가 똑같이 좁은 것을 발견했다. 이들 역시 말을 잘 하지 못했던 것이 틀림없고, 이것은 그들의 직계 후손인 호모 에렉투스도 마찬가지로 언어 능력에 한계가 있었다는 가설을 뒷받침해 준다. 그러나 이 문제를 둘러싼 결론은 아직 완전히 나지 않았음을 나는 인정한다."[23] 워커는 그러한 해석이 옳다고 확신한다. "척추측만이 소년의 척주관에 영향을 미쳤는지 미치지 않았는지는 쉽게 평가할 수 없다. 그러나 나와 이야기한 전문가들은 별다른 영향을 미치지 않았을 것이라고 말했다. 이러한 논란은 의심을 품은 사람들에게 우리의 증거를 쉽게 무시하게 하는 결과를 낳을 뿐이다."[24]

그러나 호모 에렉투스가 존 길구드(John Gielgud: 영국의 배우이자 프로듀서. 셰익스피어 희극 작품의 연기로 유명함—역자 주)처럼 정확하고 분명하게 발음을 하지 못했다고 해서 워커의 표현처럼 '끔찍한 멍청이'였다고 하는 것은 논리상 비약으로 보인다.[25] 비록 말은 잘 하지 못했을지 모르지만, 그렇다고 해서 호모 에렉투스를 멍하니 바라보기만 하는 말 못 하는 짐승으로 평가절하해서는 안 될 것이다. 이러한 주장은 런던에 있는 유니버시티 칼리지의 인류학자 레슬리 아이엘로(Leslie Aiello)가 펼쳤다. "워커는 나리오코토메 소년의 뇌가 한 살짜리 아이와 크기가 비슷하다는 논리를 사용했는데, 이 주장을 뒤집어서 소년의 뇌가 침팬지 뇌의 두 배나 된다는 논리로 반박할 수 있다. 침팬지의 눈을 들여다보라. 초점이 없이 멍한 노란색 눈으로만 보이는가? 우리의 것과 아주 비슷한 침팬지의 시선에 마음이 흔들릴 것이다. 그런데 이 소년의 뇌는 침팬지에 비해 두 배나 크고, 진화상으로 보아도 침팬지보다 우리와 훨씬 가깝다. 우리가 알고 있는 것과 같은 언어를 말하지 못했다는 것은 분명하지만, 멍한 짐승의 시선을 갖고 있지 않았다는 데에는 얼마든지 내기를 걸어도 좋다. 우리는 그를 같은 사람으로 인식할 것이다."[26] 미브 리키도 그녀의 주장을 지지한다. "호모 에렉투스는 '사람'으로 변천하는 과정이 상당히 진행된 상태였다. 자아 의식, 동정심, 그리고 우리가 공통적으로 느끼는 감정 등을 호모 에렉투스도 갖고 있었다고 나는 생각한다."[27]

사실, 호모 에렉투스의 모습에서 오늘날 우리가 인간의 표준적인 특징이라고 생각

체형과 기후

어떤 사람의 정강이뼈(경골)와 넓적다리뼈(대퇴골)를 비교해 보면, 그 사람의 조상이 주로 살아온 지역이 어디인지 단서를 얻을 수 있다. 이 두 뼈의 길이 비를 다리 지수라 부르는데, 다리 지수는 그 집단이 살아온 기후와 밀접한 관계가 있다. 조상이 더운 지역(사하라 사막 이남 지역의 아프리카처럼)에서 살아온 사람들은 체형이 키가 아주 크고 호리호리한 원통형이다. 이러한 체형은 몸에서 열을 효율적으로 발산하는 데 도움이 된다. 이들의 다리 지수는 높은 편이다.

이와는 대조적으로, 조상이 추운 지역에서 살아온 사람들(북극 지방에 사는 이누이트 족처럼)은 다리 지수가 낮다. 이들은 몸이 전체적으로 둥근 모양이기 때문에 넓적다리뼈가 정강이뼈에 비해 짧다. 몸이 구형에 가까울수록 표면적이 작아 열을 덜 잃기 때문에, 이러한 체형은 추운 서식지에 적응한 결과라고 볼 수 있다.

과학자들이 네안데르탈인의 다리 지수를 측정해 보았더니 낮은 값이 나왔다. 이것은 네안데르탈인이 상당히 추운 환경에서 진화했음을 말해 준다. 이와는 대조적으로 크로마뇽인 같은 최초의 현생 인류의 다리 지수는 비교적 높은 값이다. 이러한 사실은 우리의 직계 조상이 더운 지역에서 살았음을 시사하는데, 이것은 나중에 보게 되겠지만, 과학자들에게 현생 인류의 기원을 추적하는 데 아주 중요한 단서 하나를 제공했다.

네안데르탈 인

네안데르탈 인은 아주 독특한 골격을 갖고 있다. 돌출한 안와상 융기는 별도로 치고라도, 남자와 여자는 땅딸막하고 아주 튼튼한 체격을 갖고 있는데, 이것은 힘든 생활 방식을 일부 반영한 것이기도 하지만, 추운 환경에 적응한 결과이기도 하다.

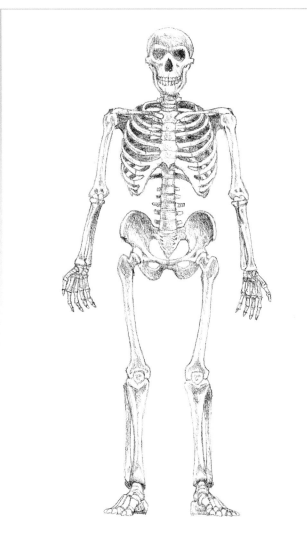

1.82m

에스키모 인

북극 지방에 사는 이누이트 족은 네안데르탈 인과 비슷한 체형을 갖고 있다. 해부학적 신체 구조는 구형에 가깝고 탄탄한데, 아주 추운 환경에서 열을 보존하는 데 유리하다.

호모 에렉투스

적도 근처의 무더운 아프리카 지역에서 진화한 호모 에렉투스는 나리오코토메 소년처럼 키가 크고 호리호리한 체격을 갖고 있다. 이 종의 체형은 몸에서 열을 효율적으로 발산하도록 적응한 결과이다.

마사이 족

오늘날 케냐에 살고 있는 마사이족의 체형도 다리가 길고 몸이 원통형이고 키가 크다. 이들의 조상 역시 아주 더운 지역에서 살았다. 마사이족의 체형은 나리오코토메 소년과 놀라울 정도로 비슷하다.

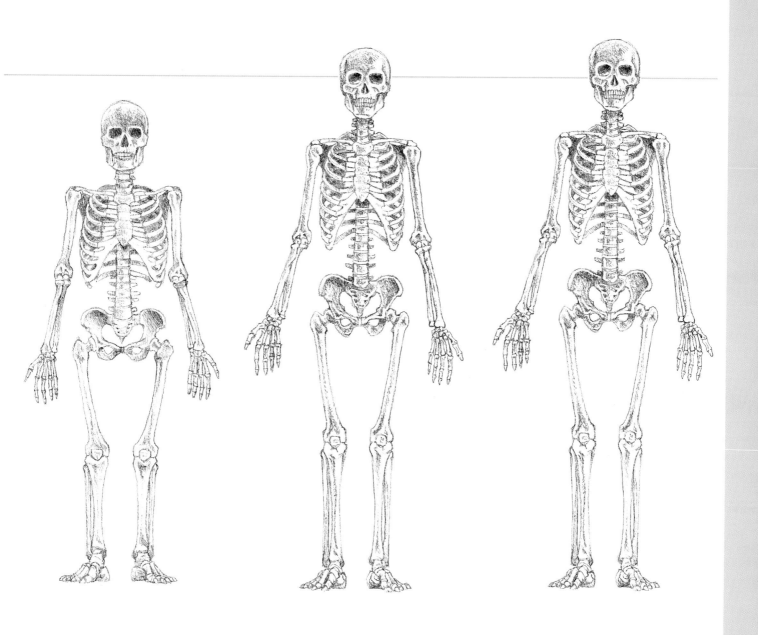

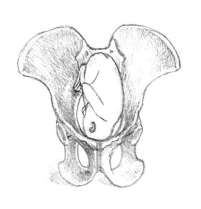

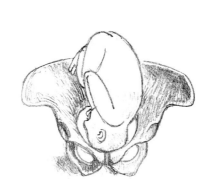
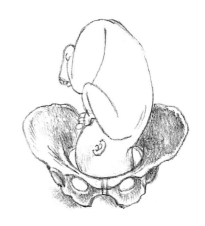

침팬지   오스트랄로피테신   사람

침팬지(왼쪽)나 오스트랄로피테신(가운데)과는 대조적으로 현생 인류(오른쪽)의 아기는 어머니의 골반에 비해 몸집이 상대적으로 크며, 산도를 통과하는 데 큰 어려움이 따른다. 그 과정은 병에서 코르크 마개를 비틀어 빼는 것에 비유되곤 한다. 그렇지만 민꼬리원숭이 새끼는 어미의 골반을 곧장 통과할 수 있으며, 출산 과정이 비교적 쉽고 고통도 별로 따르지 않는다. 사람의 경우, 아기 출산은 훨씬 위험하고 고통스럽다.

하는 많은 속성을 볼 수 있다. 그러한 특징은 육체적 힘과 서서히 발달한 지능이 결합된 것으로, 호모 에렉투스뿐만 아니라 호모 사피엔스를 비롯한 후손들에게 큰 영향을 미쳤다. 이러한 특징 중 일부는 오랜 동안 상당한 불편을 초래한 원인이 되기도 했다.

나리오코토메 소년의 엉덩이를 한번 살펴보라. 앞에서 보았듯이, 소년은 좁은 골반을 갖고 있어 체격이 호리호리한 원통형이고, 무릎이 몸 바로 아래에 오는 걸음걸이를 취하게 된다. 이러한 자세는 무게중심이 몸 아래쪽에 위치하기 때문에 걸을 때 다리를 마구 휘두르며 어기적거리지 않아도 된다. 만약 호모 에렉투스가 이러한 걸음걸이를 발달시키지 않았더라면, 두발 보행은 엄청난 에너지를 소모하는 일이 되었을 것이다. 직립 보행 자세는 호모 에렉투스에게 사바나(그리고 결국에는 전 지구)를 활보할 수 있게 해 주었지만, 그에 따르는 대가를 치러야 했다. 아기는 태어날 때 골반을 지나야 하는데, 골반이 좁으면 출산시에 문제가 생긴다. 아이엘로는 "합리적인 동물이라면 두발 보행을 발달시킨 뒤에 의도적으로 큰 뇌를 발달시키지는 않을 것이다. 여성에게 아주 끔찍한 결과를 가져오기 때문이다."라고 말한다.[28]

침팬지는 자궁 속에 있을 때 가장 중요한 신경 발달이 완성되지만, 사람은 그 과정이 절반 정도밖에 진행되지 않은 상태에서 태어난다. 그러한 신경 발달이 완전히 이루어진 다음에 태어난다면, 직립 보행 자세를 계속 유지하려는 여성의 골반을 빠져 나오기에 머리가 너무 크기 때문이다. 그 결과, 사람은 태어나서 약 1년 정도 뇌 발달이 완성될 때까지 완전히 무력한 상태에 놓이게 된다. 이것은 어머니를 아기에게 속박시킨다. 어머니는 아주 오랫동안 아기를 돌보지 않을 수 없는데, 그러면서 단백질과 지방과 탄수화물이 풍부한 젖을 생산하도록 충분한 영양분을 섭취해야만 한다. 따라서, 여자는 배우자와 나머지 무리의 도움에 의존해 살아가지 않을 수 없다.[29]

표본 **KNM-ER 3733**(78쪽에 소개된 호모 에렉투스의 두개골)에서 흙을 긁어 내고 있는 리처드 리키.

완전히 발달하지 않은 아기를 낳는 것은 이미 호모 에렉투스에서 시작된 것이 분명하다. 그리고 뇌가 점점 크게 진화할수록 아기는 더욱 덜 발달된 상태로 태어났는데, 이것은 오랜 시간에 걸쳐 계속되어 온 하나의 경향이다. 이것은 인간 사회에 큰 영향을 미쳐서 남자는 배우자와 아이를 위해 식량을 공급하고 보호하는 역할이 더 커졌고, 부족의 사회적 결속이 더 단단해지게 되었다. 그리고 그 결과 심지어 오늘날에도 출산은 문제를 야기시키곤 한다. 다른 영장류 새끼는 골반을 곧장 통과할 수 있다. 그러나 사람 아기는 마치 포도주병에서 코르크 마개를 뽑듯이 아주 좁은 틈을 통해 몸을 비틀며 나오지 않으면 안 된다. 산파의 도움을 받으며 어머니가 많은 애를 쓰지 않을 수 없기 때문에 출산에는 종종 큰 위험이 따른다. 이 때문에 여자는 남자보다 엉덩이가 약간 더 넓은데, 이것은 출산에 따른 외상을 줄이는 데 도움이 되지만, 대신 여자는 남자보다 두발 보행의 효율성이 떨어져 걷기나 달리기나 높이뛰기에서 뒤처지며, 이것은 육상 경기 기록에서도 확인된다.[30]

따라서, 우리는 이미 호모 에렉투스에서 우리 종을 정의하는 주요 특징을 여러 가지 볼 수 있다. 기후 변동이 심해짐에 따라 우리의 행동 방식도 다양해졌는데, 그 중에서 중요한 것은 고기를 많이 섭취하게 된 것이다. 고기는 버려진 시체를 뜯어먹거나 직접 사냥을 해서 얻었다(이 점은 상당한 논란을 낳았는데, 다음 장에서 살펴볼 것이다). 그와 동시에 우리 조상은 운동하기에 편리한 체격이 발달했는데, 이것은 부드러운 피부와 안정된 두발 보행 자세를 낳았다. 두발 보행은 뇌 크기의 증가와 함께 유년기를 더 늘리는 요인이 되었고, 이것은 다시 남자와 여자 사이의 사회적 유대를 강화시키는 요인이 되었다. 이것은 인간을 정의하는 많은 측면(특히 큰 집단을 이루어 살려는 강한 사회성과 서로를 도우려는 감정)의 기원을 설명할 수 있는 상당히 그럴 듯한 가설이다. 그러나 이러한 우리의 속성이 호모 에렉투스에서 이미 나타났다는 확실한 증거라도 있는가?

그렇다. 표본 KNM-ER 1808로 알려진 화석에서 약간의 단서가 발견되었다(KNM-ER 1808은 Kenya National Museums-East Rudolf 1808, 곧 '케냐국립박물관–동루돌프 1808'의 약자이다. KNM은 이 화석을 분류하고 보관한 연구소를 나타내고, ER은 화석이 발견된 케냐의 장소를 나타낸다. 물론 그 장소에서는 많은 화석이 발견되었기 때문에, 개개 화석을 구분하기 위해 마지막에 번호를 붙여 나타냈다. 나리오코토메 소년은 KNM-WT 1500이라고 해야 더 정확한 명칭이다. WT는 West Turkana, 곧 서투르카나를 나타낸다. 그 뼈가 담겨 있는 상자에도 이렇게 적혀 있으며, 케냐국립박물관의 금고실에서 다른 화석과 구분하는 이름이다). 표본 1808은 호모 에렉투스 여자 어른의 뼈인데, 1973년에 카모야 키메우가 사막을 걷다가 발견했다. 표본 1808은 나리오코토메 소년과는 달리 일부 골격만 남아 있으며, 죽기 전에 어떤 질병을 앓았던 여자의 것이다. 리처드 리키는 "다리뼈에 질병을 앓은 흥미로운 흔적이 남아 있었다. 다리뼈 군데군데가 새로운 뼈로 덮여 있었다."고 말한다.[31]

병리학자들이 뼈를 자세히 분석한 결과, 표본 1808이 비타민 A 과잉증을 앓았다고 결론내렸다. 이것은 육식 동물에게 주로 걸리는 질병인데, 이 병 자체만 해도 중요한 정보를 알려 준다. 흔히 이 병은 비타민 A를 여과하는 기능을 담당하는 간을 많이 먹을 때 흔히 걸린다. 최근에 이 질병에 걸린 유명한 사례로는 한계 상황에서 북극곰과 에스키모개의 간을 너무 많이 먹은 북극 탐험가들이 있다. 그들은 머리카락이 뭉텅 빠지고, 관절통을 앓고, 이빨이 흔들거리고, 잇몸에서 피가 나고, 피가 엉겨붙어 결국에는 뼛덩어리로 변하는 대가를 치렀다. 표본 1808의 다리에서 볼 수 있는 새로운 뼈는 바로 마지막 증상의 결과이며, 고생물학자들은 그녀가 몇 주일 혹은 몇 달 동안 꼼짝도 못 하고 있다가 죽었을 것이라고 추측한다. 그렇지만 워커는《뼈에 담긴 지식(*The Wisdom of the Bones*)》에서 그녀는 그 후에도 상당 기간 살았는데, 그것은 다른 사람의 도움이 있었기 때문이라고 주장했다. "움직일 수도 없고, 정신이 오락가락하는 고통 속에서 혼자 남겨졌더라면, 1808은 아프리카의 관목 지대에서 이틀을 버티지 못했을 것이다. 그러나 뼈는 그녀가 그보다 훨씬 오래 살아남았음을 말해 준다. 따라서, 누군가가 그녀에게

물과 음식을 가져다 주었을 것이다. 또, 도망갈 힘도 없이 누워 있는 맛있는 고깃덩어
리를 노리는 하이에나와 사자와 재칼로부터 그녀를 지켜 주었을 것이다. 그녀의 뼈는
비비나 침팬지 혹은 다른 영장류 사이에서 볼 수 있는 유대나 우애를 넘어서는 사회성,
곧 개인들 간의 강한 유대가 시작되고 있었음을 보여 주는 강한 증거이다."[32] 물론 이
러한 주장은 표본 1808에 대한 진단이 정확하다는 가정하에 성립하는 것이다. 표본
1808의 뼈는 약 150만 년이나 지난 것이고, 그 동안에 지질학적 간섭을 많이 겪었다.
따라서, 죽음의 정확한 원인과 병을 얼마나 오래 앓았는지는 확실하게 단정할 수 없다.
그렇지만 정확한 병명이 무엇이든 간에 질병이 상당히 진행된 단계에 이르렀다는 것은
분명하며(여분의 뼈가 상당 부분 축적된 것으로 미루어), 그녀는 한동안 다른 사람의
도움에 의존하며 살아갈 수밖에 없었을 것이다. 이것은 아주 흥미로운 이야기이다.

　어쨌든 간에, 이제 호모 에렉투스는 뜨거운 열기, 사나운 육식 동물 경쟁자, 요동치
는 기후 등의 역경에 단련된 신체적 특징을 지니게 된 것이 분명하다. 그 최종 결과는
예외적인 시기에 진화한 예외적인 종으로 나타났는데, 이제 그들은 주요 활동 무대를
중앙 아프리카에서 다른 곳으로 옮기게 된다. 다른 세계들이 그들을 손짓해 불렀고, 호
모 에렉투스는 그 곳을 향해 떠났다. 석기와 확실치 않은 지능과 다른 동물을 죽이고 고
기를 먹을 수 있는 능력으로 무장하고서. 마지막 능력은 이 종에게 놀라운 비밀 무기를
제공했는데, 자세한 이야기는 다음 장에서 보게 될 것이다.

제 4 장

새로운 세계의 정복에 나서다

외젠 뒤부아(Eugène Dubois)는 혁명가 이미지하고는 전혀 어울리지 않는 사람이었다. 1858년 네덜란드에서 독실한 카톨릭교 집안의 장남으로 태어난 그는 출신 배경은 정통 보수파에 속하지만, 어릴 때부터 특이하게도 화석을 수집하는 데 열정을 보였다. 그렇지만 의사가 될 수 있는 기회가 주어지자, 1877년 의과 대학에 입학했다. 그때는 다윈의 자연 선택설이 생물학에 새로운 자극을 주고 방향을 제시하던 불안정한 시대였다. 뒤부아는 자신의 종교적 배경에도 불구하고, 독일 생물학자 에른스트 헤켈(Ernst Haeckel)이 쓴 글을 읽고 큰 자극을 받아 진화론으로 개종하게 되었다. 그것은 뒤부아가 과학계의 낭만적인 인습 타파주의자로 변모하는 계기가 되었다. 네덜란드에서 해부학 교수로 자리를 잡을 기회가 있었는데도, 뒤부아는 의과 대학을 그만두고(언젠가 '잃어버린 고리와 함께' 돌아오겠다는 수수께끼 같은 말을 남긴 채), 네덜란드령 동인도에서 군 장교로 근무하는 길을 택했다.[1] 1887년, 그는 인류의 화석을 찾기 위해 극동 지방으로 향했다. 당시에 탐험가들이 사람을 닮은 환상적인 동물(오랑우탄과 긴팔원숭이를 비롯해)을 발견한 곳도 바로 그 곳이었다. 이 동물들은 인류의 생물학적 사촌으로 유력해 보였기 때문에, 네덜란드령 인도네시아 식민지는 풋내기 화석 사냥꾼에게 아주 유망한 장소로 보였다.

19세기의 화석 사냥꾼 외젠 뒤부아. 1890년대에 자바에서 그가 발견한 최초의 호모 에렉투스는 과학사에서 끈기와 노력이 낳은 위대한 성과로 꼽힌다.

뒤부아는 가까이 하기 쉬운 사람이 아니었다(최소한 학계의 동료들에게는). 그는 완고할 뿐만 아니라 다혈질이었다. 그렇지만 나름대로 매력적인 면도 있었다(네덜란드령 동인도 전체 지역에서 고생물학 조사를 벌이는 게 필요하다고 상관들을 설득한 데서 볼 수 있듯이). 1890년 3월, 그는 충성스러운 사병 두 명과 삽질을 할 죄수 몇 명을 데리고 자바로 갔다.

18개월 동안 뒤부아는 타는 듯한 무더위 속에서 쇠약해져 갔고, 그가 데려간 죄수들은 열심히 땀을 흘리며 작업했다. 그러다가 1891년 10월 어느 날, 트리닐의 솔로 강가에서 납작한 두개골을 발견했는데, 눈구멍 위에 뼈가 돌출한 것(안와상 융기)이 인상적이었다. 일 년 뒤에는 넓적다리뼈를 발견했는데, 그것은 어느 모로 보나 사람의 것이었다. 뒤부아는 약속한 대로 '잃어버린 고리'를 발견한 것이다. 스티븐 제이 굴드는 그것을 "과학적 끈기와 통찰력의 연대기에서 단연 최고의 반열에 올려놓을 수 있는" 발견이라고 평했다.[2] 뒤부아는 그 종을 피테칸트로푸스 에렉투스(*Pithecanthropus erectus*: '직립 원인'이란 뜻)라 이름 붙였다.

그것은 아주 중요한 발견이었다. 뒤부아는 호모 사피엔스의 진짜 조상 화석을 최초로 발견한 것이었고, 자바에서 그것을 발견함으로써 피테칸트로푸스 에렉투스가 세계 최초로 대륙 횡단 여행을 한 존재일지도 모른다는 것을 보여 주었다. 다만, 뒤부아는 그 당시에는 두 번째 사실의 중요성을 제대로 인식하지 못했다. 그는 단순히 에렉투스가 극동 지역에서 진화했다고 가정했는데, 아이러니하게도 이 주장은 나중에 보게 되겠지만 상당한 논란과 함께 최근에 다시 제기되고 있다. 원숭이와 인간 사이에 존재하는 '잃어버린 고리'를 발견했다고 확신한 뒤부아는 과학의 영웅으로 환영받을 것을 기대하며 1895년에 유럽으로 돌아왔다. 그러나 그는 그러한 노력에 대해 공식적인 상과 찬사를 받긴 했지만, 많은 과학자들은 그가 발견한 화석이 인류의 조상이라는 그의 주장을 조롱했다. 그의 적들은 그것은 단지 커다란 긴팔원숭이의 뼈일 뿐이라고 주장했다. 뒤부아는 자신의 주장을 옹호하며 격렬한 논쟁을 벌인 뒤, 결국 학계에서 은퇴했는데, 여전히 자신이 발견한 것은 사람과 민꼬리원숭이 사이의 중간 단계인 영장류라고 확신했다.[3] 자신이 발견한 화석이 민꼬리원숭이를 닮았다고 믿은 것은 틀렸지만, 중요한 인류 화석을 발견했다는 주장은 옳았다.

위: 뒤부아가 자바에서 발견한 넓적다리뼈와 두개골 윗부분. 그러나 그를 비판하는 사람들은 이것을 큰 긴팔원숭이의 뼈에 불과하다고 주장했다. 지금은 뒤부아가 발견한 화석이 호모 사피엔스의 진정한 조상 화석으로 인정받고 있다.

아래: 이 화석을 파낸 자바의 발굴터를 뒤부아 자신이 찍은 사진.

99쪽: 인도네시아의 자바 섬. 뒤부아가 발견한 것과 같은 초기 호모 에렉투스의 화석이 이 곳에서 발견되자, 과학자들은 인류의 조상이 이 곳에서 진화했다고 믿었다.

아래: 뒤부아가 복원한 자바 원인(호모 에렉투스). 솔로 강 둑에서 발견한 뼈 두 점에 기초해 만든 것이다. 이 상은 지금 네덜란드 레이덴의 자연사박물관에 보관돼 있다.

오늘날 우리는 피테칸트로푸스 에렉투스를 호모 에렉투스(*Homo erectus*)라 부르지만, 종종 자바 원인이라는 이름으로도 부른다. 에렉투스의 화석은 그 후에 중국과 아프리카의 여러 장소(쿠비포라와 올두바이 협곡을 비롯해)에서도 발견되었다. 그리고 마침내 1984년 리키와 워커가 나리오코토메에서 위대한 발견을 이루었다. 이 화석들이 지리적으로 다양한 장소에서 발견된다는 사실은, 이 종이 비록 도처에 존재하지는 않았다 하더라도, 구세계 전체에 널리 퍼져 있었음을 말해 준다. 굴드는 "뒤부아가 처음 발견한 자바의 두개골 조각과 넓적다리뼈는 세 대륙에 널리 퍼져 간 증거가 잘 남아 있는 조상으로 활짝 꽃을 피워 갔다."고 표현했다.[4]

그렇다면 에렉투스는 겨우 기초적인 석기 기술만 가지고 어떻게 아프리카와 아시아를 건너 그 먼 곳까지 이동할 수 있었을까? 그리고 구세계에서 그러한 대이주를 시작한 시기는 정확하게 언제일까? 둘 다 아주 중요한 질문이며, 여기서 파생한 문제들은 아직도 인류학자들의 머리를 앓게 만들고 있다. 나중에 다시 이야기하겠지만, 호모 에렉투스의 세계적 이동에 관한 생각은 최근에 들어 더 명확해지기는커녕 오히려 더 혼란스러워졌다. 그렇지만 한 가지는 분명하다. 호모 에렉투스는 육식 습성이 발달하면서 중요한 행동학적 특성이 생겨나게 되었는데, 이것이 멀리 여행하는 데 도움을 준 것이 거의 확실하다. 이 점은 앨런 워커가 명쾌하게 설명한다. "초식 동물일 때에는 먹이인 식물이 자라는 곳에서 멀리 벗어날 수가 없다. 행동권에 제약을 받는 것이다. 그러나 우리 조상의 식성이 육식으로 바뀌자, 큰 변화가 일어났다. 우리는 다른 동물들이 식물에 적응한 결과를 이용할 수 있게 되었다. 바로 그 동물을 먹는 것을 통해서. 그래서 우리는 아주 멀리까지 퍼져 나갈 수 있게 되었다. 우리는 고기를 먹을 수 있었기 때문에 세계를 정복했다."[5] 그러나 그 당시 세계 기후는 위태로울 정도로 불안정했기 때문에, 후손들이 정교한 사회적 행동과 복잡한 도구를 발달시키지 못한 호모 에렉투스는 이동을 하면서 많은 어려움을 겪었을 것이다. 그렇지만 그들은 성공을 거두었다. 이것은 알제리, 남아프리카, 중국, 그루지야, 자바 등 광범위한 지역에서 발견된 에렉투스 화석에서 확인할 수 있다. 그 중에는 1936년 자바의 모조케르토 근처(뒤부아가 위대한 발견을 한 장소에서 가까운)에서 발견된 중요한 한 아이의 두개골 화석도 있다. 대부분의 화석은 그 연대가 180만 년 전에서 80만 년 전의 것으로 측정되었다.

이러한 자료로부터 에렉투스의 이동에 관한 표준적인 그림이 떠오르기 시작한다. 약 200만 년 전에 중앙 아프리카나 동아프리카, 사하라 사막 이남의 아프리카 어딘가에서 중간 크기의 뇌를 가진 건장한 동물로 출현한 이 종은 얼마 후 나리오코토메 소년과 같은 모습을 갖게 된다. 그러다가 약 100만 년 전 여행에 나서기 시작했다. 그들은 조금씩 수렵과 채취의 영역을 넓혀 갔다. 그들은 레반트(지중해와 에게 해의 동해안 지

방—역자 주)로 흘러갔다가 동쪽으로 이동하여 약 100만 년 전에 아시아와 자바에까지 도착하였다.

에렉투스의 이동 시기는 극동 지역에서 발견된 화석의 나이에 바탕해 추정한 것이다. 불행하게도, 하버드 대학의 피바디 박물관에 근무하는 로저 르윈이 지적하듯이 일부 자료는 신뢰성이 떨어진다. "자바에서 발굴한 화석에는 한 가지 문제점이 있는데, 종종 현지 농부들이 화석을 채취한 적이 많다는 점이다. 그들은 밭에서 일을 하던 중에 우연히 화석을 발견하거나 화석을 찾는 재주를 터득한 사람들이었다. 그래서 화석의 출처, 즉 그것이 발견된 퇴적층의 정확한 위치가 심각한 문제가 되었다. 화석의 연대를 확실하게 측정하려면 정확한 출처가 필수적이다. 이 문제는 특히 1936년에 발견된 모조케르토 두개골에서도 심각하게 제기되었다."[6]

이것은 이미 뒤부아 시절부터 시작된 문제였는데, 뒤부아는 나리오코토메에서 발굴 작업을 한 후배 과학자와는 달리 힘든 발굴 작업에 직접 참여하지 않았다. 대신에 그는 발굴 장소에서 수십 km 떨어진 베란다에 앉아 있었고, 부하들이 발굴 장소에서 화석을 발견하여 가져왔다. 그가 발견한 중요한 두 화석(트리닐의 두개골과 넓적다리뼈)이 원래 놓여 있던 위치는 결코 알 수가 없으며, 따라서 그 화석들의 연대도 알 수가 없었다.[7] 그 화석은 단지 후에 그 지역에서 발견된 화석들과 연대가 비슷한 것으로 추정되었지만, 뒤에 발견된 화석들 역시 연대를 확실하게 알 수가 없었다. 연대 측정을 비교적 정확하게 할 수 있는 아프리카와는 달리 자바는 지질 기록이 분명하게 남아 있지 않다. 그 결과, 과학자들은 근처에서 발견된 다른 동물 화석을 참고해 자바 호미니드의 연대를 추정해야 했다. 예를 들어 만약 멸종한 어느 설치류 종의 뼈가 발견되고, 그 종이 100만 년 전에 화석 기록에서 사라졌다면, 그 뼈가 묻혀 있는 퇴적층은 최소한 100만 년 이상 되었다고 볼 수 있다. 이것은 정확한 방법처럼 보이지만, 말처럼 쉬운 것은 아니다. 그 설치류가 발견된 장소를 정확하게 알아야 하고, 인류 화석이 발견된 것과 같은 퇴적층에 들어 있는지 확인해야 하기 때문이다. 이것은 자바에서 늘 골칫거리였다.

그러다가 1992년에 독일의 두 연구자가 그루지야의 드마니시에서 호모 에렉투스의 턱뼈를 발견했다고 발표했다. 그들은 같은 퇴적층에서 발견된 다른 동물의 뼈에 바탕해 그 화석의 연대를 160만~180만 년 전이라고 주장했다. 뒤이은 연구를 통해 이들의 연대 추정은 과장되었을지도 모른다는 주장이 제기되었다. 그럼에도 불구하고, 에렉투스의 여행 시기는 의심을 받기 시작했으며, 2년 후 화석 연대 측정의 세계적인 권위자 두 사람이 던진 폭탄이 마침내 그것을 산산조각 냈다. 두 사람은 캘리포니아의 버클리 지질연대측정센터에서 일하는 칼 스위셔(Carl Swisher)와 가니스 커티스로, 이들은 1장에 나온 라에톨리의 발자국 화석 연대도 측정한 바 있었다. 두 사람은 모조케르토 두개골이 발굴된 장소의 화산 퇴적층을 다시 조사해 보기로 했다. 앞서 일본인과 인도네시아인 연구팀이 핵분열 트랙 연대 측정법(102~103쪽 참고)을 사용해 그 두개골의 연대를 약 100만 년 전으로 측정했다. 핵분열 트랙 연대 측정법은 화석과 함께 묻힌 화산암 입자의 연대를 측정하는 것이다. 그러나 애석하게도 이 방법이 아주 정확한 것은 아니다. 그보다는 칼륨-아르곤 연대 측정법이 더 정확하지만, 퇴적층에 칼륨이 충분히 포함돼 있지 않았기 때문에 이 경우에는 쓸 수 없었다. 그 해결책으로 등장한 것이 단결정 레이저 융합이라는 새로 개발된 칼륨-아르곤 연대 측정법이다. 이름에서 알 수 있듯이, 이 방법은 극소량의 시료(화산암 결정 하나만으로 충분하다)만 있어도 연대 측정이 가능하다.

그래서 두 사람은 모조케르토에서 화산암 결정을 약간 채취하여 버클리의 실험실로 가져가 분석했다. 거기서 놀라운 결과가 나왔는데, 두개골의 연대가 무려 180만 년 전으로 측정된 것이다. 이것은 이전의 측정값보다 두 배나 오래 된 것으로, 이전에 생각했던 것보다 최소한 80만 년 전에 에렉투스가 자바에 도착했음을 알려 주었다. 게다가, 스위셔와 커티스가 자바의 산기란에서 발견된 에렉투스의 화석 연대도 다시 측정해 보았더니 160만 년 전으로 나타났다. 그 때까지만 해도 가장 오래 된 호모 에렉투스 화석은 케냐의 쿠비포라에서 발견된 **KNM-ER 3733**으로, 180만 년 전의 것으로 추정되었다. 그런데 이 종의 탄생 장소에서 무려 1만 6000 km나 떨어진 곳에서 발견된 같은 종의 화석 표본도 비슷한 연대를 나타낸 것이다. 이 소식은 과학계에 큰 반향을 불러일으켰다. 1994년 3월 〈타임〉지가 스위셔와 커티스의 연구를 커버 스토리로 싣자, 캘리포니아 대학의 인류학자 클라크 하우얼(F. Clark Howell)은 〈타임〉지에 기고한 글에서 "이것은 정말로 놀라운 사실이다. 그러한 연대는 아무도 예상치 못했다."고 말했다.[8]

칼 스위셔는 동료인 가니스 커티스와 함께 자바에서 발견된 호모 에렉투스 화석의 진짜 나이를 측정하기 위해 새로 개발된 연대 측정법을 사용해 보았다. 과학자들은 그 결과에 크게 놀랐는데, 호모 에렉투스가 아프리카를 떠나 장장 1만 6000 km에 이르는 대장정 끝에 구세계 전체에 확산된 시기가 약 180만 년 전으로 나왔기 때문이다.

만약 그 연대 측정이 옳다면, 에렉투스는 태어나자마자 요람에서 뛰쳐나와 자바를 향해 놀라운 속도로 달려갔다는 이야기가 된다. 호모 에렉투스는 중앙 아프리카에서 약 200만 년 전에 출현한 후에 사바나를 활보하게 되자마자 그 곳을 떠나 약 180만 년 전에 극동 지역에 도착한 것으로 보인다. 이것은 불가능한 이야기는 아니다. 한 세대에 16 km씩 비교적 차분한 속도로 이동해 간다 하더라도, 동아프리카에서 동아시아까지

과거의 연대를 알아 내는 방법

캘리포니아 대학에서 개발된 칼륨-아르곤 연대 측정법은 고생물학자들이 호미니드의 화석을 발견한 화산암과 퇴적층의 절대 연대를 알아 내는 데 사용된다. 이 기술은 1950년대에 탄자니아의 올두바이 협곡에서 채취한 퇴적물의 나이를 알아 내는 데 처음 사용되었다.

먼 옛날의 뼈나 선사 시대의 도구가 얼마나 오래 되었는지 알아 내기 위해 과학자들이 사용하는 방법은 아주 다양한데, 대부분은 방사성 붕괴 속도를 측정하는 방법에 기초하고 있다. 그 중에서 잘 알려진 예로는 방사성 탄소 연대 측정법이 있다.

모든 생물의 몸을 이루고 있는 원소 중 하나인 탄소는 탄소-12와 탄소-14라는 두 가지 동위 원소의 형태로 존재한다. 두 동위 원소는 화학적으로는 서로 구별되지 않는 동일한 성질을 나타내지만, 희귀하게 존재하는 탄소-14는 방사능을 약간 띠고 있어 수천 년에 걸쳐 천천히 방사성 붕괴를 일으켜 질소로 변한다. 따라서, 오래 된 뼈나 목제 도구를 발견하면, 그 속에 들어 있는 탄소-14의 양을 측정함으로써 그 연대를 알아 낼 수 있다. 만약 탄소-14의 양이 아주 적다면 그 물체는 아주 오래 된 것이고, 상당히 많은 양이 남아 있다면 그리 오래 되지 않았다는 사실을 알 수 있다. 1940년대에 미국 과학자들이 개발하여 고대 이집트 유물의 연대를 측정하는 데 처음 사용된 이 방법은 한 가지 단점이 있다. 탄소-14가 비교적 빨리 붕괴를 일으킨다는 점이다. 즉, 4만 년 이상 된 물체라면, 그 속에 남아 있는 탄소-14의 양이 충분치 않아 정확한 연대를 측정하기가 어렵다.

이 문제를 해결하기 위해 과학자들은 방사성 붕괴를 하는 다른 원소가 없나 찾아보았는데, 칼륨이 유력한 후보로 떠올랐다. 자연계에 존재하는 전체 칼륨 중 약 0.01%는 칼륨-40이라는 방사성 동위 원소로 이루어져 있다. 칼륨-40은 아주 느린 속도로 붕괴하여 아르곤-40이라는 아르곤 동위 원소로 변한다(그 과정은 수조 년 이상이 걸린다). 따라서, 암석 속에 아르곤-40 기체가 얼마나 많이 들어 있는지 측정함으로써 그 암석의 나이를 계산할 수 있다. 1950년대에 개발된 칼륨-아르곤 연대 측정법은 올두바이 협곡과 동아프리카 여러 지역에서 발견되고 있던 화석들 주변 퇴적층의 나이를 결정하는 데 중요하게 사용되었다.

더 현대적인 연대 측정법(단결정 용융 연대 측정법과 같은)은 극소량의 물질만으로도 어떤 물체의 나이를 측정할 수 있다. 게다가, 그 밖의 다른 기술들도 개발되어 화석 표본의 나이를 측정하는 방법이 크게 향상되었다. 그러한 기술로는 전자 스핀 공명 연대 측정법, 열발광 연대 측정법, 광자극 발광 연대 측정법, 우라늄 계열 연대 측정법 등이 있다.

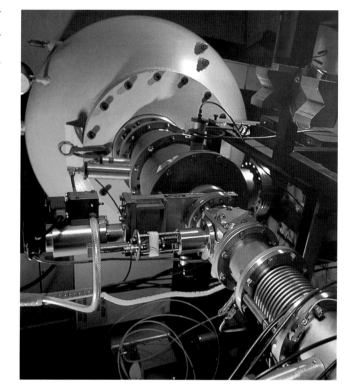

오른쪽: 연대를 측정하기 위해 화석이나 유기물 시료 속에 들어 있는 탄소-14 원자의 수를 세는 데 사용되는 장비.
아래: 화석의 연대를 측정하는 데 사용되는 다양한 기술과 측정 가능한 연대 범위.

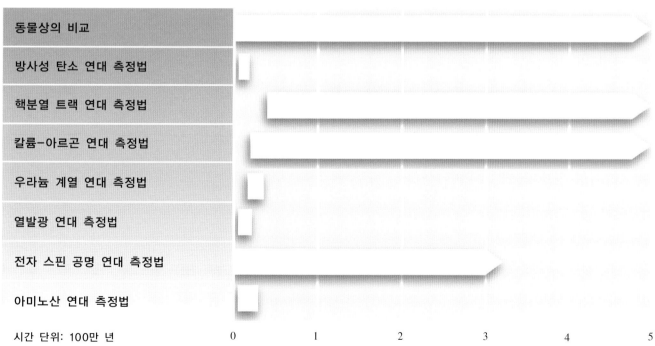

동물상의 비교					
방사성 탄소 연대 측정법					
핵분열 트랙 연대 측정법					
칼륨-아르곤 연대 측정법					
우라늄 계열 연대 측정법					
열발광 연대 측정법					
전자 스핀 공명 연대 측정법					
아미노산 연대 측정법					
시간 단위: 100만 년	0	1	2	3	4	5

가는 데에는 2만 5000년이면 충분하다. 스위셔는 이렇게 말한다. "코끼리는 전체 역사를 통해 여러 차례 아프리카 밖으로 나갔다. 코끼리는 석기 없이도 아시아에 도착했다. 그 밖의 많은 종 역시 그랬다. 그런데도 사람들이 그만한 속도의 이주를 어렵다고 생각하는 것은 이주의 주체가 사람이기 때문이다. 우리는 사람의 행동은 뭔가 좀 다르거나 특별하다고 생각하는 경향이 있는데, 그러한 편견이 우리의 사고를 방해해서는 안 될 것이다."[9]

그러나 모든 과학자가 그렇게 빠른 이주가 일어났다는 주장에 동의하는 것은 아니다. 어떤 사람들은 드러난 증거가 전혀 다른 가설을 뒷받침해 준다고 주장한다. 바로 호모 에렉투스가 아프리카 밖의 다른 장소에서 진화했다는 것이다. 아직 밝혀지지 않은 미지의 장소로부터 에렉투스가 나중에 아프리카와 자바로 이주해 갔다는 것이다. 이 가설은 에렉투스의 조상(필시 호모 하빌리스)이 최초의 대륙 횡단 여행자였으며, 인류 진화에서 핵심을 이루는 사건이 아프리카 밖, 아시아의 어느 장소에서 일어났다고 가정하고 있다. 이것은 최소한 스위셔와 커티스가 밝혀 낸 연대 측정 문제를 설명할 수 있지만, 우리 조상이 진화 과정에서 전세계를 배회한 것처럼 보이는 다소 혼란스러운 그림을 제시한다. "그것은 흥미로운 개념이지만, 자바나 동남 아시아의 다른 곳에서 그럴듯한 에렉투스의 조상 화석이 발견된 적이 없다는 치명적인 약점이 있다. 에렉투스가 도착하기 전까지는 호미니드의 흔적이 전혀 발견되지 않는다. 대조적으로, 아프리카에서는 에렉투스가 나타나기 전 200만 년 동안 에렉투스의 조상일지도 모르는 여러 종의 호미니드 화석이 수천 점 발견된다. 에렉투스 직전에 존재했던 호모 하빌리스는 에렉투스의 유력한 조상으로 보인다. 이러한 그림을 뒤집어엎으려면 동남 아시아에서 새로운 화석이 아주 많이 발견되어야 할 것이다."라고 워커는 말한다.[10] 스위셔도 이에 동의한다. "에렉투스가 아시아에서 진화했을 가능성도 충분히 있다. 그러나 아시아에서 호모 하빌리스의 화석이 발견되기 전까지는 그러한 개념을 받아들여야 할 하등의 이유가 없다고 생각한다."[11] 그렇지만 외젠 뒤부아는 초기 인류의 발원지라고 여겼던 자바가 인류 진화에서 새롭게 중요한 장으로 다시 떠오르고 있다는 사실에 매우 기뻐할 것이다.

어쨌든, 일부 고생물학자들은 아직도 스위셔와 커티스가 새로 측정한 연대를 받아들이려 하지 않는다. 두개골보다 더 오래 된 화산암 파편이 근처 화산 사면에서 씻겨 내려와 더 오래 된 퇴적층에 섞였는지도 모르는 일이다. 거기다가 모조케르토 두개골이 발견된 정확한 장소에 관한 문제가 있다. 앞에서 말했듯이, 자바에서 발견된 대부분의 두개골은 농부나 현지인 채집가가 찾아 냈다. 모조케르토 두개골은 초크로한도조라는 현지인이 발견했다. 1975년에 그는 인도네시아 고생물학자 테우쿠 자코브에게 자신이

1936년에 그 두개골을 발견한 장소를 말했고, 자코브는 거의 20년이나 지난 1994년에 스위셔에게 그것을 알려 주었다.[12] 수십 년이나 지난 기억력에 의존했기 때문에, 스위셔와 커티스가 조사 대상으로 삼은 퇴적층이 정확한지 아닌지 당연히 논란이 제기된다.

그러나 스위셔와 커티스가 조사한 것은 모조케르토 화석뿐만이 아니었다. 그들은 산기란의 한 장소에서 발굴된 에렉투스 화석들의 연대도 측정하여 역시 똑같은 결과를 얻었다. 스위셔의 지적처럼 "두 장소에서 똑같은 종류의 실수를 저지를 가능성은 극히 희박하다."[13] 게다가, 모조케르토 화석 자체를 대상으로 한 실험도 있다. 두개골 아랫면에 누군가가 검은색 칠을 해 놓았는데, 스위셔와 커티스는 거기서 이상하게 생긴 덩어리를 발견했다. "우리는 칠이 된 이 부분에 두개골의 해부학적 구조와는 상관 없는 기묘한 혹이 있다는 사실을 발견했다. 그래서 그것을 약간 문질러 벗겨 보았더니, 두개골 아랫면이 부석으로 덧씌워져 있었다."고 스위셔는 말한다.[14] 두 사람이 그 화산암 중 아주 작은 조각을 떼내 실험실에서 분석해 보았더니, 그것은 모조케르토 두개골이 놓여 있던 장소로 생각했던 바로 그 퇴적층에서 나온 광물과 화학적 '지문'이 비슷했다. 이러한 연구 결과로부터 두 사람은 호모 에렉투스가 이전에 과학자들이 생각했던 것보다 약 100만 년이나 앞서 아프리카를 떠났다는 결론을 내릴 수밖에 없었다. 이 시나리오는 이상해 보일지 모르지만, 에렉투스에 관한 한 가지 수수께끼를 설명해 준다. 그 수수께끼란, 아프리카와 아시아에서 에렉투스가 사용한 도구가 왜 서로 다른가 하는 것이다.

앞에서 이야기했듯이, 에렉투스는 약 200만 년 전에 진화했을 것이다. 그러다가 약 50만 년 뒤에 에렉투스는 새로운 종류의 도구를 발명한 증거를 아프리카에 남겼는데, 이것이 바로 아슐리안 공작(1830년대에 이 도구들이 처음 발견된 프랑스의 생타쉘에서 딴 이름)이다. 이 때 가로날도끼, 찌르개, 주먹도끼 등 비교적 큰 석기들이 처음으로 만들어졌다. 그 중에서도 주먹도끼(눈물 방울 모양으로 생긴 도구로, 가끔 양날도끼라고도 부른다)가 아슐리안 공작의 대표적인 석기이다. 더 오래 된 올두바이 공작의 거친 화산암 조약돌이나 작은 암석 조각에 비해 아슐리안 공작 도구들은 제작자의 마음 속에 있던 어떤 틀에 맞추어 만들어진 것이 분명했다. 이 도구들은 상당한 기술과 힘으로 만들어졌으며, 그 중에는 제작자가 어느 정도의 사전 계획 능력이 있었음을 시사하는 특별한 도구들도 있다. 주먹도끼의 용도에 대해 일부 과학자들은 에렉투스가 주먹도끼를 던져 사슴이나 다른 동물을 죽였다고 믿지만, 대부분의 과학자는 주로 튼튼한 칼로 사용되었다고 생각한다. 인디애나 대학의 고고학자 닉 토스(Nick Toth)도 이 견해를 지지하는데, 그는 실험을 통해 주먹도끼로 코끼리 가죽을 포함해 아주 질긴 가죽을 자를

수 있음을 보여 주었으며, 또 현미경으로 관찰했더니 주먹도끼 날에 고기와 뼈와 나무의 흔적이 남아 있었다.[15]

주먹도끼가 이러한 용도로 쓰였다면, 호모 에렉투스의 흔적이 남아 있는 곳에서는 어디서나 그것이 발견되어야 할 것이다. 그러나 실상은 그렇지 않다. 과학자들은 기묘한 차이를 발견했다. 아슐리안 공작의 주먹도끼는 아프리카와 서아시아에서 널리 사용된 것처럼 보이지만, 극동 지역에서는 거의 발견되지 않는다. 무슨 이유에서인지는 알 수 없으나, 석기 시대의 맥가이버 칼에 해당하는 도구를 동아시아에 살던 에렉투스는 결코 사용하지 않았던 것처럼 보인다. 구세계의 다른 곳에서는 아주 유용하게 사용되었데도 말이다. 왜 그랬을까? 일리노이 대학의 제프리 포프 (Geoffrey Pope)가 한 가지 설명을 내놓았다. 그는 극동 지역에는 아주 다양한 용도로 쓰이는 대나무가 많이 자란다는 사실을 지적했다. 그래서 이 곳에서는 도구 제작자가 돌 대신에 대나무를 기본 재료 물질로 사용했을 가능성이 높다. 그렇지만 대나무로 만든 도구는 오늘날까지 긴 시간 동안 남아 있기가 어렵다.

이것은 흥미로운 가설이지만, 옳은지 그른지 확인이 불가능한 가설이다. 어쨌든 스위셔와 커티스가 측정한 새로운 연대는 이보다 훨씬 유혹적인 설명을 제시한다. 만약 에렉투스가 그렇게 오래 전(180만 ~200만 년 전)에 아프리카를 떠났다면, 그들이 출현한 시점은 아슐리안 공작이 발명된 시기보다 앞설 것이다. 다시 말해서, 그들은 낡은 도구를 든 채 아시아로 이동했을 것이다. 그리고 아프리카에 남아 있던 에렉투스는 인류 역사에서 가장 생명력이 긴 도구를 발명한다. 아슐리안 공작의 주먹도끼는 그로부터 100만 년 후에도 계속 사용되었으니까. 그러나 극동 지역만큼은 예외였다. 이 지역의 에렉투스 화석 옆에

106쪽: 아슐리안 공작의 주먹도끼와 가로날 도끼는 약 150만 년 전에 호모 에렉투스가 최초로 만들었다. 아슐리안 공작은 아프리카에서는 널리 사용되었지만, 극동 지역에서는 전혀 나타나지 않았다.

위: 베이징 원인(호모 에렉투스의 한 종류)의 두개골 캐스트와 턱뼈와 이빨. 베이징 남서쪽 40 km 지점에 위치한 저우커우뎬에서 발견되었다.

유년기가 지나고

아프리카는 인류의 탄생을 위해 풍부한 토양을 제공했다(비록 우리 조상은 얼마 지나지 않아 자신의 생득권을 싹 잊어버리긴 했지만). 전체 진화사에서 청소년 단계에 이르렀을 때, 우리 조상 중 일부 무리가 아프리카를 떠나 아주 빠른 속도로 새로운 땅을 향해 퍼져갔다. 이러한 대이주를 일으킨 원동력은 초기 인류가 점점 더 효율적인 육식 동물로 변해 간 데 있었다. 더 이상 식물이 자라는 범위 내에 속박돼 살아갈 필요가 없어진 호모 에렉투스는 이제 죽은 고기를 뜯어먹거나 직접 사냥을 하게 되었는데, 이것이 아프리카 탈출을 촉발시킨 큰 동기가 되었다.

과학자들은 처음에는 이러한 대이동이 약 100만 년 전에 시작되었다고 생각했다. 그러나 최근에 아시아에서 발굴된 화석을 다시 연대 측정한 결과, 아프리카 대탈출은 그보다 훨씬 앞선 아마도 약 200만 년 전(호모 에렉투스가 출현한 지 얼마 안 된 시점인)에 일어난 것으로 보인다. 이 놀라운 사실은 1999년 7월 독일과 그루지야의 공동 탐사팀이 유럽과 아시아 사이의 남쪽 경계 지점인 그루지야의 드마니시에서 완벽하게 보존된 인간 비슷한 두개골 두 점을 발견하면서 재차 확인되었다. 무엇보다도 이 두 화석은 160만~180만 년 전의 것으로 연대가 측정되었다. 인류는 진화의 초기 단계에 아프리카를 떠나 동쪽으로만 이동한 것이 아니라, 북쪽의 기후가 덜 온화한 유럽 땅으로도 이동한 것으로 보인다.

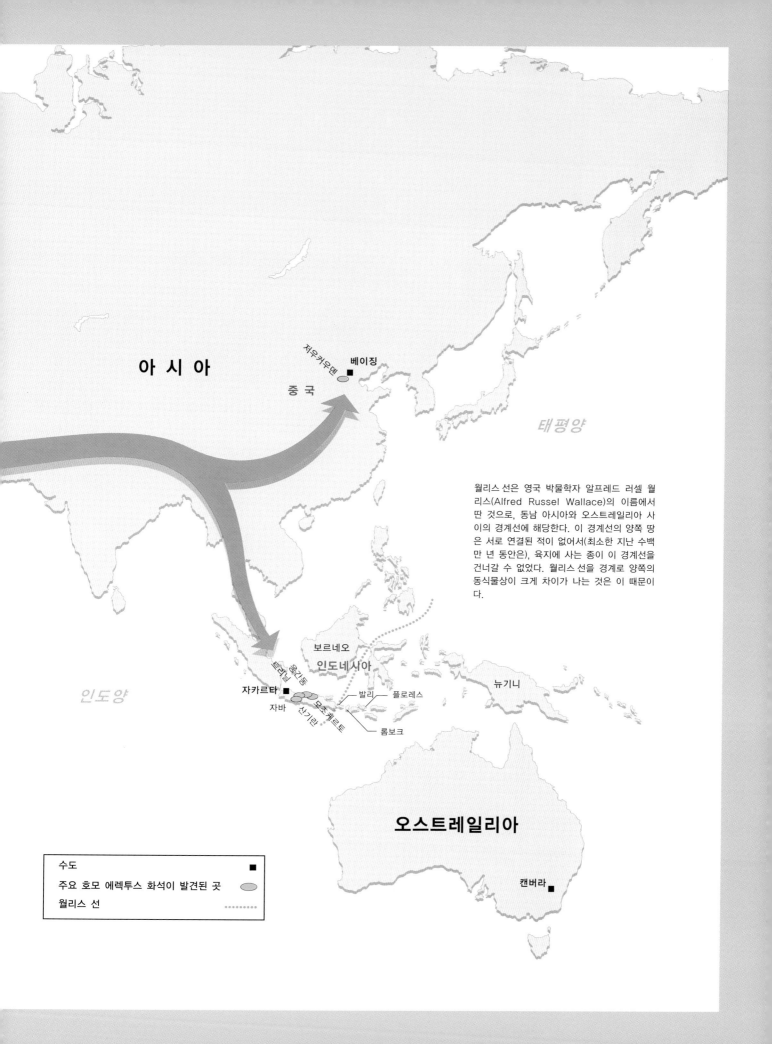

아 시 아

저우커우뎬
베이징
중국

태평양

월리스 선은 영국 박물학자 알프레드 러셀 월
리스(Alfred Russel Wallace)의 이름에서
딴 것으로, 동남 아시아와 오스트레일리아 사
이의 경계선에 해당한다. 이 경계선의 양쪽 땅
은 서로 연결된 적이 없어서(최소한 지난 수백
만 년 동안은), 육지에 사는 종이 이 경계선을
건너갈 수 없었다. 월리스 선을 경계로 양쪽의
동식물상이 크게 차이가 나는 것은 이 때문이
다.

보르네오
인도네시아

뉴기니

인도양

트리닐
응간동

자카르타
발리
플로레스
자바
모조케르토
산기란
롬보크

오스트레일리아

캔버라

수도 ■
주요 호모 에렉투스 화석이 발견된 곳 ⬭
월리스 선 ┄┄┄┄┄┄

용의 이빨: 호미니드의 이빨 두 개(오른쪽 위)가 포함된 다양한 동물의 화석. 중국인은 아주 오래 된 화석 뼈와 이빨이 질병을 치료하는 데 효험이 있다고 믿어 그것을 가루로 갈아 약재로 사용했다. 위의 화석 표본처럼 중국에서 발견된 최초의 화석들은 한약방에서 구했다.

서 발견된 도구들은 훨씬 조야하고, 아슐리안 공작 이전에 사용된 올두바이 공작의 도구에 더 가깝다. 초기의 에렉투스 이주자들이 아프리카를 떠날 때 갖고 간 도구도 바로 그것이었고, 그들은 오랜 세월 동안 그 도구를 고수했다. 나중에 새로운 기술을 터득한 호모 에렉투스 집단이 동쪽으로 이주하려고 했을 때에는 이미 자리를 잡고 있던 집단에 밀려났을 수도 있고, 혹은 그 지역이 지리적으로 격리되는 바람에 그 곳에 도착하지 못했을 수도 있다. 이 가설은 아주 흥미롭지만, 역시 증명하기가 어렵다.

문제는, 고생물학에서는 흔한 일이지만, 증거가 부족하다는 데 있다. 호모 에렉투스의 경우, 일부 화석의 운명을 생각하면 증거가 부족한 이러한 현실은 정말 안타깝기 짝이 없다. 뒤부아가 최초의 에렉투스 화석을 발견한 후, 그 다음에 발견된 화석은 베이징 근처 저우커우뎬이라는 마을의 한 동굴 속 석회암층에 들어 있었다. 이 지역의 언덕들은 기적의 치유 능력이 있다고 전해 오던 용골(龍骨: 중국인들이 용의 뼈라고 생각한 멸종 동물의 뼈―역자 주)을 찾기 위해 수백 년 전부터 사람들이 마구 파헤쳐 왔기 때문에, 거기서 에렉투스 화석이 발견된 것은 정말로 우연한 행운이었다. 중국 사람들은 멸종한 동물과 호미니드의 뼈와 이빨을 갈아서 약재로 팔았다. 한 저자의 표현처럼, 얼마나 많은 초기 인류의 뼛가루가 "소화 불량에 걸린 중국인의 소화관을 지나갔는지" 알 수 없는 일이다.[16]

호모 에렉투스의 도구에 관한 논란은 또 다른 의문을 제기한다. 그것은 사냥꾼의 도구일까, 썩은 고기를 먹은 사람의 도구일까? 우리는 최소한 아프리카에서는 고기를 얻는 데 석기 무기가 사용되었다는 사실을 알고 있다. 그러나 그들은 그 동물을 직접 사냥했을까? 아니면, 먹이를 잡은 포식 동물을 쫓고 먹이를 빼앗거나, 병들거나 부상당한 동물의 숨통을 끊는 데 도구를 사용했을까? 짧게 말해서, 호모 에렉투스는 사냥꾼이었을까, 아니면 청소부였을까? 1960년대와 1970년대에는 대부분의 인류학자들이 사냥꾼 쪽을 선택했다. 그 당시에는 그게 지배적인 생각이었다. 그 후 과학자들은 주요 발굴 장소, 특히 케냐의 올두바이 협곡에서 발견된 도구들을 분석한 결과, 죽은 고기를 먹는 것도 고기 섭취에서 중요한 부분을 차지했다는 결론을 내리게 되었다. 원시 시대 사람들은 돌을 오늘날 그 석기가 발견되는 장소로 가지고 와서 깎고 다듬어 도구로 만든 것으로 보인다. 그들은 고기가 붙어 있는 뼈도 같은 장소로 가져온 것으로 보이는데, 그것은 썩은 고기를 주워 온 결과(물론 일부는 사냥으로 얻기도 했을 테지만)라고 로저 르윈은 말한다. "멀리서 동물을 죽일 수 있는 무기는 선사 시대 후반에 가서야 발명되기 때문에, 그러한 무기 없이 사냥꾼이 잡을 수 있는 동물은 제한적일 수밖에 없고, 따라서 그들은 우리가 일반적으로 알고 있는 사냥꾼의 모습하고는 상당히 거리가 멀었을 것이다. 반면에, 죽은 고기를 구하는 것은 기술적으로나 생태학적으로나 충분히 가능한 일이다."[17] 간단히 말하면, 인류학자 조너선 킹던(Jonathan Kingdon)의 지적처럼 에렉투스는 사냥도 했고, 죽은 고기도 먹었다. 이들은 치밀한 계획을 세워 매복 공격을 했을 가능성이 높다. "그들은 또한 작은 육식 동물이나 혼자 다니는 육식 동물을 공격해 그 먹이를 탈취하는 재주가 뛰어났을 가능성이 높다."[18]

고기를 얻는 방법이야 어떠했든 간에, 고기 섭취는 우리 조상에게 아주 극적인 영향을 미친 게 분명하다. 고기는 고향인 아프리카 서식지의 먹이 굴레로부터 우리를 해방시켜 주었다. 그뿐만이 아니었다. 고기는 우리의 머리를 좋게 해 주었다. 소화시키기 쉽고 칼로리도 풍부한 고기는 팽창하고 있던 우리의 뇌에 꼭 필요한 자원을 공급해 주었다. 식물에서 빈약한 영양분을 추출하는 데 필요했던 우리의 소화계는 일상적인 중노동에서 벗어날 수 있게 되었다. 고기는 어머니에게, 자라나는 아기의 뇌에 좋은 질 높은 음식물을 제공했을 뿐만 아니라, 아이가 성장할 때 신경 발달이 계속 일어날 수 있게 해 주었다. 고기뿐만

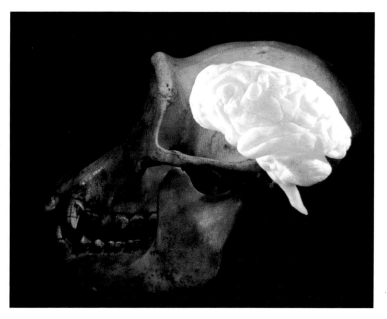

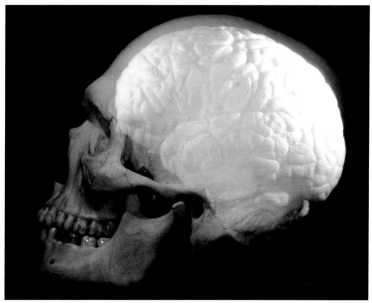

호모 에렉투스의 식성이 침팬지와 비슷한 채식 위주에서 고기와 지방과 골수로까지 확대되자, 뇌의 팽창에 필요한 에너지를 얻을 수 있게 되었다. 뇌의 팽창 과정은 하이델베르크 인, 네안데르탈 인, 그리고 마침내 호모 사피엔스에 이르기까지 계속되었다.

우리의 가장 가까운 친척인 침팬지의 뇌(위)와 현생 인류의 뇌를 함께 놓고 비교해 보면, 그 차이가 확연히 드러난다.

아니라 지방과 골수 역시 쉽게 소화되고 칼로리가 풍부한 음식물이어서 우리 조상은 위의 크기가 작아지는 방향으로 진화했고, 이것은 내부 에너지를 절약하게 해 주었다고 레슬리 아이엘로는 말한다. "여러분의 에너지는 그 무렵 획기적인 성장을 시작한 우리의 뇌에 사용되었다. 그것은 하나의 순환 고리였다. 고기를 먹기 시작하자 머리가 좋아졌고, 더 많은 고기를 얻을 수 있는 방법을 생각해 낼 수 있게 되었다. 물론 덩이줄기처럼 영양분이 풍부하고 쉽게 소화되는 다른 음식물을 얻는 방법도 터득했을 것이다."[19]

실제로 고기보다는 다른 음식물이 더 중요한 역할을 했을지도 모른다. 하버드 대학의 인류학자 리처드 랭엄(Richard Wrangham)이 이끄는 연구팀은 칼로리가 풍부한 덩이줄기(오늘날의 예로는 감자, 순무, 카사바, 얌 등이 있음)가 호미니드의 뇌 성장을 촉발시킨 영양학적 방아쇠였는지도 모른다고 주장한다. 랭엄은 그 무렵에 기후가 건조해지기 시작하여 과일과 견과류 그리고 어쩌면 동물 먹이까지도 구하기가 힘들어졌을 것이라고 지적한다. 이와는 대조적으로, 탄자니아 같은 나라에서도 많이 자라는 덩이줄기 식물은 이러한 기후 변화에 큰 영향을 받지 않았을 것이다. 게다가, 덩이줄기를 먹는 다른 동물들(돼지와 뻐드렁니쥐)이 그 당시에 번성한 것으로 알려져 있고, 오늘날 침팬지가 덩이줄기를 먹는 것이 관찰되었기 때문에, 오스트랄로피테신도 덩이줄기를 먹었을 가능성이 높다. 그러나 에렉투스가 불(아마도 벼락이 떨어져 생긴)에 구워진 덩이줄기를 우연히 맛보고 음식

고기는 단백질이 풍부할 뿐만 아니라, 소화도 쉽기 때문에 창자에서 사용하던 에너지 중 상당 부분을 뇌로 돌릴 수 있게 되었다. 석기를 사용해 뼛속에서 꺼낸 골수는 특히 영양분이 풍부하다.

을 익혀 먹는 것의 이점을 깨닫기 전에는 덩이줄기가 우리의 주요 식단에 포함되지 않았을 것이다. 엘리자베스 페니시(Elizabeth Pennisi)는 〈사이언스〉지에 기고한 글에서 "불은 소화하기 어려운 탄수화물을 달콤하고 흡수하기 쉬운 칼로리로 바꾸어 주었다."고 썼다.[20] 그렇다면 덩이줄기가 우리의 신경학적 발달을 촉발시킨 진짜 자극이었을까? 물론 이 가설에 반대자가 없는 것은 아니다. 미시간 대학의 로링 브레이스(Loring Brace)는 우리 조상이 덩이줄기를 구울 수 있는 화덕을 만들었다는 최초의 분명한 증거가 약 25만 년 전까지는 나타나지 않았다고 말한다. 그는 "불의 사용은 비교적 최근에 일어난 일이다. 나는 랭엄의 주장이 틀렸다고 생각한다."고 말한다.[21] 이 말은 인류가 불을 지배하게 된 시기(162쪽 참고)가 언제냐 하는 중요한 의문을 제기한다. 나중에 보게 되겠지만, 140만 년 전의 인류 화석 옆에서 발견된 불에 그을린 물질이 산불에 의한 것인지 인간이 피운 것인지를 놓고 학자들의 의견이 엇갈린다. 호모 에렉투스

가 살던 시기에 막대에 불을 붙였다거나 감자를 구웠다는 확실한 증거는 없다. 물론 증거가 없다고 해서 그러한 일 자체가 없었다고 단정할 수는 없다.

다시 말하자면, 에렉투스는 고기와 감자를 함께 먹은 최초의 인류였을 가능성이 높다. 다만, 각각의 음식물이 차지한 비율이 어느 정도였는지는 알 수 없다. 그렇지만 어떤 종류의 식량 혁명이 시작된 것만큼은 분명하다. 왜냐하면, 현대인의 소화관은 몸 속에서 유일하게 많은 에너지가 필요한 기관인데, 다른 포유류와 비교할 때 몸 크기에 비해 소화관의 길이는 현저하게 작은 반면, 뇌는 아주 크기 때문이다. 우리와 같은 크기의 포유류라면 뇌의 크기는 280 g 정도가 적절하다. 그러나 사람의 뇌는 약 1.4 kg이나 나간다. 한편, 우리의 소화관(위와 창자를 포함해)은 예상 길이의 절반밖에 안 된다. "작은 소화관은 영양분이 풍부하고 소화가 쉬운 음식물을 섭취해야만 가능하다."고 아이엘로는 덧붙인다. 나리오코토메 소년에게서도 이러한 소화관 축소의 흔적을 볼 수 있다. 민꼬리원숭이와 오스트랄로피테신의 경우, 흉곽은 아래로 내려갈수록 넓어지는 피라미드 모양으로 생겼다(큰 위와 구불구불한 창자를 담을 수 있도록). 호모 에렉투스는 호미니드 중에서는 최초로 폐를 담는 공간은 불룩하고 창자가 있는 부분은 홀쭉한 통 모양의 흉곽이 발달했다. 그와 동시에 뇌가 확대된 흔적도 분명하게 남아 있다.

물론 고기와 덩이줄기를 먹는다고 해서 육식 동물이 다 똑똑해지는 것은 아니다. 다만 초기 인류의 경우에는 그런 일이 일어났으며, 이미 똑똑했던 초기 인류는 더욱 똑똑하게 발달했다. 그 때까지만 해도 우리의 뇌 크기에는 한계가 있었다. 아이엘로는 그 이유를 다음과 같이 설명한다. "큰 뇌와 큰 소화관을 모두 가질 수는 없다. 둘 다에 에너지, 즉 음식물을 공급하려면 너무 바빠서 생식 활동을 하는 데 필요한 시간과 에너지가 대폭 줄어들 것이다. 멸종을 당하고 싶지 않다면, 이것은 좋은 선택이 아니다."[22]

이 가설은 사람의 식성이 왜 더 확대되었는지 설명하진 못하지만, 그러한 식성 변

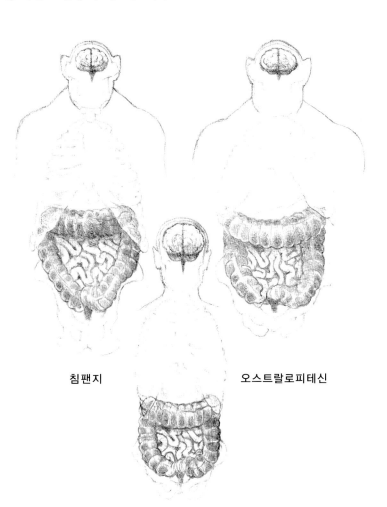

침팬지나 오스트랄로피테신과 비교할 때 현생 인류의 소화관은 길이가 절반 정도로 눈에 띄게 작다. 그 결과, 사람의 흉곽이 더 좁아졌다.

침팬지   오스트랄로피테신

현생 인류

사고를 촉진한 음식물

큰 뇌에는 비싼 가격표가 붙어 있다. 사용하는 에너지로 본다면, 큰 뇌는 아주 값비싼 편이다. 따라서, 고기뿐만 아니라 견과류나 덩이줄기처럼 칼로리가 많은 음식물로 식성을 바꾸지 않았더라면, 우리 조상의 뇌용량 증가는 일어나지 않았을 것이다. 이러한 음식물에는 뇌의 성장에 꼭 필요한 물질인 지방산도 풍부하게 들어 있다. 인류의 지적 성장을 위한 영양학적 방아쇠를 당긴 것은 바로 식단의 확대였다.

식성의 변화는 행동에도 큰 변화를 가져왔다. 호모 에렉투스의 조상인 오스트랄로피테신은 주로 채식을 했다. 그렇지만 이제 인류는 훨씬 다양한 먹이를 먹을 수 있게 되었는데, 그 중에서도 고기가 중요한 부분을 차지했다. 고기는 죽은 동물 시체를 뜯어먹거나 직접 사냥해 얻을 수 있었다. 처음에는 사냥보다는 죽은 동물 고기를 먹는 쪽이 압도적으로 많았을 것이다. 하늘에서 빙빙 도는 독수리를 보고 그곳으로 가 포식 동물이 먹다 남긴 큰 동물 시체를 훔치려고

시도했을 것이다. 표범이 먹다가 나무에 걸어 놓은 영양이나 사자가 먹다 남긴 누 같은 먹이를 훔칠 수 있었을 것이다. 위험한 포식 동물이 가까이 있는 곳에서 동물 시체를 훔쳐 먹는다는 것은 매우 위험한 일이었겠지만, 그에 따르는 보상은 아주 컸다. 누 같은 동물의 다리뼈를 깨뜨려 골수를 꺼내 먹으면, 한 번의 짧은 식사로 많은 칼로리를 섭취할 수 있었다.

많은 칼로리 섭취는 팽창하는 뇌에 필요한 에너지를 공급해 주었으며, 그 결과 지능이 발달하게 된 우리 조상은 복잡한 계획을 짜고, 위험한 사냥을 할 때 서로 협력하는 등 점점 스스로 고기를 구하는 능력이 발달하게 되었다. 그래도 인류는 한동안은 주로 작은 동물만 잡아먹었을 것이다. 실제로 아주 효율적인 사냥꾼으로 발달하기까지는 아주 오랜 시간(수십만 년 이상)이 걸렸다.

화가 성공을 거둔 결과는 설명할 수 있다. 아프리카는 갈수록 건조하고 황폐하게 변해
갔고, 인류(보이세이와 로부스투스 같은)는 특정 식물만 먹고 살아가거나 잡식성으로
변하거나 양자택일할 수밖에 없었다. 우리 조상은 후자 쪽을 선택했고, 그러자 이전에
채식으로 인해 크기가 제한돼 있던 뇌가 더 크게 성장하게 되었다. 잡식은 우연히도 여
분의 에너지를 제공하여 뇌가 성장할 수 있게 해 주었고, 뇌의 발달은 우리를 훨씬 효
율적인 잡식 동물로 진화하게 했다. 이렇게 해서 하나의 순환 고리가 생겨났다. 이 순
환 고리는 지능 발달을 더욱 부추겼고, 정말로 지적인 능력이 필요한 일뿐만 아니라 복
잡한 사회성까지 처리할 수 있는 마음을 만들어 냈다.

  따라서, 왜 에렉투스에게 그러한 식성 변화가 서서히 일어났으며, 이러한 변화가 우
리의 계통에 어떤 영향을 미쳤는지 알 수 있다. 그런데 우리의 뉴런과는 별 관계가 없
지만, 우리가 사회적 동물로 진화하는 데 큰 영향을 미친 결과들도 나타났다. 고기와 덩
이줄기에 점점 더 많이 의존하게 되자, 아이들은 스스로 먹이를 구하기가 힘들게 되었
고, 부모는 자식을 먹여 살리는 데 더 큰 역할을 떠맡게 되었다. "이것은 인류의 역사
에서 가장 중요한 사건 중 하나였을 것이다."라고 아이엘로는 말한다.[23] "어머니가 음
식을 아이와 함께 나누기 시작하면서 이전에는 상상할 수 없었던 새로운 지평이 열렸
다. 자식들이 힘이나 지식 또는 통합 조정 능력이 없어 직접 구할 수 없는 형태의 영양
분을 공급할 수 있게 된 것이다. 새로운 형태의 유연한 식습성이 도입되었다. 가족 전
체를 위해." 이러한 영양학적 이점은 추가로 중요한 결과를 낳았다. 영양분을 잘 섭취
하게 된 우리 조상은 수명이 늘어났다. 이 점은 오늘날에도 다양한 포유류 동물의 몸 크
기와 수명을 비교해 보면 알 수 있다. 이 척도에 따르면, 사람은 40세 정도에서 죽어야
한다. 우리가 이보다 더 오래 사는 것은 영양분이 많고 몸에 좋은 음식을 먹기 때문이
다. 사람의 수명이 늘어나기 시작한 것은 사회 구조에 큰 영향을 미쳤다. 우선 훌륭한
조언을 해 줄 수 있는 나이 든 사람들의 수가 늘어났다. 예컨대, 그들은 예전의 가뭄 때
겪었던 일을 기억하고서 새로운 대처 방법을 알려 줄 수 있었을 것이다.

  이점은 그뿐만이 아니었을 것이다. 유타 대학의 커스텐 호크스(Kirsten Hawkes)는
아주 흥미로운 개념을 주장했다. 나이 많은 여성의 출현이 특히 중요한 의미를 지녔을
지도 모른다고 그녀는 주장한다. 그것은 '할머니의 힘'이 커지는 결과를 낳았기 때문
이다.[24] 자식을 낳은 딸을 둔 중년 여성은 음식물을 구해 오는 것과 같은 어려운 일을
도울 수 있었을 것이다. 그 결과로 딸들과 손자들이 잘 살 수 있었을 것이다. 일이 줄어
든 젊은 어머니는 자식을 낳는 데 더 많은 에너지를 쏟을 수 있고, 인구가 늘어나면서
에렉투스는 새로운 땅으로 이주하려는 충동이 커졌을 것이다. "우리는 어머니가 둘인
사회를 발달시켰다. 두 어머니는 진짜 어머니와 할머니를 말한다."라고 호크스는 말한

다.[25] 실제로 할머니의 역할이 아주 중요해진 나머지 늘그막에 아기를 갖지 못하도록 폐경기가 진화하게 되었다. 할머니에게 자식보다는 손자가 훨씬 중요한 투자 대상이 되었다. 이것은 인간 생물학에서 큰 수수께끼처럼 보이는 한 가지 특징, 왜 우리는 생식이 가능한 시기를 넘어서까지 오래 사는지 설명해 준다.

이 모든 것은 우리의 행동에 일어난 흥미로운 변화들인데, 그러한 변화가 우리 조상에게 얼마나 큰 성공을 가져다 주었는지 알 수 있다. 약 100만 년 전에 호모 에렉투스는 대부분의 구세계 지역에 정착한 것으로 보인다. 자바에도 놀랍도록 오랫동안 피난처를 만들었으며, 아프리카와 아시아의 대부분 지역에 터를 잡고 살았다. 이렇게 해서 인류 진화에서 다음 단계의 중요한 이야기를 펼쳐 나갈 수 있는 무대가 마련되었다. 그것은 바로 호모 에렉투스의 운명이다. 이 책에서 다룬 많은 조상 인류 계통과는 달리 호모 에렉투스의 운명은 멸종으로 끝나지 않는다. 호모 에렉투스는 계속 진화했는데, 정확하게 어디서 무엇으로 진화해 갔는지는 아직 의문으로 남아 있다. 만약 최근에 이루어진 연대 측정이 정확하다면, 에렉투스가 극동 지역에 도착한 것은 상당히 이른 시기에 일어난 게 분명하지만, 그 운명은 선사 시대의 안개 속에 싸여 있다. 그러나 호모 에렉투스는 서쪽으로(유럽으로) 이동해 가면서 흥미로운 단서들을 남겼다. 이것은 과학자들의 흥분을 불러일으키는 발견이 되었는데, 다음 장에서는 이 부분을 집중적으로 살펴볼 것이다.

제 5 장

행운의 출발

우리 종에 대한 생각을 바꾸어 놓은 장소는 많지만, '라시마데로스우에소스'(La Sima de los Huesos: '뼈의 동굴'이란 뜻)는 매장된 보물의 양으로 보나 그 장소가 지닌 극적인 요소로 보나 타의 추종을 불허한다. 에스파냐 북부의 부르고스 근처에 있는 아타푸에르카 동굴 속 가장 깊고 으슥한 장소에서 15m 아래로 아찔하게 뚫려 있는 이 수직 갱도의 끈적끈적한 퇴적층에서 30만 년 전에 살았던 사람 32구의 유해가 발견되었다. 이빨 하나만 발견되어도 큰 뉴스가 되는 이 분야에서 이렇게 많은 화석(원시인의 완전한 두개골, 척추, 흉곽 등)이 발견된 것은 유례가 없는 사건이었으며, 우리의 진화에서 두 번째 중요한 국면(억센 호미니드에서 지능이 발달한 사람으로 전환되는)에 대해 소중한 정보를 제공해 주었다.

아프리카에서 출현할 당시만 해도, 호모 에렉투스는 지능이 발달할 가능성이 있는 존재에 불과했다. 그러나 그런 상태로 영원히 머물러 있을 수는 없었고, 언젠가 극적인 변화의 순간이 찾아오게 돼 있었다. 과학자들은 먼저 그러한 변화가 일어났다는 증거를 찾지 않으면 안 되었다. 라시마데로스우에소스의 보물이 발견되기 전까지만 해도 그러한 전환기에 해당하는 인류의 화석은 극소수에 불과했다. 사실, 이 동굴이 발굴되는

고생물학자 후안 루이스 아르수아가가 에스파냐 북부 아타푸에르카에 있는 뼈의 동굴 속으로 내려가고 있다.

동안 거기서 나오는 화석들은 그 시기에 대한 우리의 시선을 거의 고정시키게 했다. 라시마데로스우에소스(이하 줄여서 '라시마'로 표기한다.)에서 나온 화석은 10만 년 전에서 150만 년 전 사이의 시기에 해당하는 전체 인류 화석 중 3/4을 차지하기 때문이다. 손뼈 하나만 놓고 보더라도, 중국에서 발견된 파편이 하나, 프랑스 남부에서 발견된 것이 하나 있지만, 라시마에서는 300개 이상이 발견되었다.[1]

이 곳은 고생물학의 보물 창고라 할 수 있지만, 그 곳에 접근하는 것은 결코 쉽지 않다. 라시마의 꼭대기까지 가는 데만도 구불구불한 석회암 동굴 속을 약 1km나 손으로 더듬으며 가야 한다. 한 지점에서는 박쥐의 구아노(똥이 퇴적되어 굳은 것)를 윤활재로 사용해 몸이 꽉 끼는 비좁은 터널을 빠져 나가야 한다. 어둠과 오물 속에서 30분쯤 기어가다 보면, 마침내 아래로 뻥 뚫려 있는 4층 건물 높이의 수직 갱도에 도착한다. 가느다란 철제 사닥다리가 허공 속으로 늘어져 있다. 다행히도 안전 장치가 하나 마련돼 있는데, 라시마의 점토 바닥에 닿기 직전 방문객에게 바닥에 다다랐다는 걸 알려 주기 위해 사닥다리가 나선을 그리며 구부러져 있다.

여기서 다시 진흙 위로 9m쯤 더 미끄러져 내려가면, 서서 들어갈 수 있는 붙박이장만 한 크기의 방에 도착하게 된다. 이 곳에서 과학자들은 낮은 비계 위에 서서 붉은 퇴적층 밖으로 삐죽 나와 있는 뼈에서 흙 먼지를 떨어 내고, 각 화석의 정확한 위치를 지도에 표시하다가 서서히 이 동굴에 관한 비밀들을 알게 되었다. 라시마 안에서 오랫동안 고통을 참고 일해야 한다는 것은 비밀 축에 끼이지도 못한다. 몇 시간만 작업하다 보면, 방 안의 산소가 바닥나고 만다. 성냥불을 켜려고 해도 산소가 부족해 불이 붙지 않는다. 그 때에는 재빨리 탈출하는 게 최선인데, 철제 사닥다리를 기어 올라가 미로 같은 석회암 동굴을 빠져 나오는 게 여간 어려운 일이 아니다.[2] 따라서, 아타푸에르카에서 일을 하려면 특별한 능력을 가진 사람이 필요하다.

그런데 이 곳은 아주 특별한 장소가 분명하다. 유럽 땅을 밟은 최초의 인류는 이 곳 근처에 정착한 것으로 보이며, 그들이 여기에 머문 흔적들이 남아 있다. 예를 들면, 아타푸에르카 동굴에서 수백 미터 떨어진 그란돌리나에는 지금은 사용되지 않는 철도가 지나가고 있다. 이 철도는 19세기 후반에 부근의 언덕들을 잘라 내며 건설되었는데, 그 때 동굴이 여러 개 발견되었다. 그 후, 고고학자들은 그 동굴들을 탐사하다가 마침내 1994년 약 80만 년 전(라시마에서 발견된 화석보다 50만 년이나 더 오래 된)의 사람 뼈와 석기를 발견했다. 이 흥미로운 유골과 유물을 남긴 사람들은 아마도 오크나무 숲과 시내와 사냥감 때문에 아타푸에르카 지역으로 왔을 것이다. 그들은 조야한 석기를 사용해 말과 들소, 사슴, 그리고 서로를 사냥했다. 라시마의 발굴을 이끈 마드리드 콤플루텐세 대학의 후안 루이스 아르수아가(Juan Luis Arsuaga) 교수는 "이들 초기 인류의

뼈 여기저기에 파인 흔적이 남아 있는 것으로 보아 시체에서 살을 발라 냈다는 사실을 알 수 있다. 살을 발라 낸 이유는 그것을 먹기 위한 것말고는 달리 생각할 수 없다."고 말한다.[3] 그러나 이들이 들소나 사슴 고기 대용으로 고기를 섭취하기 위해 식인 행위를 했는지, 아니면 의식의 일부(예컨대 조상의 살을 먹음으로써 경의를 표시하는 방법으로)로 그러한 행위를 했는지는 불분명하다.

아타푸에르카 지역은 약 20년 전에 그 비밀을 드러내기 시작했다. 새로 발견된 것들이 아주 중요하다는 건 틀림없지만, 많은 의문이 남아 있었다. 초기의 정착자들의 생김새는 아프리카 인을 닮았을까, 아니면 유럽 대륙의 차가운 기후에 적응하여 유럽 인의 특징(예컨대 큰 코와 땅딸막한 체형)이 발달하기 시작했을까? 그리고 뇌의 크기는 어느 정도였을까? 현생 인류의 뇌에 가까워졌을까? 또, 그들의 지능은 어느 정도였을까? 이러한 물음들에 대한 답은 꼭 알아 내야 하는데, 그 답이 없이는 인류가 현재의 상태로 절뚝거리며 걸어온 최종 경로를 알 수가 없기 때문이다. 다행히도 유럽 대륙 각지에서 이루어진 일련의 발굴을 통해, 인류의 선사 시대 중 아주 흥미로운 때인 이 시기에 빛이 비치기 시작했다. 그 장소들은 일종의 고생물학 순례처럼 영국, 프랑스, 독일, 그리스를 거쳐 다시 아타푸에르카로 돌아간다.

그러면 아타푸에르카의 그란돌리나부터 순례를 시작해 마지막에 다시 이 지역에 있는 라시마로 돌아오기로 하자. 그란돌리나에는 약 100만 년 전에 아프리카에서 온 게 분명한 사람들이 살고 있었다. 이 연대를 알아 내는 데 중요한 단서를 제공한 것은 1994년에 발견된 사람의 작은어금니였다. 그것은 나리오코토메 소년의 이빨과 아주 비슷한 원시적인

122쪽: 에스파냐 북부의 부르고스 근처에 있는 그란돌리나. 이 곳에서 과학자들은 유럽에 정착한 초기 인류 유해의 일부를 발견했다. 발견된 뼈 중 하나(아래)의 표면에는 여기저기 파인 자국이 나 있는데, 이것은 우리 조상들이 뼈에서 살점을 발라 낸 흔적으로 보인다.

아프리카인의 이빨 모양을 하고 있었다. 이 이빨은 아르수아가의 동료인 마드리드의 고생물학자 에우다드 카르보네이(Eudad Carbonelli)와 호세 마리아 베르무데스 데 카스트로(Jose Maria Bermudez de Castro)가 이끄는 탐사팀이 발견했다. 그 이빨은 연대가 78만 년 전으로 측정된 퇴적층 아래에 놓여 있었다.[4] 이 발견은 고생물학자들을 열광시켰고, 곧이어 다른 화석 파편들도 발굴되었는데, 그 중에 이중 아치 모양의 안와상 융기가 붙어 있는 아이의 두개골 일부도 있었다. 이 역시 나리오코토메 소년의 것과 흡사했다. 이 발견은 유럽에 인류가 나타난 시기를 수십만 년이나 끌어올렸기 때문에 아주 중요한 의미를 지닌 것이었다. 게다가, 그란돌리나의 화석은 에렉투스 같은 인류가 고향인 아프리카를 떠나 배회하다가 유럽에 정착했다는 가설을 강하게 지지하는 증거였다(아르수아가는 이 에렉투스 정착민에게 호모 안테세소르 *Homo antecessor* 라는 별도의 이름을 붙여 주었다).

그러나 우리의 진화 이야기에서 다음 부분이 어떻게 펼쳐졌는지는 불확실하다. 그란돌리나는 유럽에서 우리가 그 후에 어떻게 발달해 갔는지 아무런 단서도 제공하지 않았기 때문이다. 그래서 다른 곳을 살펴보아야 하는데, 영국 웨스트서식스 주의 푸르른 나무가 우거진 길이 있는 조용한 마을로 가 보자. 이 곳에서도 과학자들은 많은 노력 끝에 먼 옛날에 살았던 인류의 삶을 보여 주는 물건들을 발굴했다. 이 곳 복스그로브는 아타푸에르카하고는 아주 다르다. 동굴도 없고, 인류의 화석도 거의 없으며, 그저 탁 트인 채석장과 방대한 양의 석기 무기와 도구만이 남아 있을 뿐이다. 약 50만 년 전에 복스그로브의 석회암 절벽에는 바닷물이 철썩이고 있었다. 코뿔소, 말, 큰 사슴과 그 밖의 동물들이 해변을 거닐고 있었고, 인간 사냥꾼들이 그들을 노렸다. 고고학자 마크 로버츠(Mark Roberts)는 1996년에 발굴이 끝날 때까지 10년 이상 복스그로브에 머물면서 원시 인류가 남긴 무기(주먹도끼, 부싯돌 칼, 창끝)를 조심스럽게 수집했다.

이 도구들이 사용된 방식은 인류의 활동에 중대한 변화가 일어났음을 시사하는데, 그것은 진짜 지능이 발달한 흔적을 보여 준다고 로버츠는 말한다.[5] 우선 로버츠(그리고 복스그로브에서 열한 차례의 발굴 기간에 적극적으로 자원 봉사를 한 많은 사람들)가 발견한 동물 화석들을 분석한 결과, 작은 포유류와 새의 뼈에는 석기 무기를 댄 흔적이 전혀 없었다. 이와는 대조적으로, 큰 동물들(코뿔소, 말, 하마 등)의 뼈에는 사람이 무기로 자른 흔적이 남아 있었다. 특히 이러한 자국들은 다른 육식 동물이 뼈를 씹은 흔적보다 더 아래쪽에 나 있다는 것이 중요하다. 여기서 과학자들은 분명한 결론을 두 가지 내렸다. 첫째, 사람들은 오직 큰 동물만을 사냥했다. 둘째, 그들은 다른 육식 동물보

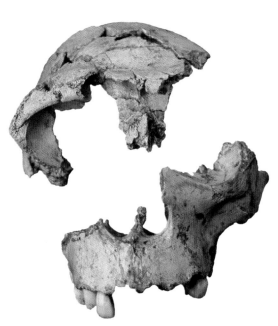

그란돌리나에서 발굴된 초기 유럽 인의 두개골. 연대는 약 80만 년 전으로 측정되었다.

약 50만 년 전에 호모 하이델베르겐시스가 이 곳을 처음 지배한 이래 수십만 년 동안 복스그로브에 쌓인 퇴적층.

다 먼저 동물에 손을 댔다. 이것은 그들이 썩은 고기를 먹은 것이 아니라, 직접 사슴과 말을 사냥해 잡아먹었음을 시사한다. 아프리카에서 다른 육식 동물이 잡은 동물 시체를 훔쳐 먹던 종이 100만 년 뒤에는 복스그로브의 해변과 절벽의 지배자로 진화한 것이다.

실제로, 코뿔소 뼈에 남아 있는 자국은 전혀 서두르지 않고(어깨너머로 주위를 살핀다든지 다른 포식 동물의 접근을 경계한다든지 하는 불안감이 전혀 없이) 정교하게 살을 발라 낸 일련의 동작을 보여 준다. "그들은 코뿔소가 늙어 죽을 때까지 기다리거나 사자나 하이에나, 늑대 같은 다른 포식 동물에게서 시체를 훔치지도 않았다."고 로버츠는 말한다. "그들은 먹이를 신중하게 골랐다. 우리는 한 장소에서 도살된 코뿔소 네 마리를 발견했다. 한 마리당 무게가 약 675 kg씩이나 나갔기 때문에, 필시 다른 포식 동물들도 군침을 흘렸을 것이다. 그러나 모든 시체는 말끔하게 잘려 있었다. 척추에서는

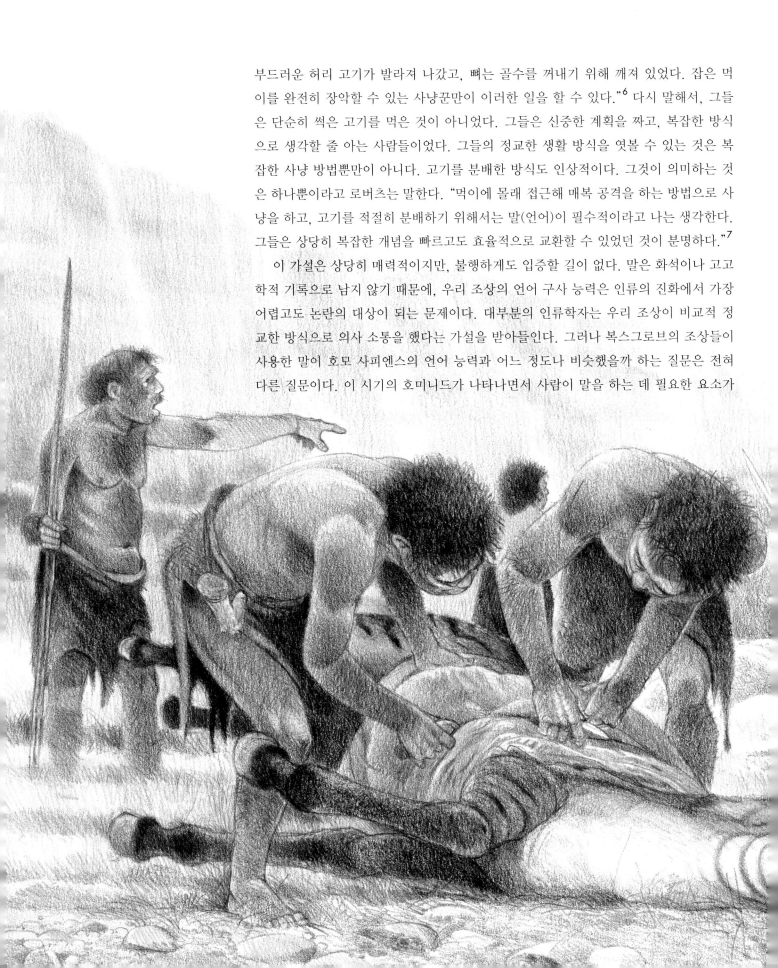

부드러운 허리 고기가 발라져 나갔고, 뼈는 골수를 꺼내기 위해 깨져 있었다. 잡은 먹이를 완전히 장악할 수 있는 사냥꾼만이 이러한 일을 할 수 있다."[6] 다시 말해서, 그들은 단순히 썩은 고기를 먹은 것이 아니었다. 그들은 신중한 계획을 짜고, 복잡한 방식으로 생각할 줄 아는 사람들이었다. 그들의 정교한 생활 방식을 엿볼 수 있는 것은 복잡한 사냥 방법뿐만이 아니다. 고기를 분배한 방식도 인상적이다. 그것이 의미하는 것은 하나뿐이라고 로버츠는 말한다. "먹이에 몰래 접근해 매복 공격을 하는 방법으로 사냥을 하고, 고기를 적절히 분배하기 위해서는 말(언어)이 필수적이라고 나는 생각한다. 그들은 상당히 복잡한 개념을 빠르고도 효율적으로 교환할 수 있었던 것이 분명하다."[7]

이 가설은 상당히 매력적이지만, 불행하게도 입증할 길이 없다. 말은 화석이나 고고학적 기록으로 남지 않기 때문에, 우리 조상의 언어 구사 능력은 인류의 진화에서 가장 어렵고도 논란의 대상이 되는 문제이다. 대부분의 인류학자는 우리 조상이 비교적 정교한 방식으로 의사 소통을 했다는 가설을 받아들인다. 그러나 복스그로브의 조상들이 사용한 말이 호모 사피엔스의 언어 능력과 어느 정도나 비슷했을까 하는 질문은 전혀 다른 질문이다. 이 시기의 호미니드가 나타나면서 사람이 말을 하는 데 필요한 요소가 생겨났다고 믿는 고생물학자 이언 태터설은 이 문제를 다음과 같이 간단하게 요약한다. "우리는 처음으로 말을 만들어 내는 데 필요한 모든 장치를 갖추었음을 시사하는 기본적인 두개골 구조를 만나게 된다." 고고학 기록에서 이 개념을 뒷받침해 주는 증거는 전혀 발견할 수 없지만, 태터설은 "이 종에 속하는 개개인이 어떤 방식으로 의사 소통을 했든 간에, 그들은 상당히 정교한 방식으로 의사 소통을 했다."고 믿는다.[8]

여기서 좀더 시급한 문제를 잠깐 살펴보고 넘어가기로 하자. 이들 사냥꾼은 정확하게 누구인가? 최근에 과학자들은 이들에게 1907년 독일 하이델베르크 근처의 마우어 모래 채취장에서 턱끝이 없는 큰 아래턱(약 50만 년 전의 것으로 추정됨)이 발견된 데 착안해 호모 하이델베르겐시스(*Homo heidelbergensis*: 흔히 하이델베르크 인이라 부르는)라는 별개의 이름을 붙여 주었다(하이델베르겐시스는 지금도 가끔 옛 명칭인 '원시적인 사피엔스 archaic sapiens'로 일컬어지곤 한다). 그 후, 하이델베르겐시스 화석은 아프리카(예컨대 에티오피아의 보도와 잠비아의 카브웨)와 유럽 여러 곳에서 발견되었다. 하이델베르겐시스는 호모 에렉투스의 직계 후손으로 생각되지만, 에렉투스와는 종류가 분명히 달랐다. 그것은 복스그로브에서 나온 인공 유물인 심하

호모 하이델베르겐시스는 복스그로브 지역을 지배했고(사자를 비롯해 경쟁 관계인 그 밖의 육식 동물들이 존재했지만), 영리하고도 신중하게 먹이를 추적해 매복 공격을 했다. 먹이를 사냥한 하이델베르크 인 사냥꾼은 그 지역을 완전히 장악한 포식 동물처럼 전혀 불안한 기색 없이 먹이를 잘라 분배하였다. 아래 그림은 복스그로브에 살던 하이델베르크 인의 생활 방식을 보여 준다.

게 닳은 망치에서 가장 두드러지게 나타나는데, 이 망치는 50만 년 전에 멸종한 거대한 사슴 메갈로케로스 도킨시(*Megaloceros dawkinsi*)의 가지뿔을 정교하게 깎아서 만든 것이었다. 로버츠는 뿔망치는 주먹도끼를 수십 개 정도 쪼아 내고 다듬는 데 사용된 다음 버려졌을 것이라고 추측한다. 현미경으로 살펴보면 뿔망치에는 작은 부싯돌 조각이 아직까지 붙어 있는데, 이것은 뿔망치가 복스그로브에 널려 있던 큰 부싯돌을 두들겨 부숴 석기를 만드는 데 사용되었음을 말해 준다.[9] 그 망치는 한 사람이 아주 귀하게 여기며 가지고 다니면서 소유했을 가능성이 높은데, 그렇다면 이것은 알려진 것 중 가장 오래 된 인류의 사유 재산인 셈이다.

사우샘프턴 대학의 고고학자 클라이브 갬블(Clive Gamble)은 이 뿔망치를 각별하게 여긴다. "이 도구는 언제든지 사용할 준비가 되어 있는 사람이 가지고 다녔다. 그 사람은 만반의 준비가 되어 있던 선사 시대의 보이 스카우트였다. 당시는 매우 추웠기 때문에 이들은 틀림없이 옷을 입었을 것이다. 만약 옷을 입었다면, 필시 옷에 일종의 호주머니도 달렸을 것이다. 망치를 가지고 다닌 사람은 망치를 호주머니에 넣어 다니다가 필요할 때 언제든지 꺼내 썼을 것이다. 이러한 행동은 사고 능력이 상당히 발전해야만 가능하다."[10] 에렉투스도 어떤 행동을 위해 물질을 운반했을 가능성이 높지만, 그들의 후손인 하이델베르크인은 언제든지 새로운 도구를 만들고, 기회가 될 때마다 죽일 준비가 되어 있었던 것으로 보인다. 그들은 돌발적인 사건에 대비한 도구를 갖추고 있었던 것이다.

이러한 사냥 능력을 보여 주는 추가적인 증거가 하이델베르크 근처의 쇠닝겐에서 발견되었다. 아주 넓은 노천굴에서 과학자들은 잘 다듬어진 창을 5개 발견했는데, 그 연대는 40만 년 전의 것으로 측정되었다. 역사유물보존연구소에서 일하는 하르트무트 티에메

복스그로브에서 발견된 정교한 도구 중 하나인 이 망치(위)는 지금은 멸종한 거대한 사슴 메갈로케로스 도킨시(위)의 뿔로 만든 것으로 보인다.

위 사진은 런던의 자연사박물관에서 복원한 그 사슴의 모습이다. 뿔망치는 석기를 만드는 데 사용된 것으로 보인다.

(Hartmut Thieme)는 그 당시 쇠닝겐에는 호수가 있었을 것이라고 말한다. 사냥꾼들은 창을 들고 매복해 있다가 물을 마시러 호숫가로 온 동물을 사냥했을 것이다. "40만 년 전의 그 장면을 한번 상상해 보라. 아름다운 호숫가에서 말 떼가 물을 마시고 있다. 근처 덤불에는 사람들이 숨어 있다. 그러다가 때가 되었다 싶으면 사람들이 뛰어나오면서 창을 던진다. 말은 물 속으로는 달아날 수 없기 때문에, 사냥하기가 비교적 쉬웠을 것이다."[11]라고 티에메는 말한다. 이러한 무기를 만드는 데에는 상당히 정교한 목공 기술이 필요했을 것이라고 티에메는 추측한다. 창자루 끝은 돌로 만든 창끝이 딱 들어맞도록 정교하게 갈라져 있다. 게다가, 창을 만든 사람들은 단단하고 튼튼한 목재를 얻을 수 있는 성장이 느린 나무를 재료로 선택할 줄도 알았다. 만약 티에메의 해석이 옳다면, 이들은 예상 밖으로 정교한 도구를 만들고 있었다.

복스그로브와 쇠닝겐에서 중요한 발견이 이루어진 1990년대 이전까지만 해도 이 시기에 살았던 인류가 먹이에 몰래 접근하거나 사냥 방법을 계획할 수 있었는지 알 수 있는 증거가 하나도 없었다. 티에메와 로버츠의 연구는 그러한 불확실한 가능성을 확실한 사실로 바꾸어 놓았다. 로버츠는 버려진 채석장 가장자리에 있는 낡은 창고에서 나무와 짚으로 만든 침대 위에서 잠을 자며, 전기도 수돗물도 없이 11년 동안 생활하면서 힘든 작업을 한 끝에 마침내 그 보상을 받았다.

그러나 티에메와 로버츠의 획기적인 발견에도 불구하고, 하이델베르크 인에 관해서는 아직도 수수께끼가 많이 남아 있다. 그들은 복스그로브와 쇠닝겐을 지배했고, 세계 최고의 주먹도끼 제작자였다고 갬블은 말한다. 그러나 그들의 주거 장소나 영구적인 화덕의 흔적은 전혀 발견되지 않았다. 로버츠는 "우리는 복스그로브의 한 작은 장소에서 숯 부스러기가 포함된 층과 불 속에서 탄 듯한 부싯돌(분홍색과 자주색으로 얼룩덜룩한) 한 조각을 발견했다. 그러나 그것이 화덕 자리였는지 아니면 자연적으로 일어난 불이었는지는 알 수 없다. 솔직하게 말해서, 비록 나는 그랬을 거라고 믿긴 하지만, 하이델베르크 인이 규칙적이고 체계적으로 불을 사용했는지에 대해서는 전문가들의 최종 결론이 나오지 않았다. 우리가 발굴한 장소에서는 그러한 증거를 발견하지 못했지만, 우리가 발굴한 부분은 하이델베르크 인이 사냥하고 도살한 전체 지역 중 일부인 절벽 아랫부분에 지나지 않는다. 그들은 살을 발라 낸 뒤 아마도 그것을 가지고 절벽 위로 올라갔을 것이다. 다시 말해서, 우리가 발굴한 장소는 동

독일 쇠닝겐에서 40만 년 전 인류가 성장이 느린 나무(무기를 만들기에 적합한 튼튼하고 단단한 재료를 제공한)의 가지로 정교한 창을 만들었다는 증거를 발견한 고고학자 하르트무트 티에메.

복스그로브에서 나온 경골(정강이뼈). 50만 년 전에 살았던 건장한 사람의 것이다. 현생 인류의 경골에 비해 뼈 조직이 두 배나 많으며, 뒤쪽에 크게 돌출한 부분이 발달한 걸로 보아 근육도 아주 튼튼했을 것이다.

물을 죽인 장소지, 부엌이 아니었다."고 말한다.[12]

이들이 유랑 생활을 했는지 아니면 집을 짓기 시작했는지에 대한 답을 얻으려면 다른 장소를 살펴보아야 한다. 그 중에서도 특히 독일의 빌칭슬레벤을 살펴보아야 한다. 예나 대학의 디트리히 마니아(Dietrich Mania)는 이 곳에서 뼈와 돌이 쌓여 있는 둔덕을 세 군데 발견했는데, 그 중 한 곳 중앙에서는 코끼리의 기다란 엄니가 나왔다. 마니아는 이 곳을 주거 장소라고 해석하는데, 엄니가 중앙 기둥의 역할을 했다고 본다. 출토된 뼈와 돌은 32만~41만 2000년 전의 것으로 연대가 측정되었다.[13]

이것만으로도 충분히 놀랄 만한 사실이지만, 마니아는 거기서 그치지 않았다. 마니아는 빌칭슬레벤에서 발굴한 더 넓은 둔덕에는 그 당시 사람들이 추상적인 사고 능력이 있었음을 보여 주는 단서가 남아 있다고 주장한다. 그는 증거로 코끼리의 경골(정강이뼈) 조각을 드는데, 거기에는 규칙적인 선들이 십자 모양으로 새겨져 있었다. 마니아는 이것을 그림 기호라고 보며, 추상적인 사고를 보여 주는 증거라고 생각한다. 그러한 지적 능력의 증거는 초기 인류에게서는 처음 나타난 것이다. 그러나 마니아의 해석은 논란의 여지가 있으며, 많은 인류학자는 기호를 이용한 사고는 훨씬 나중에 가서야 나타난다고 생각한다.[14] 갬블은 "빌칭슬레벤이 아주 흥미로운 장소인 것은 사실이지만, 오두막집의 존재나 기호 논리학의 증거는 증명되지 않았다는 게 다수의 견해이다."라고 말한다.[15]

또 하나의 수수께끼는 하이델베르크 인의 생김새이다. 과학자들은 하이델베르크 인이 약 50만 년 전에 호모 에렉투스로부터 진화했다고 생각하지만, 하이델베르크 인은 아프리카에서 살던 키 큰 에렉투스의 생김새를 그대로 지니고 있었을까, 아니면 더 추운 유럽의 기후에 적응하여 땅딸막하게 변했을까? 안타깝게도 화석이 충분히 남아 있지 않아 하이델베르크 인의 해부학적 구조를 확실히 알 수가 없다. 예를 들면, 복스그로브에서 발견된 화석은 어금니 두 개와 정강이뼈 한 조각이 전부이다. 나리오코토메 소년처럼 완전한 골격이 하나만 남아 있다면 얼마나 좋을까 하고 고생물학자들은 말한다. 그러나 그렇다고 해서 남아 있는 단편적인 증거에 바탕해 그럴듯한 추측을 하는 것까지 포기한 것은 아니다. 우선, 복스그로브에서 나온 경골은 크기가 아주 크다. 현생 인류의 경골에 비해 뼈 조직의 양이 두 배가 넘는다. 또, 뒤쪽에는 크게 돌출한 부분이 있는데, 여기에 붙어 있던 근육도 아주 크고 튼튼했을 것이다. 이 뼈의 주인은 키가 약 180 cm는 되었을 것이고, 체격이 아주 건장했을 것이다. 다시 말해서, 하이델베르겐시스는 키가 에렉투스보다 더 크지 않았을지는 모르지만 비슷했으며, 추위에 적응한 훗날의 유럽 호미니드에게서 볼 수 있는 땅딸막한 체형이 발달한 흔적은 전혀 찾아볼 수 없다. 이 종은 아프리카에서 나중에 탈출한 것으로 보이며, 유럽에서 오랫동안 진화한 종이 아닌 것으로 보인다. 그러나 모두가 이 시나리오에 동의하는 것은 아니다.

그렇지만 대부분의 연구자는 한 가지 사실에는 동의한다. 그것은 하이델베르겐시스가 그 조상보다 지적으로 더 우수했다는 사실이다. 독일 슈타인하임, 그리스 페트라놀라, 프랑스 아라귀에서 발견된 두개골 조각으로부터 그들의 뇌두개 용량은 약 1100 cc로 추정된다. 태터설은 "현대인의 평균과는 한참 차이가 난다."고 말했다.[16] 에렉투스의 평균 뇌용량인 800~900 cc보다 상당히 커진 것은 틀림없다. 미국 뉴멕시코 대학의 인류학자 에릭 트링코스는 "복스그로브 인을 오늘날의 세계로 데려온다면 금방 눈에 띄긴 하겠지만 그래도 우리는 그를 사람으로 인정할 것이다."라고 말한다.[17]

지능이 높아지면서 하이델베르겐시스는 격심한 기후 변동 시대에서 살아남는 데 꼭 필요한 행동의 유연성을 얻을 수 있었을 것이다. 약 60만 년 전에 지구는 혹한기와 혹서기가 반복되는 시기를 거쳤는데, 그 중에는 여섯 차례의 큰 빙하기도 있었다고 리처드 포츠는 말한다. 따라서, 고위도 지방은 때때로 빙하로 덮였을 것이고, 복스그로브와 쇠닝겐은 사람이 살기에 무척 힘든 장소로 변했을 것이다. 그렇지만 이러한 곳들도 살기에 쾌적한 환경으로 변할 때도 있었다. 아열대 기후와 냉대 기후 사이를 오가는 이러한 기후 변동은 하이델베르겐시스의 생존 능력을 극한까지 시험했을 것이다. 그 결과는 "가장 발달된 사회적 및 정신적 문제 해결 능력의 발현"으로 나타났다고 포츠는 말한다.[18]

따라서, 인간의 세 가지 주요 속성(두발 보행, 도구 제작, 큰 뇌) 중 맨 마지막 것이 정말로 두드러지게 나타난 시기는 이 무렵이었다. "우리는 두 발로 걷는 순간 재주가 많은 민꼬리원숭이가 되었고, 새로운 먹이를 얻을 수 있는 도구를 만든 순간 적응력이 더 뛰어난 호미니드가 되었다."고 포츠는 말한다. "그러나 호모 하이델베르겐시스에서 보는 것처럼 우리의 뇌가 본격적으로 커지기 시작했을 때, 우리 조상은 운명의 변화에 더 유연하게 대처하고, 아주 복잡한 문제를 해결하고, 정교한 사회적 유대를 형성하여 점점 커져 가는 역경에 맞서 자신들이 가진 자원을 공동으로 이용할 수 있었다. 주기적으로 일어나는 기후 변동의 폭은 점점 더 커져 갔고, 우리 조상도 그에 따라 더 유연한 행동 방식을 보이게 되었다."[19] 다시 말해서, 뇌와 지능이 하이델베르겐시스가 생존하는 데 필수적인 역할을 했다. 같은 집단에 속한 동료들의 뜻을 이해하는 게 중요해지면서 사회적 상호 작용 역시 큰 역할을 했을 것이다. 상당히 정교한 수준의 의사 소통이 일어났던 게 거의 확실하다. 레슬리 아이엘로는 "말을 통한 의사 소통이 증가함에 따라 물론 언어가 지닌 부작용도 나타나게 된다. 즉, 상대를 속이는 능력도 발달하게 된다. 그에 따라 그러한 속임수를 알아채는 방법도 발달하게 되고, 그러면서 인간 행동의 복

뛰어난 석기 제작자

인류는 아주 일찍부터 도구를 사용한 게 확실하다. 다만, 처음에는 적당한 모양의 돌이나 나뭇가지를 주워 그대로 사용했을 가능성이 높다. 정말로 궁금한 의문은 초기의 인류가 자기 필요에 맞게 도구를 만들기 시작한 때가 언제인가 하는 것이다. 다시 말해서, 자신의 목적에 맞게 자연을 변화시키기 시작한 때가 언제인가 하는 것이다.

이것은 아주 어려운 질문이다. 우리 조상이 비록 아주 원시적인 것이라 하더라도 자연에서 발견되는 물질을 가지고 연장을 만들었을 가능성은 언제든지 있기 때문이다. 탄자니아 곰베에서 유명한 영장류학자 제인 구달(Jane Goodall)

은 침팬지가 나뭇가지와 잔가지를 구부리고 비트는 등 적당한 모양을 만들어 다양한 용도의 도구로 사용한다는 것을 보여 주었다. 예를 들면, 침팬지가 아주 좋아하는 먹이인 흰개미를 퍼올려 입으로 가져가는 데 나뭇가지를 사용하곤 한다. 따라서, 사람과 민꼬리원숭이의 공통 조상 역시 이와 비슷한 방식으로 도구를 사용했을 것이다. 그러나 그러한 도구는 쉽게 분해되는 물질로 만들어지기 때문에, 오늘날까지 남아 있는 게 없다.

확실한 것은 약 260만 년 전에 초기 인류가 돌과 용암처럼 내구성이 강한 물질로 도구를 만들었다는 사실이다. 에

티오피아의 하다르나 케냐의 투르카나 호수 근처에서는 모서리가 날카로운 도구를 만들기 위해 깨뜨린 석영 조약돌이 발견되었다. 큰 돌 조각으로 긁개, 찍개 등을 만들었는데, 이러한 도구는 뼈를 부숴 골수를 꺼내는 데 사용되었을 것이다. 한편, 돌을 깨뜨릴 때 떨어져 나간 모서리가 날카로운 조각은 가죽이나 고기를 자르는 데 사용되었을 것이다. 이러한 기초적인 기술은 수만 년에 걸쳐 아주 천천히 발달하였다. 예를 들면, 돌망치와 모루는 견과류를 깨는 데 도움이 되었을 테고, 동물 뼈는 덩이줄기와 뿌리를 파내는 데 사용되었을 것이다. 인류의 도구 제작 능력은 뼈와 돌을

재료로 하여 특별한 목적에 맞게 다양한 도구를 만들 수 있는 단계가 되었을 때 정점에 이르렀다. 뉴기니 같은 일부 지역에 사는 부족민은 지금도 단순한 몸돌(석핵)로 그러한 도구들을 만들어 사용하고 있다. 어떻게 보면 석기 제작 기술은 가장 오래 된 인류의 기술이라고 할 수 있다.

왼쪽: 석기를 만드는 호모 에렉투스의 모습을 재현한 것. 적당한 크기의 조약돌을 골라 다양한 목적에 사용할 수 있는 도구로 만들었다.

가운데: 침팬지가 흰개미집에서 나뭇가지로 흰개미를 끌어 내고 있다. 침팬지는 나뭇가지를 이 목적에 알맞게 변형시켰다.

오른쪽 위: 격지를 떼어 낸 몸돌. 몸돌에서 떼낸 격지로 석기를 만들기도 하고, 몸돌로 석기를 만들기도 했다. 이를 각각 뗀석기와 몸돌 석기라 부른다.

잡성은 눈덩이처럼 커져 갔을 것이다."라고 말한다.[20]

또, 하이델베르크 인은 로버츠와 그의 동료인 마이클 피츠(Michael Pitts)가 《화창한 날씨의 에덴(Fairweather Eden)》에서 "유럽에서 하이델베르크 인과 그 후손들은 사냥을 하는 데 전력을 기울였다. 석기 제작 능력과 순전히 육체적인 힘을 결합함으로써 그들은 가장 힘센 동물과 가장 혹독한 기후도 물리칠 수 있었다."라고 주장한 것처럼 건장한 체격 조건에 의존해 살아갔을지도 모른다. 이러한 적응의 결과에 대해서는 나중에 다시 검토할 것이다. 여기서는 하이델베르겐시스가 호모 에렉투스와, 그리고 특히 3장에서 고생물학자 앨런 워커가 그 윤곽을 밝힌 후기 호미니드와 지적으로, 사회적으로, 정신적으로 어떤 차이가 있었는가 하는 물음을 집중적으로 파헤쳐 보기로 하자. 기억날지 모르겠지만, 워커는 에렉투스에게는 인간 의식의 불꽃이 결여돼 있었다고 믿는다. 그러나 많은 고생물학자는 그의 생각에 동의하지 않는다. 그들은 에렉투스를 무시해야 할 하등의 이유가 없다고 생각한다. 다만, 현재까지 발견된 증거만으로는 딱 부러지게 결론을 내릴 수가 없다. 그런데 호모 하이델베르겐시스에 대해서는 충분한 증거가 있는가? 그 시선에서 멍한 응시 외에 다른 것을 볼 수 있는가? 로버츠는 그렇다고 생각한다. "그것은 자정 무렵에 술 취한 글래스고 시민의 눈을 들여다보는 것과 비슷할 것이다. 거기에는 뭔가 일어나고 있는 게 틀림없지만, 그것이 무엇인지는 딱 꼬집어 말하기 어렵다."[21] 이것은 약간 삐딱하지만 상당히 인상적인 말로 들린다. 그러나 그것은 그 종족의 생존을 보장할 만큼 충분한 것이었을까?

이 질문에 대한 답은 아주 흥미롭다. 우리 종인 호모 사피엔스의 모습을 이해하는 것과 밀접한 관계가 있기 때문이다. 그 답을 찾는 여정은 우리를 이 장의 첫머리에서 등장한 아타푸에르카로 다시 데려간다. 이미 이야기한 것처럼 약 80만 년 전 이 지역에 에렉투스와 비슷한 인류가 정착했다는 증거는 충분히 많다. 그리고 복스그로브와 쇠닝겐에서는 그 후손인, 40만~50만 년 전에 살았던 하이델베르겐시스의 화석이 발견되었다. 그러나 그 다음에는 어떻게 되었을까? 고생물학자들은 그저 추측만 해 볼 수 있을 뿐이었다. 그러다가 우연한 발견이 계기가 되어 그들은 아타푸에르카의 지하 미로와 뼈의 동굴 속으로 들어가게 되었다.

그 곳은 한때 동굴곰이 겨울잠을 자던 장소였고, 그 이빨과 뼈들이 동굴 바닥 곳곳에 흩어져 있었다. 19세기에 현지 남자들은 곰이 남긴 이빨이나 뼈로 애인에게 목걸이를 만들어 주기 위해 이 굴 속으로 기어 들어가는 용기를 발휘하곤 했다. 그 다음에는 동굴 탐사자들이 동굴 속의 지도를 체계적으로 작성하기 시작했고, 그러다가 뼈의 동굴을 발견했다. 그들은 동굴 밑바닥에서 동굴곰의 뼈가 쌓여 있는 장소를 발견했는데, 거기서 이 멸종한 동물을 연구하고 있던 마드리드의 한 연구자가 사람의 이빨과 두개

134쪽: 뼈의 동굴 내부에서 30만 년 전의 화석을 발굴하고 있는 에스파냐 고생물학자들. 여기는 구덩이와 동굴이 미로처럼 얽혀 있는 끝쪽의 작은 동굴이다.

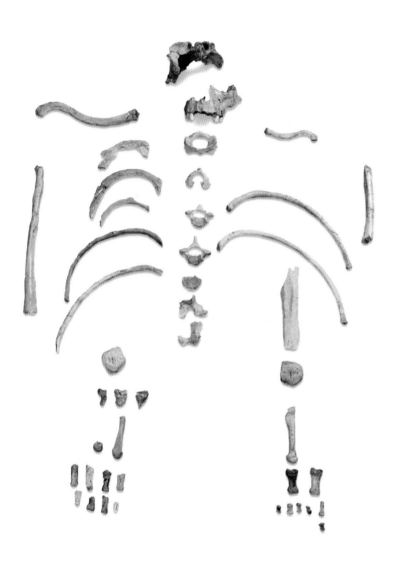

에스파냐 북부의 그란돌리나에서 발견된 80만 년 전의 골격. 이것은 유럽에 사람이 최초로 정착한 때가 약 50만 년 전이라고 믿고 있던 일부 과학자들에게 큰 충격을 주었다.

골 파편도 발견했다.

당시 고생물학을 전공하는 대학원생이던 후안 루이스 아르수아가는 이 화석에 뭔가 굉장한 게 있음을 직감했다. "불행하게도, 그 구덩이는 동굴 탐사자들이 버리고 간 쓰레기로 가득했고, 퇴적물과 지층은 엉망으로 짓밟혀 있었다."고 그는 그 때를 떠올리며 말한다.[22] 그래서 아르수아가는 지질학과 럭비팀 친구들의 도움을 받아 그 구덩이를 깨끗이 청소했다. 여름철마다 그들은 뼈의 동굴 속으로 기어 들어가 배낭에 쓰레기를 가득 담고 밖으로 끌고 나왔다. "나는 그것이 도전할 만한 일이라고 생각했다. 나는 우리가 뭔가 가치 있는 것을 발견하리라는 확신이 들었다. 우리는 조그마한 손가락 뼈와 내가 가예타(galleta), 곧 비스킷이라고 부른 작은 파편들을 계속 발견했다. 보통 이러한 것들은 발굴 장소에서 맨 먼저 침식되어 사라지는 것들이다. 그런데 이것들이 남아 있다는 것은 진짜 보물이, 어쩌면 전체 골격이 숨어 있을 가능성을 시사했다."고 그는 말한다.[23] 1990년, 그 동굴에서 본격적인 발굴이 시작되었고, 곧 상당량의 사람 두개골 파편과 뼈가 발견되었는데, 모두 연대가 약 30만 년 전으로 측정되었다. 2년 후, 아르수아가의 팀원 중 한 사람이 뼛조각 하나를 발견했는데, 파내기가 쉽지 않았다. 조심스럽게 주변의 땅을 긁어 내자, 커다란 두개골 조각이 드러났다. 그 해 말까지 발굴팀은 먼 옛날에 살았던 사람의 완전한 뇌두개 두 개를 짜 맞출 수 있었다. 그리고 발굴 마지막 날에 아르수아가와 그의 조수인 이그나시오 '나초' 마르티네스(Ignacio 'Nacho' Martinez)는 구덩이를 정리하기 위해 마지막으로 발굴 현장을 찾아갔다. "나초는 계속해서 마지막으로 조금만 더 발굴 작업을 해 보자고 나를 채근했고, 나는 '만약 뭔가를 발견한다면 어떻게 되겠어? 앞으로 몇 달을 더 이 곳에서 보낼 게 아닌가?'라고 말하면서 계속 안 된다고 대답했다. 그렇지만 결

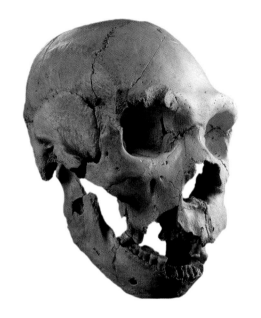
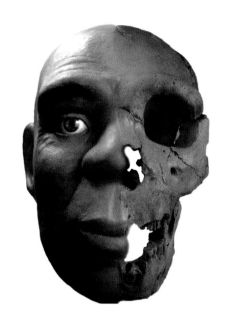

에스파냐 고생물학자들이 뼈의 동굴에서 발견한 완전한 두개골(왼쪽). 오른쪽은 이 두개골을 바탕으로 원래의 모습을 복원한 모형이다. 아직도 안와상 융기가 돌출한 에렉투스의 특징이 남아 있지만, 뇌두개와 두개골은 에렉투스와는 다른 모양을 하고 있다.

국은 나는 그의 설득에 넘어가고 말았고, 우리는 일부 퇴적층을 파내기 시작했다. 바로 그 때, 그 얼굴을 발견했다. 진흙 속에 두개골 앞면이 묻혀 있었다. 우리는 그것을 가지고 땅 위로 올라갔다. 그것은 두 뇌두개 중 하나와 정확하게 들어맞았다. 우리는 최초로 완전한 두개골을 찾아 낸 것이다."[24]

그 후부터 연구자들은 그 동굴에서 쏟아져 나오는 화석에 입을 다물지 못했다. 그것은 그들에게 두통도 가져다 주었다. 어떻게 수십 구나 되는 유해가 미로 같은 동굴의 캄캄한 구덩이 속에 묻히게 되었단 말인가? 이것은 아주 중요한 질문이었다. 그 답은 인류가 진정한 지능을 얻는 단계를 향해 어느 정도나 진화했는지에 대한 단서를 제공해 줄지도 몰랐기 때문이다. 아직까지 뼈의 동굴에서는 어떤 석기나 인공 유물도 발견된 적이 없기 때문에, 동굴 속에서 거주하던 사람들이 천장이 무너져 내리는 바람에 그 곳에 묻힌 것으로는 보이지 않는다. 그렇다면 일부 과학자의 주장처럼 사자 같은 포식 동물이 그들의 시체를 동굴 안으로 끌고 들어왔을 가능성이 있지만, 사람의 뼈에 그러한 동물의 뼈가 전혀 섞여 있지 않기 때문에 이 가설 또한 설 자리를 잃고 말았다(참고로, 동굴곰의 뼈는 훨씬 나중에 그 곳에 쌓인 것이다).

아르수아가는 일부러 시체를 라시마에 갖다 놓았다고 생각한다. "사람이 죽으면, 친척들이 그 시체를 구덩이로 가져와 던져넣었다. 물론 그 구덩이까지 갈 수 있는 더 편리한 길이 있었을 테지만, 그것은 나중에 무너져 내렸을 것이다."[25] 그러한 시체 처리는 아타푸에르카에 살던 사람들이 죽은 자에게 어떤 방식으로 경의를 표한 것이거나 심지어는 사후 세계를 믿었다는 것을 시사한다. 30만 년 전 이 곳은 오직 사람들만이 드

인류의 진화

호모 사피엔스의 뇌는 직립 보행, 말과 함께 우리 종의 특징 중 하나이다. 그렇지만 뇌는 많은 영양분과 에너지가 필요하며, 전체 몸무게에서 차지하는 비율이 2%밖에 안 되는데도 불구하고, 에너지는 우리 몸이 사용하는 전체 에너지 중 18%를 소비한다. 뇌가 우리의 해부학적 구조에서 얼마나 중요한 역할을 하는지 잘 보여 주는 다른 예를 보고 싶다면, 남자나 여자와 몸 크기가 똑같은 민꼬리원숭이를 상상해 보면 된다. 그래도 그 민꼬리원숭이의 뇌 크기는 사람의 1/3에 불과할 것이다. 요컨대, 우리는 머리가 아주 발달한 민꼬리원숭이 무리인 것이다.

불확실한 점은 우리가 진화를 시작한 이래 뇌 크기가 세 배로 늘어난 과정이 점진적으로 일어났느냐, 아니면 진화상의 특별한 단계에서 갑자기 일어났느냐 하는 것이다. 다시 말해서, 우리의 뇌가 커진 과정이 부드럽고 완만하게 일어났느냐, 아니면 과거의 어느 시점에 일어난 특별한 사건(최초의 도구 제작, 최초의 육식, 복잡한 사회의 출현 등)과 관련이 있느냐 하는 것이다. 이러한 사건들이 뇌용량의 급격한 증가를 촉발시켰고, 그 후에 오랜 시간에 걸쳐 아주 느린 팽창기가 뒤따른 것은 아닐까? 대부분의 과학자는 화석 기록에서 얻은 증거에 바탕해 이 시나리오가 옳다고 믿고 있다.

오스트랄로피테신

오스트랄로피테쿠스속(屬)에 속하는 모든 종(아나멘시스, 아파렌시스, 아프리카누스)은 뇌의 크기가 침팬지나 고릴라에 비해 그다지 크지 않다. 평균 뇌용량은 겨우 400 cc에 불과했다. 따라서, 해부학적으로는 두발 보행을 할 수 있도록 진화했지만, 지적으로는 민꼬리원숭이 조상과 별 차이가 없었다.

호모 하빌리스

하빌리스는 인류의 계통 중에서 최초로 뇌용량(약 650 cc)이 뚜렷하게 증가한 종이다. 게다가, 그 유해 근처에서 많은 석기가 발견되어 하빌리스가 상당한 크기의 뇌를 가지고 도구를 제작한 최초의 진정한 인류 계통이 아닌가 생각된다. 최근에 일부 과학자는 이러한 가설에 반론을 제기하면서, 하빌리스는 오스트랄로피테신으로 그 지위를 격하시켜야 한다고 주장한다.

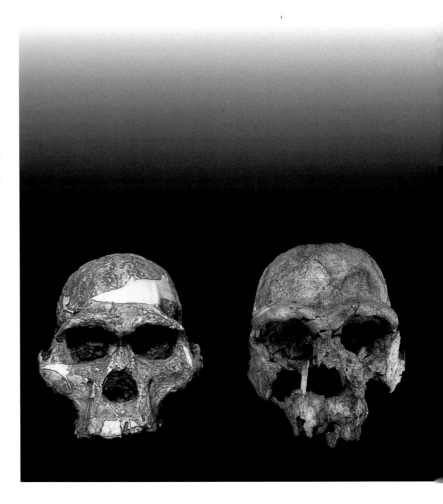

호모 에렉투스

에렉투스는 뇌용량이 850~900 cc에 이르러 현생 인류의 지능 진화에서 하나의 뚜렷한 단계를 나타낸다. 그러나 이 종의 지적 능력은 많은 논란을 낳았다. 고생물학자 앨런 워커는 에렉투스의 지능은 그다지 두드러지게 나타나지 않았다고 주장한다. 그러나 다른 과학자들은 침팬지에 비해 두 배나 되는 뇌를 가진 에렉투스를 진화상의 얼간이로 볼 수는 없다고 말한다.

호모 네안데르탈렌시스

단순히 뇌용량만으로 따질 때, 네안데르탈인의 뇌는 우리 종의 뇌 진화에서 정점에 이르렀다고 말할 수 있다. 1300 cc가 넘는 뇌는 호미니드 중에서 가장 크며, 때로는 호모 사피엔스보다 큰 경우도 있다(물론 이 경우는 네안데르탈인의 몸집이 더 컸기 때문일 수도 있다. 몸집이 클수록 신경 제어 기능이 더 많이 필요하기 때문이다).

호모 사피엔스

현대인의 뇌는 큰 이마가 특징인데, 이것은 대뇌의 전두엽이 뇌용량 증가에서 큰 부분을 차지했음을 시사한다. 또 우리의 뇌는 조상의 뇌에 비해 폭은 더 좁고, 높이는 더 높다. 그리고 뇌용량은 1200~1600 cc로, 초기의 조상에 비해 3~4배에 이른다.

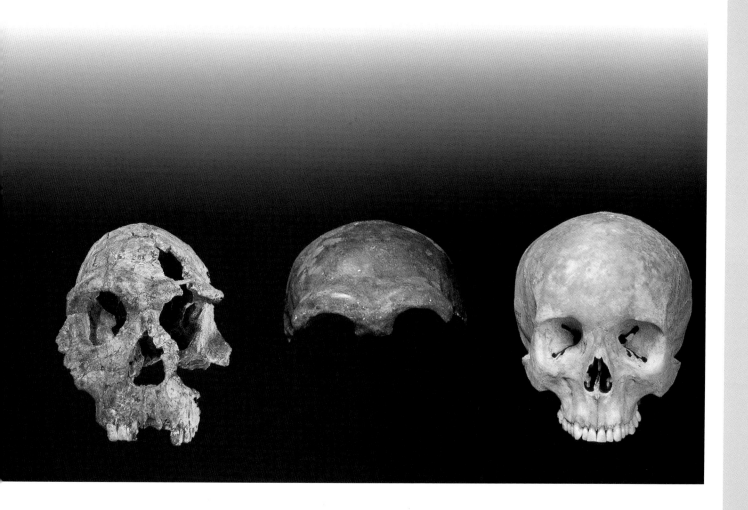

나들던 특별한 장소였다. "사람은 누구나 죽는다는 사실을 처음 인식하는 순간에 정신적인 삶이 시작되었다. 동물은 호모 사피엔스와는 달리 죽음에 대한 개념이 전혀 없다. 우리 조상이 죽음은 피할 수 없다는 사실을 깨달았을 때, 그들 내부에서 무엇인가가 변했다. 그것은 지능 발달이 가져온 무서운 결과였다. 먼 옛날에 아타푸에르카에서 살던 사람들은 바로 그러한 단계에 이르렀고, 그래서 그들의 시체가 뼈의 동굴에 버려졌다고 나는 생각한다."[26]

　이것은 아주 흥미로운 해석이지만, 일부 과학자는 이의를 제기한다. 런던 자연사박물관의 고생물학자 피터 앤드루스(Peter Andrews)는 "만약 아타푸에르카 사람들이 죽은 친척을 구덩이 속으로 던졌다면, 라시마에서는 완전한 골격들이 나와야 할 것이다. 그러나 실상은 그렇지 않다. 모두 32명의 것으로 보이는 이빨들이 발견되었는데, 만약 시체를 온전하게 구덩이 속으로 던졌다면, 넓적다리뼈는 64개가 발견되어야 할 것이다. 그러나 실제로 발견된 넓적다리뼈는 20개뿐이었다. 나머지 신체 구조 역시 마찬가지다. 빠져 있는 부분이 너무 많다."고 지적한다.[27]

　앤드루스는 대신 라시마에 뼈들이 모인 것에 다른 원인이 있다고 주장한다. 그는 뼈에 여우가 씹은 자국과 사자 같은 육식 동물이 남긴 것으로 보이는 기묘한 자국을 지적한다. 어쩌면 뼈의 동굴에 쌓인 뼈들은 이러한 동물이 남긴 것인지도 모른다. 다만, 앤드루스도 이 가설은 왜 오직 사람의 뼈만 그 곳에 남아 있느냐 하는 의문이 남는다는 점을 인정한다. 마드리드에 있는 국립자연과학박물관의 욜란다 페르난데스-할보(Yolanda Fernandez-Jalvo)는 그 시체들을 동굴 입구에 놓아 둔 것인지도 모른다고 주장한다. 그 후에 여우나 사자가 시체 일부를 뜯어 가고, 나머지 뼈가 동굴로 미끄러져 들어갔을지 모른다. 이 가설은 동굴에 남은 뼈의 수수께끼에 대해 훨씬 단순한 설명을 제공하지만, 그렇다면 사람들이 특별한 처리를 위해 죽은 자의 시체를 선별하고 있었을 가능성이 제기되며, 그것은 그들이 정신적인 의식을 행했음을 시사한다. "아타푸에르카 인에게 원시적 종교 신앙이 있었다고 주장해도 지나친 것은 아니라고 생각한다."고 그는 인정한다. "그들은 뇌가 컸고, 일종의 종교 의식을 행할 수 있는 종으로 진화했을 가능성이 충분히 있다. 그러나 아직까지는 라시마에서 완전히 확신할 만큼 충분한 증거가 나오지 않았다."[28]

흥미롭게도, 라시마에서 발굴된 뼈는 대부분 청소년의 것이었다. 어른 두 명과 어린이 한 명을 제외하고 나머지는 모두 십대였고, 혈연적으로 아주 가까운 집단이 짧은 기

아래: 뼈의 동굴에서 두개골과 뼈가 발견된 현장 모습.

간에 라시마에서 최후를 맞이한 것으로 보인다. 그 기간은 "아마도 1년, 길어야 2~3년을 넘지 않았을 것이다."라고 아르수아가는 말한다.[29] 다시 말해서, 이들은 같은 무리에 속하는 젊은 남자와 여자였고, 서로 잘 아는 사이였을 것이다. 이 뼈들이 유전적으로나 시기적으로 이렇게 가까운 것은 어떤 재난, 필시 전염병이 일어났을 가능성을 시사한다. 라시마에서 발견된 뼈에 질병을 앓은 흔적이 남아 있는 사실은 이 가설을 뒷받침한다. 한 사람은 이빨이 빠진 상처에 생긴 세균 감염으로 죽은 것 같고, 또 한 사람은 외이도를 막은 종양 때문에 귀가 먹었던 것으로 보인다. 그리고 거의 모든 사람은 눈구멍에 작은 구멍이 나 있는데, 이것

은 어린이 영양 결핍이 원인이 되어 생기는 안와체 증상이다.[30] 런던 자연사박물관의 크리스 스트링어(Chris Stringer) 교수는 "라시마에서 발견된 사람들 중 대다수는 턱 및 뼈 질환을 앓은 흔적이 있다."고 말한다. "이들은 어떤 종류의 질병이나 전염병 때문에 사망해 구덩이에 버려졌을 가능성이 있다. 그러나 추가적인 증거가 발견되기 전에는 정확하게 무슨 일이 일어났는지 알 수 없다."[31] 이 호모 종의 삶은 아주 힘들었던 것처럼 보인다. 레슬리 아이엘로는 "부상당한 부위를 살펴보면, 이들은 사망률이 아주 높았을 것으로 추측할 수 있다. 많은 사람이 어린이나 청년 시절에 죽었을 것이다."라고 말한다.[32] "많은 무리가 죽어서 없어지고, 다른 무리들은 팽창해 가는 것은 꿈도 못 꾸고 단지 그 수를 보충하기 위해 힘겹게 살아갔을 것이다." 다시 말해 생명의 나무에서 이 잔

140쪽: 아타푸에르카 인이 죽은 사람을 뼈의 동굴에 매장하고 있는 모습을 재현한 그림. 과학자들은 이 곳에서 발견된 많은 호미니드 화석을 보고 아타푸에르카 인이 죽은 사람에게 경의를 나타냈으며, 따라서 정신적인 의식이 발달했을 것이라고 생각한다.

과거의 역사를 파내다

우리의 선사 시대를 밝혀 내는 작업은 고고학자와 고생물학자가 무작정 땅을 파헤치다가 흥미로운 물체를 발견하던 시절 이래 많은 변천을 거쳐 왔다. 오늘날에는 먼저 발굴 장소를 자세히 조사하여 그 나이와 퇴적층 분포를 알아낸 다음, 끈을 사용해 똑같은 크기의 구역들로 나눈다. 그러고 나서야 비로소 정교한 발굴 작업이 시작된다. 연구자들과 자원자들이 솔이나 외과용 메스(섬세한 화석을 손상시킬 수 있는 흙손이나 가래는 사용하지 않는다)를 사용해 아주 조심스럽게 화석에 붙어 있는 흙을 긁어 낸다. 이것은 아주 힘든 작업인데, 종종 뜨거운 열기 아래서 일을 해야 하기 때문에(대부분의 발굴 작업은 학계에 적을 둔 사람들이 휴가를 얻는 여름철에 진행된다) 발굴자를 더욱 힘들게 만든다.

아무리 작은 것이라도 발굴된 모든 것에는 표시를 하고, 도표 위에 그것을 기록한다. 화석에서 긁어 낸 흙도 그냥 버리지 않고 체질을 하여 혹시라도 그 속에 작은 화석이 들어 있지 않은지 확인한다. 이것은 아주 지루하고 힘든 작업이지만, 꼭 필요한 일이다. 이러한 과정을 통해 작은 것 하나도 놓치지 않고 모든 화석을 긁어 모은 이 자료들은 우리 조상이 어떻게 살았는지 구체적인 그림을 그리는 데 도움이 된다. 과학자는 그러한 화석 파편으로부터 우리 조상이 살던 장소에서 어떤 동물이 사냥되었는지, 어떤 종류의 화덕이 사용되었는지, 먹을 것은 어떻게 분배되었는지, 그리고 사회 조직이 어떻게 구성되었는지 등을 알아 낼 수 있다.

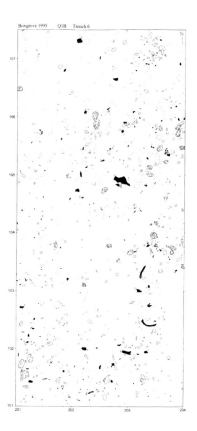

Boxgrove 1995   Q1B   Trench 6

위: 복스그로브의 발굴 기록. 코끼리 뼈(검은색), 주먹도끼(흐릿한 눈물 방울 모양의 물체), 부싯돌 등이 표시돼 있다. 발견된 물체뿐만 아니라 발견 장소도 기록해 두는 게 필요한데, 함께 발견된 화석들은 우리 조상의 행동을 유추하는 단서를 제공하기 때문이다. 예컨대, 도구와 함께 발견된 잘린 뼈는 하이델베르크인이 죽은 동물을 이 장소까지 가져와 잘랐다는 것을 말해 준다.

왼쪽: 동투르카나의 한 발굴 장소. 모든 화석과 그 발견 장소를 정확하게 기록하기 위해 끈으로 구역들이 분할되어 있다.

가지 부분은 늘 잘려 나갈 위험에 시달렸다.

라시마에서 발견된 개체들의 해부학적 구조를 분석한 결과, 그들은 코가 컸고, 턱끝이 없으며, 눈 위에는 안와상 융기가 크게 돌출해 있고, 뇌두개의 크기는 다양하고, 큰 키에 건장한 체격이었다. 골격에는 에렉투스의 특징이 일부 남아 있지만, 유럽의 새 환경과 추운 기후에 적응한 흔적도 분명하게 남아 있다. 뇌 크기의 차이는 라시마에 남은 화석들이 서로 가까운 관계라는 사실을 감안하면 수수께끼처럼 보인다. 그러나 스트링어는 "오늘날 살고 있는 사람들을 살펴보더라도 머리 크기에 상당한 차이를 발견할 수 있다. 머리가 아주 큰 사람도 있고, 작은 사람도 있다. 옛날에도 사정은 비슷했을 것이다."라고 설명한다.[33]

따라서, 라시마의 사람들은 하이델베르크인처럼 키가 컸고, 추위에 반응해 더 땅딸막하고 둥근 체형으로 진화가 일어나기 전이었다. 반면에, 이들에게는 다른 중요한 해부학적 변화가 일어났다. 예를 들면, 얼굴 가운데 부분이 많이 돌출하여 그렇지 않아도 큰 코가 더욱 도드라져 보였다. 이것은 아마도 추운 기후에 적응하기 위해 나타난 변화인지도 모른다. 얼굴 가운데 부분이 돌출하면, 들이마신 공기가 뇌(안정적인 온도와 혈액 공급이 필요한) 근처에 닿기 전에 따뜻해질 것이다. 게다가 라시마에서 발견된 앞니는 모두 심하게 마모되어 있었다. 고생물학자들은 심한 마모는 이빨을 세 번째 손처럼 사용할 때 일어난다고 말한다. 다시 말해서, 어떤 물체를 입으로 물고서 양 손으로 그 물체를 자르거나 다룬 것이다. 이것은 매우 효율적인 방법이지만, 이빨에 손상을 입힐 수 있다. 이누이트 족처럼 고기 조각을 입으로 물고서 칼로 그것을 내리치면서 먹이를 먹었을 가능성도 있다. 또, 그들은 그렇게 하면서 이누이트 족처럼 오른손잡이가 압도적으로 많았다는 것을 보여 주는 패턴을 이빨에 남겼다. 이빨을 분석한 결과, 라시마에 살았던 하이델베르크인은 이빨에 남아 있는 고기를 제거하기 위해 이쑤시개를 사용했다는 사실도 분명히 알 수 있었다.

이러한 특징은 라시마에 살던 사람들이 모두 사라지고 나서 얼마 지나지 않은 약 25만 년 전에 유럽에서 나타난 한 인류 계통의 특징과 정확하게 일치한다. 그 인류 계통은 바로 우리 조상 인류 중 가장 뜨거운 논란의 대상이 된 네안데르탈인이다. 네안데르탈인이 왜 그와 같은 논란의 대상이 되었는지는 다음 장에서 살펴볼 것이다. 여기서 중요한 것은 라시마가 무엇을 말해 주는지 이해하는 것이다. 약 60만~70만 년 전에 에렉투스에서 진화한 하이델베르겐시스는 약 30만 년 전에 이르자 아프리카 조상이 지녔던 특징을 많이 잃게 되었다. 라시마에 살던 사람들은 새로운 종류의 호미니드(네안데르탈인)로 변해 가고 있었던 것으로 보이며, 그 새로운 종은 그 다음 25만 년 동안 유럽 대륙에서 지배적인 인류로 군림하게 된다.

최소한 유럽에서는 이와 같은 과정이 진행되고 있었다. 그 밖의 곳에서(아마도 중앙 아프리카 어딘가에서) 하이델베르겐시스는 호모 네안데르탈렌시스와는 아주 다른 종으로 변해 갔을 것이다. 다시 말해서, 하이델베르겐시스는 인류의 진화가 두 갈래로 나누어지는 분기점에 서 있다. 한 갈래는 유럽에서 네안데르탈인으로 진화해 갔는데, 아타푸에르카에서 그러한 변화가 일어나고 있던 모습을 엿볼 수 있다. 또 한 갈래는 아프리카에서 약간 다른 종으로 진화해 간다. 그리고 20만 년 후에 두 종(유럽의 네안데르탈인과 하이델베르겐시스의 아프리카 후손)은 만나게 된다. 그 결과는 우리 모두에게 아주 극적이고도 중요한 영향을 미치게 된다.

제 6 장

무서운 동물

　　"**맨살로 둘러싸인** 입과 살기 넘치는 두 눈을 빼고는 그의 얼굴은 아무것도 보이지 않았다. 쪼그리고 앉은 자세 때문에 팔 길이와 넓은 어깨가 더욱 두드러져 보였다. 그의 몸 전체에서는 짐승처럼 강한 힘과 지칠 줄 모르는 체력과 무자비함이 배어 나오고 있었다. 온몸이 털로 덮이고, 가면처럼 큰 얼굴에 커다란 눈두덩, 이마가 없고, 커다란 부싯돌을 붙들고 사람처럼 머리를 치켜든 게 아니라 앞으로 숙인 채 비비처럼 달린 그는 아주 무서운 동물이었던 게 분명하다." '무서운' 이란 수식어는 부드러운 표현이다. 그러한 특징을 지닌 존재를 만날 때, 우리가 보이는 반응은 단순한 놀라움이 아니라 공포 자체일 것이다. 이러한 단어들은 살인마 외계인에게 합당해 보인다. 그러나 웰스(H. G. Wells)가 쓴 이 글은 외계인이 아니라 네안데르탈인을 묘사한 것이다. 이 종이 비교적 최근에 아프리카에서 온 침입자에서 완전한 유럽인으로 변해 가던 중간 과정이 아타푸에르카의 뼈들에 극적으로 새겨져 있는 것을 우리는 앞에서 보았다.

　　웰스의 이 글(1921년에 쓴 단편 소설 《무시무시한 사람(*The Grisky Fork*)》[1]에 나오는)은 네안데르탈인을 근본적인 살인자처럼 보이게 만드는데, 인도주의적인 이 작가도 네안데르탈인에 대해 좋지 않은 감정을 가진 것처럼 보인다. 사실, 웰스는 이 종에 대해 부정적인 견해를 가진 수많은 문학계 인사와 과학계의 권위자 중 한 명에 지나지 않았다. 그 당시 네안데르탈인에 대한 평은 썩 좋지 않았다. 네안데르탈인은 1856년, 독일 뒤셀도르프 근처에 있는 네안더 계곡의 한 동굴에서 석회암을 채석하던 일꾼들에 의해 발견된 이래 심한 비방과 오해를 받아 왔다. 이들은 반인간(기형 동물)이었고, 현생 인류의 이야기하고는 아무 관계도 없는 것으로 여겨졌다(그 이름을 둘러싸고도 논란이

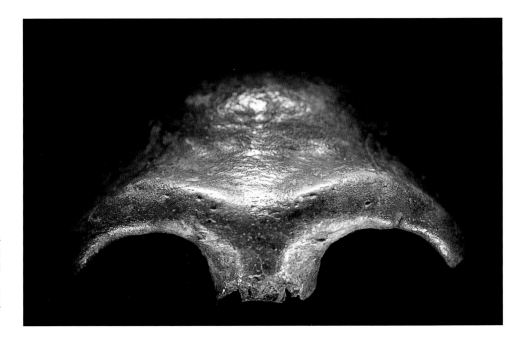

독일 네안더 계곡에서 발굴된 사람의 두개골 상부. 1856년에 발견된 이 뼈를 놓고 처음에는 북쪽의 '야만인' 이니 병에 걸려 죽은 '기수' 니 심지어 죽은 카자흐 인이라는 등 의견이 분분했다. 그러나 오늘날 과학자들은 이 두개골이 호모 네안데르탈렌시스라는 사실을 알고 있다.

그치지 않는다. 탈 tal은 독일어로 '계곡'이란 뜻인데, 19세기에는 thal이라고 썼다. 그래서 일부 과학자는 Neanderthal이라는 단어를 좋아하는 반면, 어떤 과학자들은 Neandertal이라고 쓴다. 이 책에서는 Neanderthal을 사용하기로 한다).

그들의 유해에는 확실히 기묘한 특징이 있다. 그것을 발견한 채석장 인부들은 새로 발파 작업을 한 곳에서 흙을 파내다가 몸집이 아주 큰 사람처럼 생긴 동물의 갈비뼈 몇 개, 골반 일부, 팔뼈와 어깨뼈 약간을 발견했다. 그들은 또 낮은 위치에 안와상 융기가 있는 두개골과 두껍고 구부러진 넓적다리도 발견했다. 채석장에서 일하던 한 인부는 이것을 곰의 골격이라고 생각하고, 그 지방의 교사이던 요한 카를 풀로트(Johann Karl Fuhlrott)에게 이야기했다. 예리한 박물학자인 풀로트는 그 뼈들을 조사하고 뭔가 특별한 게 있다는 사실을 알아챘다. 그래서 그는 그것을 해부학 교수인 샤프하우손(Schaafhauson)에게 갖다 주었고, 샤프하우손은 그것을 1857년 2월 4일 본에서 열린 니더라인 의학 및 과학 협회 회의에 제출했다. 샤프하우손은 그 뼈가 북유럽에 살았던 고대 야만족, 그 '눈의 모양과 번득임'이 로마 군대에게조차 큰 공포를 불러일으켰다고 하는 야만족 중 하나라고 믿었다.[2]

독일 병리학자 루돌프 피르호(Rudolf Virchow)는 그 뼈들을 조사하고 나서 그 골격에 나타난 변형은 구루병 때문에 생긴 것이라고 단언했다. 독일 해부학자 마이어(F. Mayer)는 웃기는 소리라고 말했다. 그는 구부러진 다리뼈는 병 때문에 생긴 게 아니라, 기병이었다는 증거이며, 손상된 팔뼈는 전투에서 부상을 입었음을 보여 준다고 주장했다. 그는 1814년 퇴각하는 나폴레옹 군대를 뒤쫓아 프로이센까지 쳐들어왔던 카자흐 기병이 분명하며, 칼에 부상을 입고 동굴 속으로 몸을 피했다가 죽었다고 마이어는 말했다. 그것은 아주 극적인 시나리오였으나, 영국의 위대한 생물학자 토머스 헉슬리(Thomas Huxley)는 마이어의 추론에서 드러나는 기본적인 결함을 지적했다. 어떻게 죽어 가는 사람이 21미터 높이의 절벽을 기어올랐고, 또 죽은 후에 자신의 시체를 매장했으며, 그리고 이 불가사의한 묘기를 보여 주기 전에 옷과 장비를 모두 벗어 버렸는가 하고 헉슬리는 반문했다.

납득할 만한 답이 없는 상황에서 헉슬리는 이 기묘한 뼈의 주인은 보통 남자나 여자하고는 아주 다른 사람이었을 거라고 결론내렸다. 이 뼈의 주인은 민꼬리원숭이와 비슷한 특징을 지니고 있지만, 분명히 호모속에 속한다고 헉슬리는 말했다. 뇌의 크기가 우리의 범주에 드는 것으로 보아 그것은 분명했다. 결국 아일랜드의 해부학자 윌리엄 킹(William King)은 이 뼈의 주인은 우리와 밀접한 관계가 있지만 생물학적으로는 다른 고인류라고 주장했다. 이 주장을 바탕으로 그는 최초로 확인된 고인류종에 호모 네안데르탈렌시스(Homo neanderthalensis)라는 이름을 붙였다.

네안데르탈인을 비하한 모습 중 하나. 온몸이 털로 덮여 있고, 민꼬리원숭이 비슷하게 생긴 짐승 같은 살인자로 표현했다.

19세기 후반과 20세기 초에 네안데르탈인의 유해가 더 발견되었다(특히 벨기에와 프랑스에서). 그 중 하나(프랑스 남부 라샤펠오생의 동굴에서 카톨릭 사제들이 발견한 완전한 골격)는 이 종의 이야기에서 결정적인 역할을 담당하게 된다. '라샤펠의 노인'의 뼈는 프랑스의 유명한 고생물학자 마르슬랭 불(Marcelin Boule)에게 전달되었는데, 그는 이 골격을 아주 자세하게 기술한 논문을 1911년에 발표했다.[3] 불은 라샤펠의 노인을 민꼬리원숭이와 사람 사이의 중간적인 존재로 규정했다. 발가락으로 물체를 붙잡을 수 있었고, 구부러진 무릎으로 발을 질질 끌며 걸었으며, 구부러진 척추로 보아 허리가 구부정했을 것이라고 묘사했다.[4] 불은 "미학적 또는 도덕적 질서에 관심을 기울인 흔적이 전혀 없어 보이는 점은 육중하고 강건한 몸에 남아 있는 짐승 같은 측면과 잘 합치한다."고 썼다. 이 동물은 "순전히 식물적 또는 동물적 기능이 대뇌적 기능을 압도했다."는 사실이 분명하게 드러나는 종이었다.[5]

이처럼 네안데르탈인을 비하하는 분위기가 과학계에 팽배해 있었기 때문에 웰스가 네안데르탈인에 대해 보인 편견은 충분히 이해할 만하다. 그러나 나중에 보게 되겠지만, 불의 이러한 분석은 운 나쁜 일부 실수에 바탕한 것이었다. 그 당시 발굴된 네안데르탈인이 신체적으로 아주 강인해 보였다는 게 오해를 불러일으키는 계기가 되었다. 이 종은 약 25만 년 전에 유럽에 처음 나타나 아주 추운 대륙의 환경에 적응하면서 숨을 따뜻하게 하기 위해 큰 코가 발달했고, 체온을 보존하기 위해 몸이 둥글어졌고, 체격도 튼튼하게 발달했다. 남자는 평균 키가 168 cm, 체중이 64 kg이었고, 여자는 평균 키가 160 cm, 체중이 50 kg이었다. 어른이 되었더라면 키가 최소한 185 cm는 되었을 기다란 원통형 체격의 나리오코토메 소년과 한번 비교해 보라. 그러면 추운 기후가 진화에 미치는 효과가 어떤 것인지

감이 올 것이다. 네안데르탈인은 피부를 통한 열의 손실을 최소화하기 위해 키가 작
고 땅딸막한 체형으로 진화하였다. 그러나 기본적인 네안데르탈인의 체형은 이 평균
에 딱 들어맞는 것은 아니며, 지역에 따라 상당한 차이가 있다. 가장 강인하고 땅딸
막한 체형을 가진 집단은 북서 유럽에 살았다. 이들은 가장 사나워 보이는 이질적인
모습을 한 집단이었는데, 최초로 연구된 집단이기도 했다. 이것은 과학자들이 처음에
이 종을 낮추어 보게 된 이유가 되었다. 과학자들은 가장 극단적인 표본을 보면서 편
향된 생각을 갖게 된 것이다. 이와는 대조적으로, 좀더 따뜻한 동유럽과 서아시아에
는 덜 건장한 체격을 가진 네안데르탈인이 살고 있었다. 이들의 유해는 보헤미아에
서 태어나 미국으로 건너가 고생물학의 창시자 중 한 사람이 된 알레스 흐르들리카
(Ales Hrdlicka)가 찾아 냈다. 흐르들리카는 1920년대에 네안데르탈인을 호의적으로

라샤펠의 노인의 완전한 골격. 처음에 과학자
들은 구부러진 척추가 원숭이처럼 구부정한
자세를 시사한다고 생각했지만, 실제로는 심
한 관절염 탓으로 드러났다.

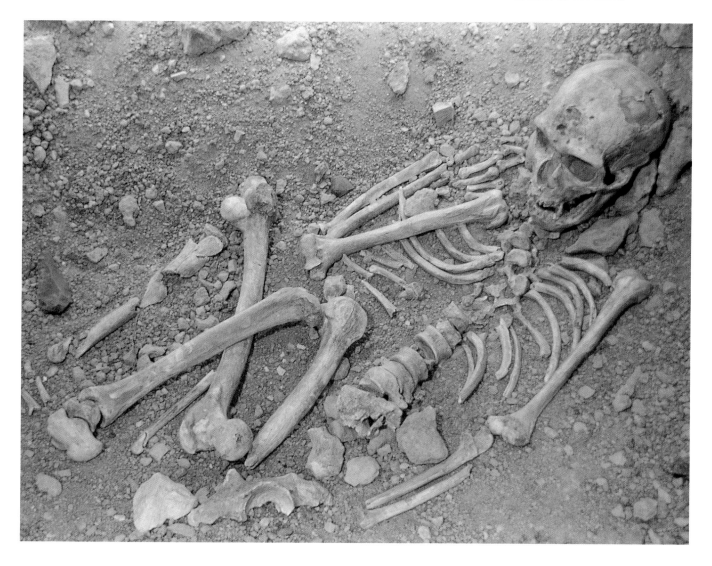

네안데르탈 인 : 꽃을 좋아한 사람들이었을까 아니면 강도였을까?

네안데르탈인의 나쁜 이미지는 늘 문제가 되었다. 인류학자 크리스 스트링어와 클라이브 갬블은 《네안데르탈인을 찾아서(In Search of the Neanderthals)》라는 책에서 "선사 시대에 살았던 인류 집단 중 네안데르탈인만큼 과학자나 일반 대중의 큰 편견을 받거나, 그 이름이 아주 오래 전의 원시 시대나 야만성, 어리석음, 짐승의 힘을 연상시키는 집단도 없다."고 서술했다.

이처럼 네안데르탈인을 비하하게 된 원인은 빅토리아조와 에드워드조의 과학자들 사이에 만연했던 생각에서 찾을 수 있는데, 그들은 호모 사피엔스, 그 중에서도 특히 서양의 남자와 여자를 진화의 사닥다리 꼭대기에 놓기 위해 다른 계통의 인류를 깎아 내리려고 했다. 그래서 네안데르탈

인의 '소위' 근원적인 야수성을 강조한 것은 그러한 목적에 부합했다.

예를 들면, 〈일러스트레이티드 런던 뉴스〉에 실린 그림(가운데)은 마르슬랭 불이 라샤펠오생의 뼈를 연구한 것에 바탕해 그렸는데, 네안데르탈인을 몽둥이를 들고 모퉁이에서 기다리고 있는 석기 시대의 강도로 묘사하고 있다. 그 시대에 묘사된 대부분의 다른 이미지들 역시 네안데르탈인을 비하하는 것이었다. 네안데르탈인 남자와 여자는 모두 허리가 구부정하고 무릎을 구부린 자세로 서서 어떤 무기를 들고 있는 것으로 묘사되었다.

해부학자 아서 키스(타웅 아이를 사람과 비슷한 존재라고 주장한 레이먼드 다트를 조롱했던 사람)는 예외적인 이

미지를 제시했다. 그도 라샤펠오생의 뼈에 바탕해 화가에게 그림을 그리게 했는데, 네안데르탈인을 상당히 따뜻하고 친근한 모습으로 묘사했다. 그 그림은 불 옆에서 조용히 앉아 있는 평화로운 인물을 보여 준다(아래 오른쪽). 이 모습은 절대로 사나운 살인자가 아니다. 그러나 키스가 생각한 네안데르탈인의 모습은 그 당시로서는 상당히 예외적인 것이었다. 네안데르탈인이 불만에 가득 차 몽둥이를 휘두르는 혈거인이 아니었다는 주장이 과학계에 널리 받아들여진 것은 1960년대에 들어서였다.

〈일러스트레이티드 런던 뉴스〉에 실렸던 이 그림들은 네안데르탈인에 대한 일반 대중의 깊은 관심을 보여 주며, 또 20세기 초에도 이 종의 실체에 대한 견해가 첨예하게 엇갈려 있었음을 보여 준다. 이 종을 묘사한 대부분의 그림은 라샤펠오생에서 발견된 뼈의 주인을 아주 추하고 사악한 사람으로 묘사한 가운데 그림처럼 비호의적이었다.

이와는 대조적으로, 아서 키스는 좀 더 공정한 시각으로 바라본 모습을 제시했는데, 라샤펠오생에서 살았던 사람을 가정적이고 생각에 잠긴 인물로 묘사했다(오른쪽). 아서 키스는 또 코끼리와 하마를 의도적으로 놀라게 해서 도망치게 하고 공격하는 네안데르탈인 무리의 그림(왼쪽)을 화가에게 그리게 했다.

평가한 주장을 펼쳤지만, 그의 주장은 대체로 무시당했다.

이 종이 과학계에서 공정한 대접을 받기 시작한 것은 제2차 세계 대전이 끝나고 나서였다(최초의 네안데르탈 인이 발견된 지 거의 100년이 지난 후). 미국 해부학자 윌리엄 스트라우스(William Straus)와 케이브(A. J. E. Cave)가 이러한 재평가 작업에서 중요한 역할을 했는데, 이들은 불이 이 종의 그림에 부당한 색칠을 하는 데 이용했던 라샤펠의 노인을 재조사해 보기로 했다. 그 결과, 두 사람은 저명한 프랑스 고생물학자가 내린 분석이 처음부터 끝까지(좀더 정확하게 표현하면 머리끝에서 발끝까지) 잘못된 것이라고 결론내렸다. 굽은 척추는 원시적인 구부정한 자세를 뒷받침하는 증거가 아니라, 심한 관절염을 앓아 생긴 결과였다. 게다가, 불은 이미 그 사실을 알고 있었는데도 네안데르탈 인을 깎아 내리기 위해 그 사실을 무시했음이 드러났다. 스트라우스와 케이브는 네안데르탈 인이 현생 인류와 큰 차이가 없다는 결론을 내렸다.[6] 실제로 스트라우스와 케이브가 한 것과 같은 분석을 한 결과, 네안데르탈 인의 평균 뇌용량은 어른의 경우 1200~1750 cc로, 오늘날 살고 있는 사람보다 약간 더 컸다(이것은 아마도 체격이 오늘날의 사람보다 더 컸기 때문일 것이다. 체격이 크면 신경학적 제어 장치도 더 많이 필요하다). 그러나 그 두개골은 호모 사피엔스에 비해 위쪽이 더 편평하고, 앞쪽은 더 작은 반면, 양 옆쪽과 뒤쪽으로는 더 튀어나와 있었다. 그들이 오른손잡이였음을 분명하게 보여 주는 단서들도 있는데, 현생 인류와 마찬가지로 뇌의 오른쪽 앞면과 왼쪽 뒷면이 약간 더 크다. 그리고 그들의 조상인 하이델베르크 인처럼 물체를 붙잡을 때 생긴 듯한 흔적이 이빨에 남아 있는데, 아마도 이빨로 물체를 문 채 돌칼로 그 물체를 내리쳤을 것이다. 그렇지만 무엇보다 놀라운 것은 네안데르탈 인의 코였다. 코는 높을 뿐만 아니라 폭도 넓은데, 광대뼈가 얼굴 양 옆으로 처져 있어 큰 코가 더욱 두드러져 보인다. 하이델베르크 인과 마찬가지로, 큰 코는 들이마신 공기가 뇌 가까이 지나가기 전에 그것을 따뜻하게 데우는 데 도움을 주었을 것이다.[7]

이들은 유럽의 추운 환경에 완전히 적응한 최초의 호미니드였다. 이 곳에서 이들은 20만 년 이상 잘 살아갔으며, 서쪽으로는 웨일스와 지브롤터에서부터 북쪽으로는 모스크바, 동쪽으로는 우즈베키스탄, 동남쪽으로는 레반트에 이르기까지 많은 장소에 자신들이 살았던 흔적을 남겨 놓았다.

이들이 남긴 흔적은 종교와 예술 및 사회적 행동을 할 능력이 있었다는 것을 보여 주는데, 그 중에서도 가장 인간적인 행동은 죽은 자를 매장하는 관습이었다. 매장은 그전까지만 해도 오직 호모 사피엔스만 할 수 있는 정신적 행동으로 간주되었다. 최근에 네안데르탈 인의 무덤이 여러 개 발견되었는데, 그 중 하나는 고생물학자 요엘 라크가 이스라엘 갈릴리 강 상류에 위치한 석회암 동굴 아무드에서 발견했다. 1992년에 진행

된 발굴 작업 때 한 학생이 동굴의 북쪽 벽 근처에 있는 땅을 긁어 내다가 뼛조각의 윤곽을 발견했다. "우리는 아주 천천히 흙을 긁어 내기 시작했다."고 라크는 그 때의 일을 이야기한다.[8] "그러자 얼마 후 두개골이 나타났다. 처음에는 두개골 하나로 시작되었다. 내 손바닥만큼 아주 작은 두개골이 서서히 그 모습을 드러냈다. 그 순간, 우리는 모두 흥분에 빠져들었다." 그리고 곧 그 아이의 골격이 6만 년 동안 묻혀 있던 그 매장 장소에서 하나 둘 나오기 시작했다. 골격은 비교적 온전한 상태였고, 팔을 옆 구리 밑에 괸 자세로 누워 있었던 것으로 보였다. 게다가, 아이의 골반 위에는 붉은사 슴의 턱뼈도 놓여 있었다. "사후 세계에서 먹으라고 둔 음식인지 아니면 상징적인 제 스처였는지는 분명치 않지만, 어쨌든 이것은 의도적으로 놓아 둔 것이다. 이것은 원 시적인 무덤이었고, 그 안에 아이를 의도적으로 매장했다."고 라크는 말한다.

그 후, 고생물학자들은 다른 어떤 종의 호미니드(우리 자신을 제외한다면)보다 더 많은 네안데르탈인의 뼈를 수집했는데, 그 중 많은 것은 보존 상태가 아주 좋았다. 네

갈릴리 강 상류에 있는 석회암 동굴 아무드. 요엘 라크가 매장된 네안데르탈인 아이의 뼈 를 발견한 곳이다.

안데르탈인의 뼈가 잘 보존된 상태로 많이 발견되는 이유는 그들이 죽은 자를 의도적으로 매장했기 때문이다. 프랑스 남부의 르무스티에에서는 젊은 네안데르탈인 남자의 뼈가 마치 잠자는 듯이 몸을 구부린 자세로 발견되었는데, 그 위에는 대자석(적철광을 주성분으로 하고, 점토를 많이 함유한 붉은빛의 광물로, 안료용으로 쓰임–역자 주)이 뿌려져 있었다. 근처의 라페라시에서는 한 가족(남자와 여자, 그리고 어린이 넷)이 함께 매장된 채 발견되었다. 그리고 라샤펠의 노인은 그의 가족이나 친구가 판 것으로 보이는 구덩이에 묻혔다는 사실도 밝혀졌다. 그들은 라샤펠의 노인이 관절염 때문에 스스로 음식물을 구하지 못하게 된 후에도 그를 돌보아 주었을 것이다.[9] 이들이 짐승이나

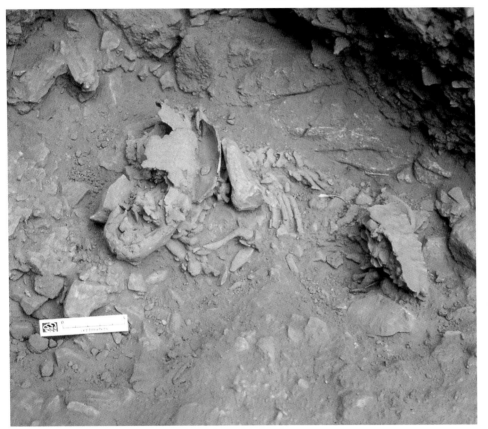

아무드에서 고생물학자 요엘 라크가 발견한 네안데르탈인 아이의 골격. 이 아이는 특별히 땅을 파 만든 무덤에 의도적으로 매장되었다.

다름없었다는 불의 주장하고는 한참 거리가 먼 이야기들이다.

무엇보다 놀라운 것은 네안데르탈인의 서식지 중 가장 동쪽 끝인 이라크의 샤니다르에서 발견된 매장지인데, 거기에는 두 여자와 한 남자가 묻혀 있었다. 이 무덤은 1950년대 말과 1960년대 초에 미국 고고학자 랠프 솔레키(Ralph Solecki)가 발굴했다. 그런데 이 무덤을 덮고 있는 흙에는 초봄에 피는 야생화 꽃씨가 많이 포함돼 있었다. 그 양은 바람에 불려 날아오거나 동물의 발에 붙어 옮겨질 수 있는 양보다 훨씬 많았다. 이들은 날씨가 혹독하고 먹을 것을 구하기 힘든 늦겨울에 사망했을 가능성이 높다.[10] 나머지 부족민은 이들의 시체를 땅에다 묻고, 그 주위에다 꽃을 뿌려 주었을 것이다. 솔레키는 이 발견에(그리고 네안데르탈인이 남을 돌보는 따뜻한 사람이라는 개념에) 큰 인상을 받아 1971년 발굴 보고서 제목을 '샤니다르: 꽃을 좋아한 최초의 사람들'(Flower people에는 꽃을 사랑과 아름다움과 평화의 상징으로 여기는 히피라는 뜻도 있음–역자 주)로 붙였다. "꽃의 증거로 네안데르탈인은 이전에 우리가 생각했던 것보다 정신적으로 훨씬 더 우리와 가깝다는 사실이 드러났다."고 그는 주장했다.[11] 네안데르탈인이 최초의 히피였고, 평화와 사랑을

이스라엘 케바라에서 발견된 네안데르탈 인 골격. 과학자들은 이 곳에서 화석 뼈뿐만 아니라, 2만 5000점 이상의 석기도 발견했는데, 그 중 일부는 나무 자루에 붙여 창으로 사용된 것으로 보인다. 케바라에서는 네안데르탈 인이 가젤영양과 사슴 고기를 구운 화덕도 여러 군데 발견되었다.

전파했다는 개념은 다소 지나쳐 보인다. 그렇지만 이러한 표현은 이 종의 이미지를 회복시키기 위해 과학계가 기울인 노력을 보여 준다.[12]

그런데 샤니다르는 또 다른 비밀을 간직하고 있었다. 그것은 네안데르탈 인이 죽은 자를 돌본 사실에 못지않게 놀라운 것이다. 모두 아홉 명의 골격이 발굴되었는데, 그 중 하나는 심한 부상을 입은 흔적이 남아 있었다. 인류학자 에릭 트링코스는 "그는 죽을 당시 나이가 40세 가량이었고, 지금까지 발견된 것 중 가장 심한 부상을 입은 네안데르탈 인이었다."고 말한다. "그는 아주 놀라운 생존자였다. 머리에서부터 발가락끝까지 상처투성이였다. 왼쪽 눈과 뺨 주위의 뼈는 함몰되었다가 나중에 회복되었다. 그는 부분적으로 맹인이었을 것이다. 한쪽 팔도 위축돼 있고, 오른쪽 무릎과 발꿈치, 엄지발가락에 심한 관절염을 앓았으며, 한쪽 발은 부러졌다가 다시 나았다. 그러고도 그는 살아남았다. 이러한 부상을 당하고 나서도 최소한 몇 년 동안은, 그는 가족이나 부족 사람

네안데르탈 인은 죽은 자에게 경의를 표시한 게 분명하다. 여러 매장지에서 남자나 여자 또는 어린이의 시체가 꽃이나 동물 두개골로 장식된 채 발견되었다.

들의 도움과 돌봄을 받은 것이 분명하다."[13] 쾰른 대학의 랄프 슈미츠(Ralf Schmitz)가 알아 냈듯이, 네안데르탈인 중 가장 유명한 사람(1856년 네안더 계곡에서 그 유해가 발견된)도 심한 부상을 입었지만 살아남았다. "그는 왼쪽 팔이 부러져서 정상적으로 움직일 수 없었기 때문에 오른쪽 팔만으로 모든 일을 해야 했다. 그는 관절염도 많이 앓았다."고 슈미츠는 말한다.[14] 혼자서 살았더라면, 그는 금방 죽고 말았을 것이다. 그렇지만 그는 살아남았는데, 이 사실은 네안데르탈인이 병자와 부상자를 돌봐 주었음을 시사한다. 이것은 사회적 응집력이 높은 생활 방식 때문이기도 하고, 부상당한 사람들이 나머지 부족 사람들에게 제공할 게(예컨대 지혜나 조언 같은 것) 있었기 때문인지도 모른다.

　뼈에 남은 많은 부상의 흔적은 네안데르탈인 사회에 서로를 돌보는 풍토가 형성되어 있었다는 사실을 알려 줄 뿐만 아니라, 그들의 삶에 위험하고도 폭력적인 측면이 있었음을 시사한다. 트링코스는 제자인 토미 버거(Tomy Berger)와 함께 네안데르탈인 17구의 뼈를 분석했는데, 거기에는 모두 27군데의 외상이 남아 있었다. 버거는 "대부분 머리와 상체에 부상을 입었고, 하체에는 부상당한 흔적이 거의 없었다.' 라고 말한다."[15] "그 통계 자료는 로데오 참가자의 것과 비슷했다. 그들은 종종 큰 동물의 공격을 받아 내동댕이쳐지곤 한다." 다시 말해서, 네안데르탈인은 그들이 사냥하던 동물에게 내동댕이쳐지거나 심한 부상을 입었다. 그들은 동물에 몰래 접근하여 멀찌감치서 창을 던지는 안전한 사냥 방법을 택하지 않았다. 동물을 죽이려면 바짝 접근해야 했고, 그에 따른 대가를 치렀다. 물론 그렇다고 해서 무모하게 정면으로 돌격한 것은 아니었을 테고, 무리를 지어 어떤 전략에 따라 공격했을 것이다. 애리조나 대학의 스티븐 쿤(Steven Kuhn)은 "몇몇 사냥꾼이 서로 협력하여 늪이나 깊은

이라크 샤니다르에서 발견된 네안데르탈인의 갈비뼈에는 이 종이 흔히 입었던 전형적인 부상의 흔적이 남아 있는데, 이것은 그들이 살았던 험난한 삶을 말해 준다. 게다가 최근의 연구(팀 화이트와 올번 디플뢰르가 한 연구를 포함해)에서는 가끔 이들의 뼈에서 의도적으로 살이 발라져 나간 흔적이 발견되었는데, 이것은 네안데르탈인에게 식인 습성이 있었음을 시사한다.

강 같은 자연 지형을 이용해 큰 동물을 궁지로 몰아넣었을 것이다. 그들은 가까운 거리에서 아마도 날카로운 창끝(돌로 만든)이 달린 나무창으로 동물을 찔러 죽였을 것이다."라고 말한다.[16] 이들은 험난한 생존 투쟁에서 아주 억센 반응을 진화시킨 무리였으며, 하버드 대학의 존 시(John Shea)의 표현처럼 "최고의 올림픽 선수가 목표로 삼는 것을 넘어서는 신체 능력을 가진 사람들이었다." 나타난 모든 증거는 그들이 '힘들고 치열한' 삶을 살았음을 보여 준다고 시는 덧붙인다. "머리에 난 상처나 팔다리의 외상 같은 것은 네안데르탈인 사이에서는 보통이었다. 게다가 나이를 조사한 결과에 따르면, 네안데르탈인은 30대나 40대를 지나 생식기를 넘어서까지 산 사람이 거의 없었던 것

같다."[17]

호모 네안데르탈렌시스에 관한 이 모든 묘사에서 이전의 장에 언급했던 많은 개념이 분명하게 나타난다는 점이 흥미롭다. 라시마에 살았던 사람들이 죽은 자에게 경의를 표한 단서가 남아 있다. 아무드와 르무스티에, 라페라시를 비롯해 여러 장소에서 네안데르탈인이 그러한 행동을 했다는 확실한 증거를 발견할 수 있다. 3장에서 우리는 호모 에렉투스의 표본 **KNM-ER 1808**이 비타민 A 중독에 걸리고도 동료들의 도움으로 한동안 살아남았을 것이라는 단서를 보았다. 샤니다르와 네안더 계곡을 비롯해 여러 장소에서도 네안데르탈인이 중상을 입은 동료를 돌보아 준 것으로 보이는 증거가 발견된다. 그리고 트링코스와 그 동료들이 연구한 외상 목록을 보면, 마크 로버츠와 마이클 피츠가 하이델베르크인과 유럽에 살았던 그 후손(네안데르탈인)은 '사냥에 모든 것을 쏟아부었던' 사람들이라고 했던 말이 옳음을 알 수 있다. 파악하기 어려운 많은 진화의 힘이 모순적인 성격이 뒤섞여 있던(서로를 돌봐 주며 인정 많으면서도 건장하고 우락부락했던) 이 수수께끼의 사람들에게 나타나고 있었던 것이다. 사람들이 네안데르탈인을 이해하는 데 어려움을 겪었던 것도 무리가 아니다.

오른쪽 칼날들은 프랑스의 암석 주거지에서 발견되었다. 네안데르탈인이 사용한 이 도구들에서는 정교한 새 기술을 엿볼 수 있다. 손으로 잡는 부분에는 특별히 손잡이 부분이 붙어 있다. 왼쪽에 보이는 말코손바닥사슴과 늑대의 이빨은 펜던트로 사용되었다.

네안데르탈인은 불도 피울 줄 알았다. 다만, 그들이 사용한 화덕은 비교적 단순하고 조야해 보인다. 대개의 경우, 동굴 바닥 위에 짓눌린 재층이 남아 있었다. 모호하지만 그들이 주거를 만든 것처럼 보이는 단서도 있다. 또, 그들은 무스테리안 공작으로 알려진 복잡한 석기를 만들었다. 이 석기들은 호모 에렉투스가 만들었던 아슐리안 공작보다 사전 계획과 지식이 훨씬 많이 필요하다. 주먹도끼와 가로날도끼를 비롯해 그 밖의 큰 도구들 대신에 더 섬세한 암석 조각에서 떼낸 작은 도구들이 사용되었다. 많이 사용된 한 도구는 옆긁개로, 마모 패턴으로 미루어보건대 가죽을 문지르거나 나무를 다듬는 데 사용된 것으로 보인다. 모서리가 톱니 모양인 작은 돌 조각도 만들어졌으며, 칼이나 창을 만드는 데 필요한 자루나 손잡이에 딱 들어맞는 것처럼 보이는 칼날이나 창날도 만들어졌다.[18] 또, 네안데르탈인은 끈을 통과시킬 수 있는 구멍이 난 펜던트 같은 간단한 장식물도 만들었다.

지금 와서 돌이켜보면, 웰스가 네안데르탈인에 대해 묘사한 것이나 불과 샤프하우

네안데르탈 인이 살았던 영역

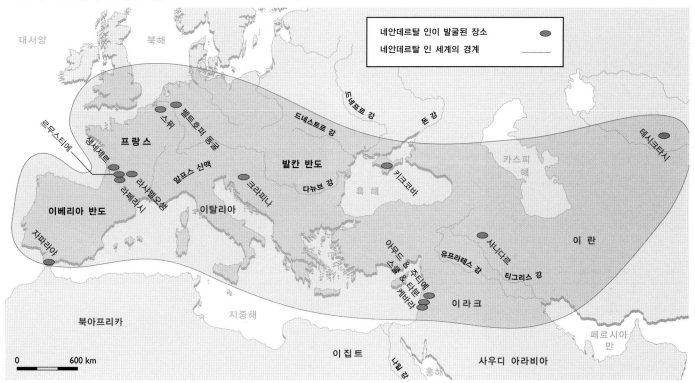

손 같은 과학자가 네안데르탈 인을 비하하는 발언을 한 것은 이상한 선동 같아 보인다. 다행히도, 최근에는 윌리엄 골딩(William Golding)의 소설 《계승자들(The Inheritors)》에서처럼 네안데르탈 인을 생긴 그대로 수수한 모습을 부각시키며 좀더 공정한 시각에서 서술하려는 시도들이 나타나고 있다. 골딩이 묘사한 다음 모습을 웰스가 덧칠한 그 음울한 초상화와 비교해 보라. "입은 넓고 부드러웠고, 굽이치는 윗입술 위에는 커다란 콧구멍이 날개처럼 활짝 펼쳐져 있었다. 콧마루는 아예 없고, 코끝 바로 위로는 달빛에 비친, 불쑥 튀어나온 눈썹의 그림자가 드리우고 있었다. 그 그림자는 양 뺨 위에 있는 동굴들에서 가장 어둡게 머물러 있었고, 그 속의 눈은 보이지 않았다. 그 위에는 눈썹이 일자로 나 있고, 그 위에는 아무것도 없었다."[19]

불쌍한 네안데르탈 인은 마침내 조금씩 호의적인 평을 받기 시작했다. 둔중하게 걸어다녔던 인간 이하의 존재로 비하와 조롱과 멸시를 100년 이상 받아 오다가 이제 지능과 정신을 갖춘 존재로 재평가받게 되었다. 네안데르탈 인은 툭 튀어나온 안와상 융기와 육중한 턱 때문에 위협적인 모습으로 보이겠지만, 《무시무시한 사람》에 묘사된 괴물 같은 원숭이인간하고는 거리가 멀다. 그 중 한 사람을 환생시켜 목욕과 면도를 시키고 오늘날의 옷을 입힌 다음, 뉴욕의 지하철에 갖다 놓아 보라. 그러면 라샤

네안데르탈 인의 영토: 호모 네안데르탈렌시스의 유해는 1856년에 독일의 펠트호퍼 동굴에서 맨 처음 발견되었으며, 그 후 남유럽과 중앙 유럽 그리고 중동에 이르는 넓은 지역에서 계속 발견되었다.

불의 힘

불을 다룰 수 있게 된 것은 우리 조상이 이룬 가장 획기적인 혁신 중 하나로 꼽을 수 있다. 불로 독성이 있거나 소화시키기 힘든 음식물을 익혀 먹을 수 있게 됨으로써 먹이의 범위가 크게 확대되었다. 또, 불은 식물이나 고기를 얻을 수 있는 새로운 기술도 제공해 주었다. 예를 들면, 불을 사용해 사냥꾼이 있는 곳으로 동물을 몰 수도 있었고, 수풀이나 나무를 불태워 새로운 식물의 성장과 견과류 및 다른 열매의 생산을 촉진시킬 수도 있었다.

오늘날 지구상에 살고 있는 모든 수렵 채취인 부족은 음식을 익혀 먹는데, 우리 조상이 정확하게 언제부터 불을 마음대로 다루고 만들 수 있었는지는 말하기 어렵다. 투르카나와 스와트크란스에서 발굴된 화석들은 이미 130만~140만 년 전부터 포식 동물에 대한 방어 수단으로 불이 사용되었음을 시사하며, 케냐의 쿠비포라에서는 160만 년 전에 이미 불이 사용되었다는 증거가 발견되었다. 그러나 이 증거는 논란의 대상이 되었고, 많은 과학자는 그 당시 인류가 불을 자유자재로 다루었다고는 생각지 않는다. 프랑스의 테라아마타와 중국의 저우커우뎬 등에서는 화덕으로 추정되는 흔적과 불에 탄 동물 뼛조각이 발견되었다. 이것들은 모두 30만~40만 년 전의 것으로 연대가 측정된다. 이와는 대조적으로 약 50만 년 전에 인류가 살았던 복스그로브에서는 화덕이 전혀 발견되지 않는데, 물론 증거가 없다고 해서 당시에 불을 전혀 사용하지 않았다고 단정할 수는 없다.

사실, 화덕이 계속 나타나기 시작하는 시기는 약 4만 년 전부터이며, 대개 아프리카에서 호모 사피엔스가 출현한 시기와 일치한다. 따라서, 불의 힘이라는 선물은 중앙 아프리카의 뜨거운 열기에 적응해 있던 우리 조상이 유럽의 얼어붙은 땅을 정복하는 데 중요한 역할을 했을 가능성이 아주 높다. 런던 유니버시티 대학의 데이비드 해리스(David Harris)는 《인류의 진화에 관한 케임브리지 백과 사전(The

Cambridge Encyclopaedia of Human Evolution)》에서 다음과 같이 서술하고 있다. "불을 만들고 운반하는 것은 빙상 근처의 지역을 점령하는 데 필수적이었다. 아마도 그 무렵

모닥불 주위에 모인 네안데르탈 인의 모습을 재현한 사진. 불은 단지 음식을 익혀 먹음으로써 식생활을 개선하는 혜택만 가져다 준 것이 아니다. 이와 같은 모닥불은 우리 조상에게 서로의 생각과 의견을 교환하고, 부족의 사회적 유대를 강화할 수 있는 중심 장소가 되었을 것이다.

에 계절적인 먹이 부족을 극복하기 위해 고기와 생선을 말리고 훈제하거나 다른 음식물을 보존하는 데 불이 최초로 사용되기 시작했을 것이다."

펠의 노인을 재평가하려고 많은 노력을 기울인 케이브가 말한 것처럼 "다소 다르게 생긴 외국인보다 더 많은 시선을 끌지는 않을 것이다."[20] 이 말은 나리오코토메 소년에게 낮은 이마를 가리기 위해 모자만 하나 씌워 사람들 사이로 걸어가게 하더라도 별 관심을 끌지 않을 것이라고 한 주장을 연상시킨다. 그러나 네안데르탈인은 부족한 뇌용량을 가리기 위한 모자조차 필요하지 않다. 네안데르탈인은 틀림없는 사람이고, 두개골의 크기도 우리와 비슷하며, 지능도 호모 사피엔스에 못지않았다. 다만, 네안데르탈인이 지하철 테스트를 쉽사리 통과할 수 있을까에 대해 모든 과학자가 동의하는 것은 아니다. 무엇보다 눈에 띄는 안와상 융기와 이두근이 문제다. 런던 유니버시티 대학의 유전학자 스티브 존스(Steve Jones)는 "아무리 옷을 잘 입힌다 하더라도, 만약 네안데르탈인이 자기 옆에 앉는다면 대부분의 승객은 단지 자리를 옮기는 데 그치지 않고, 열차를 바꾸어 탈 것이다."라고 말한다.[21]

지난 수십 년 사이에 이 선사 시대 사람들에 대해 과학자들의 평가가 상당히 많이 변해왔다. 오늘날 네안데르탈인이 사자처럼 멍한 시선을 하고 있었다고 생각하는 고생물학자는 아무도 없다. 그 눈을 바라보면 약간 기묘하게 일그러진 우리 자신의 모습을 보게 될 것이다. 작가인 제임스 슈리브(James Shreeve)는 《네안데르탈인 수수께끼(*The Neanderthal Enigma*)》라는 책에서 "과거에 네안데르탈인은 미래의 공상 과학 소설에서 외계인이 하는 역할을 했다."고 썼다. "그들의 색다름은 우리 자신의 본성을 정의해 주고, 그들 자신의 실패와 한계를 보여 주기보다는 우리의 실패와 한계를 부각시켜 준다."[22] 노던일리노이 대학의 프레드 스미스(Fred Smith)도 그 점을 강조한다. "네안데르탈인은 재주가 많고 지능이 매우 높은 존재였다. 그들은 바로 우리 자신이었다. 다만, 조금 다를 뿐이었다."[23] 인류의 진화 이야기에서 이들이 아주 중요한 부분을 차지하는 것은 이러한 이유 때문이다. 지능과 신체 구조와 행동 면에서 우리와 차이가 얼마 없는 네안데르탈인은 우리 자신의 본성을 비춰 보는 데 도움을 주는 단서를 제공한다. 그들과 우리 사이의 미묘한 차이는 우리에게 깨달음을 준다. 그리고 만약 우리가 어떤 존재가 '아니라는' 것을 알게 된다면, 우리가 어떤 존재인지 좀더 명확하게 알 수 있을 것이다.[24]

네안데르탈인은 많은 점에서 우리와 비슷했지만, 체격이 우리보다 더 건장했고, 뇌도 좀 더 컸다(그렇다고 해서 지능이 더 높았다는 뜻은 아니다). 이러한 특징들의 결합은 흥미로운 질문들을 낳는다. 만약 그들이 우락부락한 근육질 몸에 영리한 머리까지 가졌다면, 왜 오늘날까지 살아남지 못했을까? 그들은 혹독한 유럽의 겨울 속에서도 20만 년이나 살아남았고, 문화적으로 진보한 흔적도 곳곳에 남아 있다. 그들이 남긴 최고의 미술 작품과 가장 정교한 석기와 무덤의 대부분은 겨우 약 5만~6만 년 전에 만들어진 것이다. 그러다가 그들은 화석 기록에서 갑자기 사라져 버렸다. 에스파냐 남부의 몇몇 동굴과 격리된 다른 골짜기 지역 한두 군데에서 발견된 그들의 마지막 흔적은 약 3만 년 전의 것이다. 슈리브가 말한 것처럼 네안데르탈 인은 "어떤 어려운 환경 조건에도 버텨 나갈 능력을 갖춘 것처럼 보였다. 어느 모로 봐도 그들은 도저히 질 것 같아 보이지 않았다. 그런데 그들은 지고 말았다. 네안데르탈 인은 가장 발달된 단계에 이르렀을 때, 갑자기 지구상에서 사라지고 말았다."[25]

네안데르탈 인이 마지막으로 살았던 장소가 어디인지는 정확하게 알 수 없지만, 에스파냐의 말라가 근처에 있는 자파라야가 유력한 후보지 중 한 군데이다. 이 곳 석회암 동굴 속의 비좁은 통로에서 연구자들은 네안데르탈 인이 3만 년 전 이후에도 살고 있었다는 증거를 발견했다. 파리의 인류박물관에서 일하는 장-자크 위블랭 (Jean-Jacques Hublin)은 발굴 작업을 지휘한 사람인데, "대륙의 끝에 위치한 에스파냐 남부는 유럽의 막다른 골목이나 다름없다."고 말한다. "만약 네안데르탈 인이 어딘가로 피신해 끝까지 숨어 살았다면, 바로 이 곳일 것이다."[26] 위블랭이 이끄는 발굴팀은 자파라야에서 석기 시대의 보물 창고를 발견했다. 부싯돌, 사람과 동물의 뼈, 최소한 한 군데의 화덕, 이 지역에서 서식하는 염소 아종(亞種)인 피레네아이벡스 (*Capra ibex pyraneica*)의 뼈무더기 등이 나왔다. 따라서, 이 동굴 속에서 일부 네안데르탈 인이 불 옆에 모여 염소 고기를

독일 에크라트에 있는 네안데르탈 박물관에 전시된 모형. 에크라트는 이 신비스러운 종의 화석이 최초로 발견된 장소 근처에 있는 도시이다. 네안데르탈 인은 한때 짐승이 격세유전된 것이라는 조롱을 받았지만, 오늘날 과학자들은 다소 기발하게 만들어 놓은 이 모형처럼 네안데르탈 인이 현생 인류와 아주 비슷하다고 인정한다.

굽고, 시에라데알아마 산맥 위로 지는 해를 바라보면서 살았을 것이다. 그러다가 그들은 사라져 버렸고, 자파라야는 최후의 네안데르탈 인이 거주한 굴이라는 명성을 얻게되었다(그러나 여기에 도전장을 내미는 다른 후보들도 있다. 예를 들면 구소련 과학자들은 약 2만 9000년 전에 크로아티아와 크리미아 일부 지역에 네안데르탈 인이 살았던증거를 발견했다고 보고했다).

물론 네안데르탈 인이 마지막으로 살았던 곳이 실제로 어디였느냐 하는 것은 중요한문제가 아니다. 진짜 중요한 문제는 무슨 일이 일어났느냐 하는 것이다. 왜 네안데르탈인은 우리 대신에 오늘날 세계의 지배자가 되지 못했을까? 스티브 존스는 이렇게 묻는다. "불과 3만 년 전에 평범했던 한 영장류 종은 그 수가 가장 크게 불어나는 포유류로

겨울 이야기

대부분의 사람들은 빙하 시대는 더 이상 지구에 아무런 영향을 끼치지 않는다고 생각한다. 그러나 지구는 아직도 여전히 한 빙하 시대의 영향을 받고 있으며, 지난 수백만 년 동안 계속 그래 왔다. 빙하 시대가 가장 맹위를 떨칠 때에는 유럽과 북아메리카의 상당 부분이 수 km 두께의 얼음으로 덮여 있었다. 그 사이사이에 기온이 크게 떨어진 시기를 빙하기라 부르는데, 마지막 빙하기가 누그러진 것은 겨우 1만 년 전이다. 그리고 지금은 비교적 따뜻한 시기가 계속되고 있는데, 빙하기 사이의 이러한 시기를 간빙기라 부른다.

마지막 빙하기 동안에 지구상의 물 중 상당량이 빙원과 빙하에 갇혀 있었고, 해수면은 100m 이상이나 낮아졌다.

이 때문에 얕은 바다는 땅으로 변해 육지와 육지를 잇는 육교가 되었다. 그 중 하나는 알래스카와 아시아를 이어 주는 것으로, 현재의 베링 해협에 위치하고 있어서 베링기아(Beringia)라 부른다. 게다가 동남 아시아의 많은 섬들도 서로 연결돼 있었다. 다만, 아시아 대륙이 오스트레일리아 대륙과 연결된 적은 한 번도 없었다.

이러한 대륙의 연결은 우리 조상이 확산해 가는 데 아주 중요한 역할을 했다. 호모 에렉투스가 세계 곳곳으로 퍼져 갈 때, 육교는 그들에게 말레이시아와 수마트라를 거쳐 자바까지 흘러들어갈 수 있게 해 주었다. 훗날 마지막 빙하기의 끝자락에 해당하는 수천 년 동안에 베링기아는 아시아 부족(호모 사피엔스에 속하는)이 아메리카 대륙으로 건너

갈 수 있는 길을 열어 주었고, 그들은 서서히 신세계로 이동해 갔다. 빙하 시대는 심한 기후 변동도 가져왔다. 최근에 일어난 가장 혹독한 기후 변동은 네안데르탈인을 북유럽에서 내몰아 멀리 남쪽으로는 오늘날의 중동 지역까지 이주하게 했다.

네안데르탈인이 호모 사피엔스와 처음 만난 곳이 아마 이 곳이었을 것이다. 그 후, 호모 사피엔스는 네안데르탈인의 고향인 유럽을 지배하게 되었다.

위: 마지막 빙하기는 약 3만 년 전 (마지막 네안데르탈인이 북유럽의 동굴 속에서 멸종할 무렵)에 시작되어 약 1만 3000년 전까지 계속되었다. 대륙은 빙하와 만년설(위의 지도에서 흰색으로 표시된 부분)로 덮여 있었고, 대부분의 땅은 툰드라(동토대)로 변했다. 많은 물이 얼음에 갇히게 되자 해수면이 내려가면서 육지 면적(지도에서 짙은 부분)이 크게 늘어났다. 이 시기에 대부분의 식량은 순록과 말에서 얻었다. 영국이나 독일 같은 주요 대륙빙 가까이에 사람들이 정착해 살긴 했지만, 빙하 때문에 종종 그 곳을 버리고 떠나야 했다.

왼쪽: 바다코끼리를 사냥하고 있는 에스키모 인. 현생 인류는 아주 추운 북극 지역을 포함해 아무리 살기 힘든 곳이라도 살지 않는 곳이 거의 없다. 이러한 적응 능력은 네안데르탈인에게서는 찾아보기 힘든 행동의 유연성에서 비롯된다.

에스파냐 남부 자파라야에 있는 동굴 속에서 작업하고 있는 고생물학자. 약 3만 년 전에 북유럽에서 네안데르탈인이 사라져 갈 무렵, 마지막까지 살아남은 몇 명이 이 곳에 머물렀던 것으로 보인다.

발전한 반면, 유전학적으로 그 종과 거의 구별되지 않는 그 친척은 멸종하리라고 누가 예측할 수 있었겠는가?"[27]

　이러한 질문들에 답을 제시하려는 시도는 과학계에서 가장 격렬한 논쟁을 촉발시키기도 했다. 그것들은 바로 인간성이라는 개념의 핵심을 건드리기 때문이다. 이 문제들은 이 책의 마지막 두 장에서 주요 주제로 논의될 것이다. 여기에는 두 가지 요소가 중요한 역할을 하게 된다. 하나는 약 4만 년 전에 유럽에서 나타난 최초의 호모 사피엔스인 크로마뇽 인이다. 이들의 뼈가 최초로 발견된 장소 중 하나가 프랑스의 크로마뇽 동굴이라 크로마뇽 인이란 이름이 붙게 되었다(크로마뇽 **Cro-Magnon**은 '큰 절벽'이란 뜻인데, 레제지라는 소도시 위로 우뚝 솟아 있는 석회암 대산괴를 가리킨다. 1868년, 철도 건설 작업을 하던 인부들이 이 절벽에 있는 한 동굴에서 무덤을 하나 발견했는데, 그 속에 크로마뇽 인 어른 네 명과 어린이 한 명의 유해가 들어 있었고, 목걸이로 사용된 것으로 보이는, 구멍 뚫린 조개 껍데기와 동물 이빨도 함께 발견되었다). 크로마뇽 인과 네안데르탈 인의 관계는 우리가 논의하는 이야기에서 아주 중요한 의미를 지닌다. 선사 시대를 연구하는 새로운 방법이 나타난 것 역시 이에 못지않게 중요한데, 이 방법은 죽은 사람의 뼈를 조사하는 게 아니라, 살아 있는 사람의 유전자를 분석해 얻은 결과를 토대로 과거에 일어났던 인구 이동을 추론해 내는 것이다. 이 새로운 기술은 네안데르탈 인의 연구에 획기적인 빛을 비춰 주었고, 우리 자신의 본성에도 새롭게 눈을 뜨게 해 주었다. 유전자와 네안데르탈 인과 인류, 이 셋은 곧 보게 되겠지만, 마법의 효력을 발휘하는 칵테일이다.

제 7 장

모든 인류의 어머니

1988년 1월 11일자 〈뉴스위크〉지의 표지에는 평소와 다르게 아주 자극적인 그림이 실렸다. 젊은 남녀가 사과나무 옆에 서 있는 그림이었는데, 날씬한 체격과 갈색 피부에 우아한 모습을 한 두 사람은 발가벗고 있었다. 남자에게 사과를 건네고 있는 여자는 곱슬곱슬한 머리카락이 젖꼭지를 간신히 가리고 있었다. 남자는 미소를 지으며 손을 내밀고 있고, 살찐 초록색 뱀이 그들을 주의깊게 노려보고 있다. 두 사람이 누구인지는 한눈에 알아볼 수 있지만, 작가 제임스 슈리브는 "구릿빛 피부와 탄탄한 체격을 가진 이들은 영원한 낙원의 거주자라기보다 특이한 헬스 클럽에 다니는 사람처럼 보인다."고 말한다.[1]

이 무렵, 아담과 이브가 신문의 머리기사를 장식하기 시작했는데, 실제로 언론의 조명을 받은 쪽은 이브뿐이었다. 이브는 캘리포니아 대학의 앨런 윌슨(Allan Wilson), 레베카 칸(Rebecca Cann), 마크 스톤킹(Mark Stoneking)이 한 선구적인 연구 덕분에 새로이 각광을 받게 되었다. 이 연구팀이 발표한 내용은 실로 놀라운 것이었다. 그들은 지구상의 모든 사람은 거슬러 올라가면 약 20만 년 전 아프리카에 살았던 한 여자에게서 시작된다고 결론내렸다. 뉴기니의 부족민과 파리의 바텐더, 미국의 교사, 폴리네시아의 농부, 어느 모로 보나 서로 전혀 관계가 없어 보이지만, 바로 이 여자를 통해 모두 서로 한 핏줄로 연결돼 있다는 것이다.

그것은 정말 충격적인 발표였고, 바로 그 날부터 분자생물학은 인류의 진화 연구에 중대한 영향을 미치기 시작했다. 진화를 연구하는 방법으로 뼈와 돌에 유전자까지 가세한 것이다. 물론 유전자는 살아 있는 세포의 성장과 발달을 제어하는 것이 주임무이지만, 먼 과거에서 보낸 밀사의 역할도 하기 때문에 잃어버린 세대들에 대한 정보를 제공한다. 영국 인류학자 조너선 킹던은 선사 시대 연구자에게 유전자가 어떤 가치가 있는지 다음과 같이 요약해 설명했다. "화석 뼈와 발자국과 폐허로 남은 집터는 역사를 말해 주는 확실한 사실이다. 그러나 가장 확실하고 가장 오래 지속되는 단서는 이 조그마한 유전자에 들어 있다. 우리는 살아 있는 동안 잠깐 그것을 보호하다가 바통을 전달하는 계주 주자처럼 후손에게 전해 준다. 유전학에는 부서진 뼈에서는 알아보기 힘든 시가 들어 있으며, 유전자는 부서지지 않고 살아 있는 유일한 실로, 그 모든 뼈가 널려 있는 장소들을 넘나들며 천을 짠다."[2]

1980년대에 이미 스탠퍼드 대학의 루카 카발리-스포자(Luca Cavalli-Sforza) 같은 유전학자들은 선사 시대 인구의 이동 경로를 추적하기 시작했다. 그들은 현재 살고 있는 여러 인종의 사람들에게서 추출한 유전자에서 변이를 분석함으로써 그러한 추적을 할 수 있었다. 그러나 대중의 상상력을 사로잡은 것은 캘리포니아 대학 연구팀의 연구 결과였다. 그 결론이 너무나 단순하면서도 충격적인 것이었기 때문이다. 윌슨과 그 동료들은 다양한 인종 집단의 여성 태반에서 조직을 채취하여 거기서 미토콘드리아 DNA라는 특별한 유전 물질을 분리했다. 미토콘드리아는 사람의 거의 모든 체세포 속에 들어 있는 아주 작은 세포 기관으로, 미토콘드리아 DNA는 그 속에 들어 있는 유전 물질이다. 미토콘드리아 DNA가 인류의 진화를 연구하는 데 유용한 이유는 두 가지이다. 첫째, 거의 모든 미토콘드리아 DNA는 오직 모계를 통해서만 한 세대에서 다음 세대로 전달된다. 그래서 그 속에는 전세계 여성들의 역사가 담겨 있다. 둘째, 세포핵(우리의 유전자가 저장돼 있는) 속에 있는 DNA와는 달리, 미토콘드리아 DNA는 돌연 변이가 아주 빨리 일어난다. 세대가 계속 지나는 동안 이러한 돌연 변이는 일정한 속도로 축적된다. 과학자들은 서로 다른 종족에 일어난 돌연 변이를 비교함으로써 현생 인류의 계보를 알아 낼 수 있고, 공통 조상으로부터 다양한 종족이 언제 갈려 나왔는지 추정할 수 있다. 캘리포니아 대학 연구팀은 큰 가지가 두 개 달려 있는 인류의 계통수를 얻었다. 하나는 아프리카 인으로 이루어진 가지였고, 또 하나는 나머지 전세계 사람들로 이루어진 가지였다. 그리고 나무 밑부분에는 모든 인류의 공통 조상이 자리잡고 있는데, 연구팀은 계산을 통해 그 조상이 약 20만 년 전에 아프리카에 살았다는 결론을 얻었다. 호모 사피엔스의 창시자인 이 사람은 불과 20만 년 전에 아프리카에서 처음 나타난 것이다. 인류의 계통이 아주 오래 전(이 책에서 우리는 약 500만 년 전까지 추적해 보았다)부터 시작된 것을 감안하면, 20만 년 전이라면 놀라울 정도로 최근이다.

1987년 1월에 〈네이처〉지에 요약되어 발표된 이 연구팀의 결론이 전세계 주요 신문의 머리기사를 장식한 것은 당연하다. 특히 윌슨이 인류의 뿌리를 특정 집단이나 부족이 아니라, 한 여성(우리 종이 시작된 최초의 여성으로, '아프리카의 이브'[3]라는 별명이 붙은)으로 추적할 수 있다고 주장했기 때문에 더욱 큰 관심을 끌었다. "이브는 뜨

〈뉴스위크〉지의 표지에 실린 아담과 이브. 〈뉴스위크〉지는 과학자들이 인류의 뿌리를 추적하여, 20만 년 전에 아프리카에서 살았던 한 여성에게서 시작되었다는 사실을 밝혀 낸 이야기를 표지 기사로 실었다.

거운 사바나에서 먹이를 찾아 헤매던 검은색 머리카락에 검은색 피부의 여성이었을 가능성이 높다.”고 〈뉴스위크〉지는 썼다. “이브는 마르티나 나브라틸로바처럼 근육질이거나 더 튼튼했을 것이다. 그녀는 석기를 사용하길 좋아했을 수도 있지만, 손으로 동물을 잡아 찢었을지도 모른다. 그녀는 지구상에 존재하던 유일한 여성은 아니었고, 또 가장 매력적이거나 모성적인 여성도 아니었을 것이다. 다만 일련의 유전자를 전파하는 능력으로 판단할 때, 그녀는 생산력이 가장 풍부한 여성이었다. 오늘날 지구상에 살고 있는 모든 사람들은 그녀의 유전자를 물려받은 것으로 보인다. 전세계 50억의 인구가 한 핏줄인 것이다. 대략 계산하면, 그녀는 여러분에게는 1만 세대 위의 할머니에 해당한다.”[4]

이 발견은 때를 아주 잘 맞추었다. 당시 고생물학자들은 앞장에서 우리가 제기한 질문들을 놓고 의견이 첨예하게 갈라져 있었기 때문이다. 그 질문들이란, 네안데르탈 인에게는 도대체 무슨 일이 일어났고, 호모 사피엔스는 네안데르탈 인의 멸종에 어떤 역할을 했으며, 현생 인류는 어디서 시작되었는가 하는 것이다. 이 질문들을 놓고 과학자들은 아프리카 기원설을 지지하는 쪽과 다지역 기원설을 지지하는 쪽의 양 진영으로 나누어져 있었다. 이들의 견해를 조금만 살펴보면, 캘리포니아 대학 연구팀의 논문이 왜 그렇게 큰 충격을 주었는지 이해가 갈 것이다.

수십 년 동안 일단의 인류학자들은 네안데르탈 인이 단순히 다른 현생 인류 종으로 진화해 갔기 때문에 유럽의 화석 기록에서 사라졌다고 주장해 왔다. 이 가설은 과학자들이 네안데르탈 인을 재평가하는 와중에 나왔다. 불에게 아주 심한 모욕을 당했던 네안데르탈 인은 20세기가 지나가면서 서서히 올바른 평가를 받게 되었다. 재평가 작업에 중요한 역할을 한 한 사람은 독일 태생의 유대 인 과학자 프란츠 바이덴라히(Franz Weidenreich)였다. 그는 중국에서 호모 에렉투스의 화석을 발견한 탐사대를 조직했던 연구소를 이끌면서 이름을 날리다가 나치 독일의 박해를 피해 뉴욕에 정착했다. 바이덴라히는 사람이 살고 있는 전세계 각 지역에는 모두 그 곳에 고유한 인류 진화 계통이 발달해 왔으며, “그 모든 길은 오늘날의 인류를 최종 목표 지점으로 삼아 나아왔다.”고 믿었다. 특히, 그는 네안데르탈 인이 호모 사피엔스로 이어졌다고 주장했다. 에렉투스는 네안데르탈 인으로 진화했고, 네안데르탈 인은 유럽에서 서서히 호모 사피엔스로 변해 갔다고 그는 말했다. 마찬가지로, 중국의 호모 에렉투스에서 오늘날의 동양인으로 선을 그을 수 있으며, 자바에 살았던 호모 에렉투스에서 오늘날의 오스트레일리아 원주민으로 선을 그을 수 있다.

다시 말해서, 호모 에렉투스는 100만 년도 더 전에 대이주를 시작하면서 구세계 전체에 여러 집단을 퍼뜨렸고, 그 집단들이 후에 각각 그 곳에서 진화를 계속하게 되었다는 것이다. 피그미 족, 오스트레일리아의 아보리진, 이누이트 족과 그 밖에 오늘날 지구에 살고 있는 다양한 인종들은 오래 전에 이렇게 우리 조상들이 갈라지면서 생긴 최종 산물이며, 그들의 특징은 바로 그 조상 때부터 생긴 것이라고 그는 주장했다. 예를 들면, 호모 네안데르탈렌시스가 마침내 현생 유럽 인으로 변할 때 생겨난 한 가지 부산물이 바로 현대 유럽 인의 큰 코이다. 이와 비슷하게 동양인의 편평한 얼굴과 오스트레일리아 아보리진의 납작한 이마 등의 기원도 호모 에렉투스로 거슬러 올라가 찾을 수 있다.[5] 바이덴라히의 이러한 개념들은 불쌍한 네안데르탈 인을 현생 유럽인의 직계 조상의 자리에 앉힘으로써 그 지위를 회복시켜 주었지만, 이 가설은 현생 인류를 구성하는 종족 사이에 뿌리 깊은 틈이 있음을 시사했다.

호모 사피엔스가 구세계 전체에서 100만 년간에 걸친 연속적인 진화 과정을 통해 현재의 상태에 이르렀다는 이 개념은 네안데르탈 인이 현생 인류의 직계 조상이라고 강력하게 주장하는 로링 브레이스가 지지했다. 곧이어 미시간 대학의 동료인 밀퍼드 울포프(Milford Wolpoff)와 오스트레일리아 국립대학의 앨런 손(Alan Thorne)도 받아들였다. 이들 역시 호모 에렉투스가 아프리카와 아시아, 유럽의 계곡과 평원과 산에서 100만 년 이상 진화를 계속해 왔다고 주장했지만, 집단 사이의 유전자 이동(집단 간의 교류와 족외혼이 일어난 결과)이 지리적 격리가 인종에 미치는 효과를 완화시켰다는 점을 강조했다. 예를 들면, 코카서스 인종은 유럽의 네안데르탈 인에서 진화했고, 나머지 구세계에서 흘러들어온 유전자도 거기에 섞였다. 그렇다면 이것은 바이덴라히의 인류 진화설에다가 집단 사이의 유전자 이동(인종 간의 깊은 분열을 완화시키는 효과를 나타낸)을 포함시킨 일종의 다지역 기원설이 된다.

그러나 1980년대에 들어 이 주장은 네안데르탈 인과 현대 유럽 인 사이 또는 베이징 원인과 현대 중국인 사이에 아무런 연결 관계도 발견하지 못한 과학자들로터 공격을 받게 된다. 이들 과학자는 연속설 대신에 대체설을 주장하고 나섰다. 이들은 약 4만 년 전에 우리 조상은 두 집단으로 분리되었는데, 그러한 분리는 사하라 사막이 확대되면서 촉발되었다고 주장한다. 그 결과, 북쪽 집단은 네안데르탈 인이 되었고, 남쪽 집단은 호모 사피엔스로 진화해 갔다.

이러한 논쟁이 한창 가열되고 있을 때, 크리스 스트링어(그는 나중에 아프리카 기원설의 열렬한 지지자가 된다)가 고생물학계에서 가장 기묘한 오디세이에 나선다. 1971년 여름, 이 젊은 대학원생은 주요 네안데르탈 인 화석이 수십 년 동안 먼지가 쌓인 채 보관돼 있는 유럽의 박물관 순회에 나섰다(구형 자동차인 모리스 마이너에 텐트를 싣고서). 그는 뼈들을 체계적으로 측정하여 5개월 뒤에 네안데르탈 인과 크로마뇽 인의 해부학에 관한 소중한 자료를 기록한 공책을 가지고 집으로 돌아왔다(대부분의 물건은 자

우리에게 일어난 변화

오늘날 살고 있는 인류는 500만 년 전에 나무에서 내려와 아프리카의 사바나로 걸어간 호미니드 계열의 초기 구성원들과는 아주 다르다. 그 동안에 여러 가지 진화의 힘이 오늘날의 우리를 빚어 만들었다. 예를 들면, 기후 변동은 식성에 변화를 가져왔고, 유연한 잡식성 반응을 보인 계통은 영양분과 에너지를 얻는 데 훨씬 유리하여 뇌가 커지게 되었다.

뇌가 커지자 행동에도 여러 가지 변화가 나타났다. 우리는 불과 도구를 발명했고, 그것은 우리의 신체 구조에 큰 영향을 미치게 되었다. 우리는 이제 더 이상 먹이를 갈고 부수는 튼튼한 치아가 필요 없게 되었고, 이빨과 턱은 작아지게 되었다. 사람의 얼굴에서 주둥이가 사라지게 되었고, 어떤 조상과 비교하더라도 앞뒤 방향의 길이가 훨씬 짧아졌다.

우리는 또 털도 잃게 되었는데, 다만 머리카락(햇빛으로부터 머리를 보호해 주는)과 겨드랑이와 사타구니에 난 털(페로몬이라는 화학 물질을 발산하는 데 관계가 있을지도 모르는)과 남자 얼굴에 나는 털(적과 여성에게 깊은 인상을 주기 위한 시각적 효과가 있는 것처럼 보인다)은 아직도 남아 있다. 즉, 우리에게는 최근에 일어난 진화의 해부학적 흔적이 아직도 남아 있다.

오른쪽에 오랜 시간에 걸쳐 우리에게 일어난 주요 해부학적 변화와 그 이유를 요약해 놓았다.

뇌

호모 사피엔스의 뇌는 크기뿐만 아니라 모양도 특별하다. 특히 현생 인류는 이마가 눈에 띄게 튀어나와 있다. 이것은 마치 우리의 뇌가 더 커지고 둥글어지면서 두개골의 앞과 뒤쪽이 짓눌린 것처럼 보인다. 이와는 대조적으로, 안와상 융기는 조상들에 비하면 아주 작다.

팔

사람과 민꼬리원숭이는 모두 팔을 완전히 똑바로 펼 수 있지만, 민꼬리원숭이만이 탈골이 되지 않게 팔꿈치를 꽉 고정시킬 수 있는데, 이것은 네 발을 사용해 이동할 때 꼭 필요하다.

손

사람의 손과 침팬지의 손은 개개인을 구분할 수 있는 지문에 이르기까지 놀라울 정도로 비슷하다. 민꼬리원숭이 계통이 다른 계통과 구별되는 한 가지 특징은 엄지손가락을 돌려 물체를 붙잡을 수 있는 능력이다. 이 특징은 약 1800만 년 전에 처음 나타났다.

발

호모 사피엔스의 발은 두발 보행에서 중요한 역할을 한다. 발꿈치는 발이 지면에 닿을 때 충격 에너지를 잘 흡수하도록 설계되어 있다. 그러고 나서 몸의 체중이 앞으로 이동하고, 발가락이 그 체중을 받으면서 다음 발걸음을 뗀다.

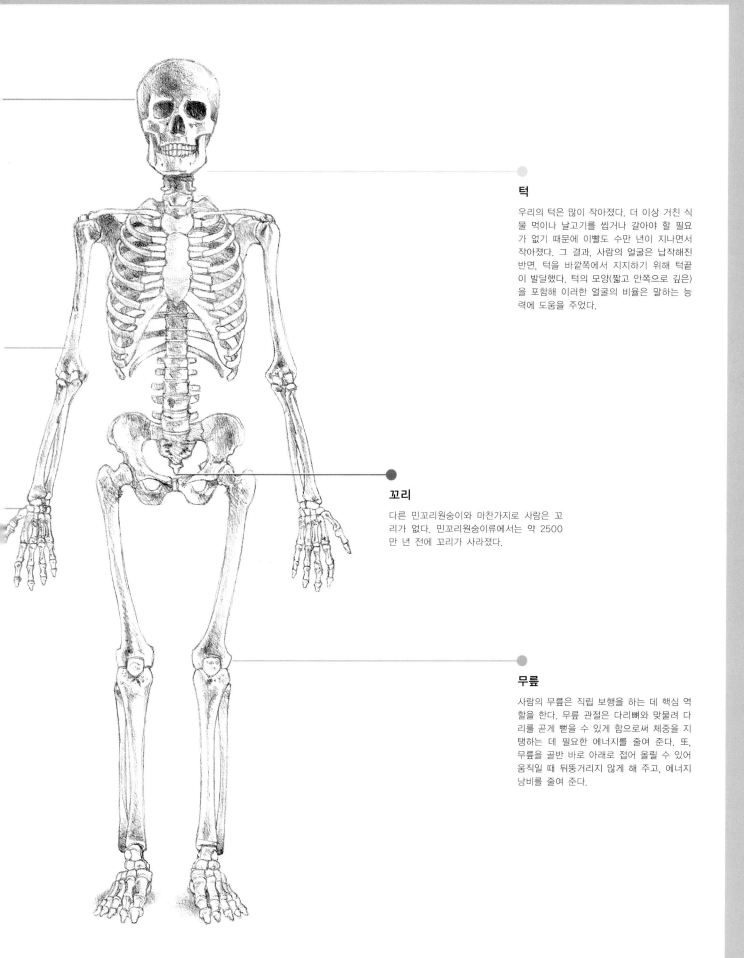

턱

우리의 턱은 많이 작아졌다. 더 이상 거친 식물 먹이나 날고기를 씹거나 갈아야 할 필요가 없기 때문에 이빨도 수만 년이 지나면서 작아졌다. 그 결과, 사람의 얼굴은 납작해진 반면, 턱을 바깥쪽에서 지지하기 위해 턱끝이 발달했다. 턱의 모양(짧고 안쪽으로 깊은)을 포함해 이러한 얼굴의 비율은 말하는 능력에 도움을 주었다.

꼬리

다른 민꼬리원숭이와 마찬가지로 사람은 꼬리가 없다. 민꼬리원숭이류에서는 약 2500만 년 전에 꼬리가 사라졌다.

무릎

사람의 무릎은 직립 보행을 하는 데 핵심 역할을 한다. 무릎 관절은 다리뼈와 맞물려 다리를 곧게 뻗을 수 있게 함으로써 체중을 지탱하는 데 필요한 에너지를 줄여 준다. 또, 무릎을 골반 바로 아래로 접어 올릴 수 있어 움직일 때 뒤뚱거리지 않게 해 주고, 에너지 낭비를 줄여 준다.

동차 절도범에게 털리고, 텐트는 프라하의 폭풍에 날아간 채). 그 자료를 통계학적으로 분석해 본 결과, 네안데르탈 인이 현생 인류로 진화하고 있다는 징후는 전혀 발견되지 않았다. 그 골격에 따르면, 네안데르탈 인에는 서로 아주 다른 두 종족이 있었다. 네안데르탈 인은 크로마뇽 인이 출현하고 나서 약 1만 년 뒤에 화석 기록에서 완전히 사라져 버렸다. 현재 런던의 자연사 박물관에서 고생물학자로 일하고 있는 스트링어는 "크로마뇽 인은 네안데르탈인을 완전히 대체했다."고 말한다.[6]

그런데 크로마뇽 인은 어디서 왔는가? 인류학자 에릭 트링코스가 아주 그럴듯한 실마리를 제공했다. 나리오코토메 소년(3장 참고)의 사례에서 보았듯이, 무덥고 건조한 기후에 적응한 사람들은 키가 크고 호리호리한 체격이 발달하는 경향이 있는 반면, 추운 기후에 적응한 사람들은 키가 작고 땅딸막한 체격이 발달하는 경향이 있다. 이러한 신체 구조의 차이는 정강이뼈와 넓적다리뼈의 길이(혹은 아래팔과 위팔의 길이)를 비교하면 드러난다. 정강이뼈가 넓적다리뼈에 비해 더 길수록 그 뼈의 조상이 살았던 기후는 더 더운 곳이다. 트링코스가 네안데르탈 인의 뼈를 측정한 값을 이 '팔다리 온도계'에 대입하자, 네안데르탈 인이 평균 기온 약 0°C의 기후에 적응한 것으로 나오는데, 그것은 빙하 시대의 유럽과 비슷한 기온이다. 그러나 크로마뇽 인의 경우에는 이와는 달리 약 20°C의 환경에서 살았던 것으로 보이는 값이 측정되었다. 이것은 크로마뇽 인이 빙하로 덮인 추운 유럽이 아니라, 열대 지방에서 왔다는 것을 시사한다. 다른 화석들도 이 결과를 뒷받침해 주는데, 그 중에서도 아주 중요한 것 하나를 리처드 리키가 발견했다. 1967년, 에티오피아의 오모키비시 지역(오모 강과 키비시 강 유역)으로 탐사를 떠난 그는 두개골 파편과 골격(두 번째 두개골도 함께)을 발견했는데, 그 연대는 약 13만 년 전으로 추정되었다. 원시적인 호미니드처럼 보인 이 화석의 나이는 그다지 이상할 게 없었다. 그 후에 과학자들은 키비시 인(이 화석들에 붙은 별명)의 뼈를 좀더 자세히 살펴보다가 그가 실제로 현생 인류라는 사실을 알게 되었다. 그 중 하나인 오모 I 두개골은 얼굴이 짧으면서 넓고, 이마가 높고, 아래턱에는 턱끝이 있고, 닳은 이빨 두 개가 붙어 있었다. 그와 함께 크기나 모양으로 보아 현생 인류의 것처럼 보이는 뼈도 옆에서 발견되었다.[7] 이 발견의 중요성이 인식되기 시작한 것은 바로 그 때였다. 리처드 리키는 《하나의 생명(*One Life*)》에서 당시를 이렇게 기억한다.

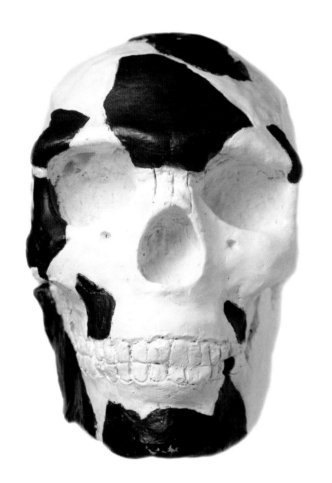

리처드 리키가 발견한 키비시 인의 두개골. 현생 인류의 특징을 많이 지니고 있지만, 그 연대는 최소한 13만 년 전으로 측정되었다.

현생 인류의 유해처럼 보이는, 9만 년 전에 살았던 인류(무덤 속에 묻힌 작은 아기를 포함해)의 화석이 발견된 남아프리카 공화국의 보더 동굴.

"지질학적 조사와 연대 측정 결과, 두 두개골의 나이는 약 13만 년 전으로 나왔다. 그러나 이렇게 오랜 나이에도 불구하고, 이들은 분명히 우리와 같은 종인 호모 사피엔스임을 확인할 수 있었다. 발견 당시에 과학자들은 대체로 우리 종이 지난 6만 년 사이에 나타났다고 믿고 있었고, 많은 사람들은 유명한 네안데르탈 인이 우리의 직계 조상이라고 생각했다. 따라서, 오모의 화석들은 진실은 그렇지 않다는 중요한 증거를 제공한 것이다."[8]

아프리카에서 일어난 일련의 중요한 발견은 이 증거를 뒷받침해 주었다. 남아프리카 공화국의 보더 동굴에서 고생물학자들은 현생 인류의 유해를 발견했는데, 그 중에는 무덤 속에 놓여 있는 작은 아기도 포함돼 있었다. 그것들은 모두 최소한 9만 년 이상 된 것들이었다. 남아프리카 공화국의 클라지스 강에서는 호모 사피엔스처럼 보이는 호미니드의 화석이 발견되었는데, 그 연대는 12만 년 이상으로 추정되었으며,

위: 작살이나 날카로운 작대기를 들고 물고기를 잡는 초기 현생 인류를 재현한 것. 181쪽에 있는 것과 같은 작살을 사용했을 수도 있다.

아래: 남아프리카 공화국의 클라지스 강에서 발견된 석기. 호모 사피엔스처럼 보이는 호미니드와 함께 발견된 이 석기들의 연대는 12만 년 이상으로 측정되었다.

그 옆에서는 놀랍도록 발달된 형태의 석기도 나왔다. 또 자이르의 카탄다에서 미국과 학재단의 존 옐렌(John Yellen)과 조지워싱턴 대학의 앨리슨 브룩스(Alison Brooks)가 정교하게 조각된 9만 년 전의 뼈 작살과 칼을 발견했는데, 크로마뇽 인(약 5만 년 뒤에야 그렇게 정교한 조각 기술을 최초로 발달시킨 것으로 생각되고 있던)이 만든 것만큼이나 정교했다. 제임스 슈리브는 이것을 마치 "레오나르도 다 빈치의 다락방에서 폰티액 승용차가 발견된 것"과 같다고 표현했다.[9]

그렇다면 결론은 하나라고 스트링어는 말한다. 호모 사피엔스는 아프리카에서 발생한 종인 반면, 네안데르탈 인은 "진화상의 형제 혹은 심지어 사촌에 가깝다."는 것이다. 아프리카 기원설(혹은 '노아의 방주 가설'이라고도 부른다)에 따르면, 호모 에렉투스는 아프리카에서 출현하여 약 100만 년 전에 전세계 곳곳으로 퍼져 나가기 시작했으며, 나중에 네안데르탈 인으로(그리고 구세계의 다른 곳에서 알려지지 않은 다른 종들로도) 진화해 갔다. 이 점에는 두 가설(다지역 기원설과 대체설) 모두 동의한다. 그러다가 돌발적인 사건이 일어났다. 10만~15만 년 전에 새로 나타난 호미니드 종(호모 사피엔스)이 아프리카를 탈출하는 두 번째 대이주 물결을 일으키면서 다른 종족을 모두 대체하게 되었다. 약 6만 년 전에 그들은 인도네시아와 오스트레일리아에까지 이르렀다. 그러다가 약 4만 년 전에는 현생 인류가 네안데르탈 인이 살고 있던 유럽으로 밀려들기 시작했다. 약 3만 년 전에 이르러 네안데르탈 인은 멸종하고 말았다. 빙하로 덮인 대륙의 혹독한 추위에도 살아남을 수 있게 적응한 것도 소용 없이 그들은 더운 열대 기후에서 진화한 다른 호미니드에 의해 대체되었다. 물론 호모 사피엔스와 네안데르탈 인의 피가 일부 섞이기도 했겠지만, 그렇게 빈번하게 일어나지는 않았다. 아프리카 기원설에서 핵심 단어는 '대체'이다. 스트링어의 표현처럼 "우리는 피부 밑으로는 모두 아프리카 인이다."[10]

다지역 기원설을 지지하는 사람들은 이 개념을 강하게 부정한다. 로링 브레이스는 이 가설을 '대후퇴설'이라고 조롱하면서, "현생 인류를 낳았으면서도, 변화하는 세상에서 이전 세대의 종들이 흔히 겪은 것처럼, 자신의 후손인 호모 사피엔스에게 희화화되고 거부당하고 혈연 관계를 부정당하는 것은 네안데르탈 인의 어쩔 수 없는 운명이었다."고 주장한다.[11] 울포프 역시 발끈하여 아프리카 기원설을 인류 종이 대체되었다는 개념에 초점을 맞추어 '석기 시대의 대학살'이라고 표현했다. "그것은 람보 같은 기술로 무장한 살인자 아프리카 인이 전세계를 휩쓸면서 만나는 사람들을 닥치는 대로 죽여 없앴다는 이야기나 다름없다. 보편적인 형제애라는 내 개념하고는 전혀 맞지 않는다."[12] 다시 말해서, 그것은 노아의 방주보다는 일종의 인종 청소에 가까웠다는 주장이다.

이에 대해 스트링어는 자신은 "크로마뇽 인이 네안데르탈 인을 폭력적인 방법으로

자이르의 카탄다에서 발견된 정교하게 조각된 뼈작살은 연대가 9만 년 전으로 측정되었다. 그 때까지 이렇게 정교하게 뼈를 깎는 기술은 이보다 약 5만 년 후 크로마뇽 인이 나타난 뒤에야 발달한 것으로 생각되고 있었다.

DNA: 생명의 모국어

1953년 프랜시스 크릭(Francis Crick)과 제임스 윗슨(James Watson)이 DNA의 구조를 발견한 것은 현대 생물학의 가장 위대한 업적 중 하나로 꼽힌다. 두 젊은 연구자는 우리의 유전자를 이루고 있는 분자인 디옥시리보핵산(DNA)이 나선 사닥다리처럼, 즉 이중 나선처럼 생겼다는 사실을 발견했다.

우리 몸 속에 있는 모든 세포에는 약 10만 개의 유전자가 들어 있는데, 유전자는 모두 이중 나선 모양의 DNA 분자로 이루어져 있다. 유전자는 우리의 근육과 기관과 뇌의 발달을 제어한다. 그 구조가 밝혀짐으로써 비로소 DNA가 이러한 세포들의 성장과 발달을 어떻게 지시하는지 연구하는 게 가능하게 되었다. 또 이것은 새로운 약의 개발과 질병의 이해에도 돌파구를 열었다.

DNA 기술은 인류의 진화 연구에도 새로운 도구를 제공해 주었다. 예를 들면, 사람들의 DNA를 비교하여 개인 사이의 미소한 변이를 찾아 낼 수 있다. 이 방법으로 전세계 인종들 사이의 관계를 밝혀 주는 중요한 정보를 얻을 수 있다.

이 연구에는 미토콘드리아 DNA라는 특별한 종류의 유전 물질을 이용한다. 우리가 양 부모에게서 절반씩 물려받는, 세포핵 속에 들어 있는 유전 물질(위에서 설명한)과는 달리, 미토콘드리아(우리의 세포 속에서 에너지를 생산하는 역할을 하는) 속에 들어 있는 DNA는 오직 어머니를 통해서만 전달된다. 그래서 누구나 어머니가 가진 것과 똑같은 미토콘드리아 DNA를 갖게 되고, 그 어머니 역시 그렇다. 그 위로 계속 올라가면 안개 속에 싸인 먼 선사 시대까지 거슬러 올라가게 된다. 그러나 세월이 지나는 동안 미토콘드리아 DNA에는 가끔 돌연 변이가 일어나는데, 집단 사이에 이러한 변이가 일어난 패턴을 분석하면 인종 간의 유전적 차이를 평가할 수 있을 뿐만 아니라, 각 인종이 공통 조상에서 언제 갈라졌는지까지 계산할 수 있다.

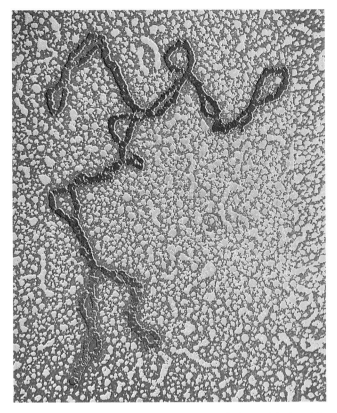

게다가, 중합 효소 연쇄 반응(PCR)이라는 기술을 사용하면 DNA 조각을 수백만 개나 복제할 수 있기 때문에, 먼 옛날의 뼈나 두개골에 포함된 유전자를 좀더 자세히 조사할 수 있다. 이 기술은 이미 네안데르탈인의 유전자를 연구하고, 네안데르탈인이 생물학적으로 호모 사피엔스와 얼마나 가까운지 알아 내는 데 사용되었다.

왼쪽: 미토콘드리아 조각에서 채취한 DNA를 투과형 전자 현미경으로 찍은 사진에 색을 입혀 처리한 것.

위: DNA 조각이 들어 있는 겔을 조사하고 있는 연구자. DNA 조각을 브롬화에티듐으로 염색하면, 자외선 아래에서 형광을 띤 보랏빛 띠로 나타난다. 이 현탁액에 전류를 흘려 보내면, DNA 조각이 크기에 따라 분리된다. 이 기술은 DNA 지문 분석이나 그 밖의 유전학 연구에 흔히 사용된다.

대체했다고 주장한 적은 결코 없다. 두 종은 수천 년 동안 평화롭게 공존하다가 네안데르탈 인이 크로마뇽인과 경제적으로 경쟁이 되지 않아 사라졌을 수도 있다."고 반론을 제기한다.[13] 그 후, 논쟁은 더욱 가열되었다. 다지역 기원설 지지자들은 상대측이 인류의 본성이 폭력적이라는 견해를 지지한다고 주장했고, 아프리카 기원설을 지지하는 측에서는 상대측 가설은 인류가 지금도 인종에 따라 그 뿌리가 다르다는 주장이라고 반박했다. 이것은 그야말로 서로 치고받는 처절한 난투극이었고, 〈뉴스위크〉지는 인류학자들의 보통 기준에 비추어 보더라도 "학계의 비방 사례에서 그 적수를 찾아보기 힘든 것"이라고 표현했다.[14]

바로 이러한 때에 이브가 등장했다. 이 미토콘드리아 폭탄은 아프리카 기원설 지지자에게 예상 밖의 원군으로 등장했다. 이들은 고생물학이나 인류학과는 아무런 관계도 없고, 타는 듯한 아프리카의 뙤약볕 아래에서 작업하는 대신 미국의 시원한 첨단 건물에서 일하는 연구자들이지만, 오늘날 살고 있는 인류의 분포와 유전자 조성에서 아프리카 기원설을 뒷받침하는 분명한 증거를 찾아 냈다. 심지어 시간까지 일치했다. 윌슨이 이끄는 팀은 유전자 분석 결과에 바탕해 약 20만 년 전에 작은 호미니드 집단이 호모 사피엔스로 진화했다고 주장했다. 그리고 그들은 약 10만 년 전에 아프리카를 벗어나 전세계로 서서히 퍼져 나가기 시작했다. 물론 이브는 모든 인류의 실제 어머니라기보다는 호모 사피엔스가 지나 온 인구 병목을 대표하는 것으로 보아야 한다고 그들은 주장한다. 윌슨은 "그녀는 우리 모두의 진짜 어머니가 아니라, 우리 모두의 미토콘드리아 DNA가 유래한 여자에 불과하다."라고 말한다.

윌슨의 연구 결과는 사실이라고 믿기 힘들 만큼 너무나도 근사해 보였다. 최소한 아프리카 기원설 지지자들에게는 그랬다. 그리고 실제로도 그랬다. 전세계의 유전학자들이 그 연구 결과를 자세히 검토하기 시작했고, 곧 결함을 지적하거나 비판하는 의견이 나오기 시작했다. 예를 들면, 조사에 포함된 20명의 아프리카인 중 실제로 아프리카에서 태어난 사람은 두 명만 포함되었다. 그래서 캘리포니아 대학 연구팀은 지리적으로 더 넓은 범위의 시료들을 사용해 연구를 다시 반복해 보았는데, 이번에도 역시 인류의 탄생 장소는 아프리카이며, 그 시기도 최근이라는 계통수를 얻었다. 이것으로 논란은 끝난 것처럼 보였는데, 워싱턴 대학의 유전학자 앨런 템플턴(Alan Templeton)이 캘리포니아 대학 연구팀의 컴퓨터 기술을 지적하고 나섰다.[15] 템플턴은 "단 한 차례의 시행만으로 그들은 논란의 여지가 없는 확실한 진화 나무를 얻었다고 판단하는 실수를 저질렀다."고 주장한다. 사실은, 캘리포니아 대학 연구팀의 자료로는 그것에 못지않게 훌륭한 다른 계통수를 수천 개나 만들 수 있다고 그는 지적했다. 다른 유전학자들도 이에 동의하고 나섰지만, 템플턴과는 달리 그렇다고 해서 이브를 완전히 부정할 수는 없다고 말했다. 예를 들면, 하버드 대학의 메리엘런 루볼로(Maryellen Ruvolo)가 윌슨이 얻은 결과를 시험해 본 결과, 실제로 수천 개나 되는 계통수가 나왔지만, 거의 모든 미토콘드리아 가지들은 서로 간에 사소한 차이밖에 나지 않았다. 루볼로는 "좀 더 깊이 찾는다면 더 있을지 모르지만, 우리는 세 부류의 계통수를 얻었다. 둘은 그 뿌리가 아프리카에서 시작된 반면, 하나는 불분명하다. 따라서, 확실한 증명은 아니지만 아프리카에서 현생 인류가 기원했다는 가설은 상당한 증거가 있는 셈이다."이라고 말한다.[16]

그러나 이브 가설에 대한 공격은 템플턴의 비판만으로 그치지 않았다. 윌슨 팀의 연구는 두 가지 핵심 가정에 바탕하고 있었다. 미토콘드리아 DNA는 오로지 모계를 통해서만 전달된다는 것과 일정한 속도로 돌연 변이가 축적된다는 것이 그것이었다. 그러나 1999년 3월, 서식스 대학의 저명한 생물학자 존 메이너드 스미스(John Maynard Smith)와 뉴질랜드 오타고 대학의 에리카 헤이절버그(Erica Hagelberg)가 이끄는 연구 팀이 발표한 연구는 미토콘드리아 DNA가 남자를 통해 전달될 수 있음을 시사했다. 물론 그것은 극히 소량이긴 하지만, 윌슨이 이브의 연대를 20만 년 전으로 추정한 미토콘드리아 시계의 눈금을 흩뜨려 놓기에 충분하다. 그 효과는 이브의 나이를 약 40만 살까지 증가시키는 쪽으로 나타난다. 물론 이 정도 나이는 아프리카 기원설을 부정하기에 충분하지 않지만, 인류 집단의 분자생물학적 연구를 해석하는 데 상당한 주의를 촉구하기에는 충분하다.

어쨌든 루카 카발리-스포자는 파올로 메노치(Paolo Menozzi)와 알베르토 피아차(Alberto Piazza)와 함께 쓴 《인간 유전자의 역사와 지리학(*The History and Geography of Human Genes*)》이라는 방대한 저술에서 아프리카 기원설을 유전학적으로 지지하는 단서를 더 제공했다.[17] 그 연구는 약 7000여 인류 집단에서 7만 가지 이상의 다양한 유전자형 빈도를 포함시켜 진행되었는데, 아프리카 인과 비(非)아프리카 인이 갈라진 것이 호모 사피엔스 종에서 일어난 최초의 중요한 분리이며, 약 10만 년 전에 일어났다는 사실을 밝혀 냈다. 그리고 약 5만 년 전에는 아시아 인과 오스트레일리아 인이 분리되었고, 약 3만 년 전에는 유럽 인과 아시아 인이 분리되었다. 게다가, 애리조나 대학의 마이클 해머(Michael Hammer)는 Y 염색체(남자에게서만 발견되는 성 염색체)를 연구하여 전세계 모든 남자의 공통 조상은 약 18만 8000년 전에 살았던 '세포핵 아담'이라는 결론을 얻었다. 따라서, 두 연구 모두 아프리카 기원설과 일치한다.

그러다가 1997년 연구자들이 이브의 발견만큼이나 극적인 발표를 했다. 뮌헨 대학의 스반테 페보(Svante Pääbo)가 이끄는 과학자들은 한 네안데르탈 인의 뼈에서 DNA 조각을 분리했다. 그 네안데르탈 인 화석은 단순히 오래 된 화석이 아니라, 1856년에 네안더 계곡에서 발견되어 큰 열광과 소란을 일으킨 바로 그 화석이었다.

우리의 유전 형질이 암호로 들어 있는 분자 DNA. 이 나선 구조 속에 들어 있는 메시지를 해독하는 것은 인류의 선사 시대에 관한 비밀을 밝혀 내는 새로운 방법을 제공해 준다.

뼈 세포에는 다른 세포와 마찬가지로 DNA를 포함한 세포핵이 있다. 그러나 화석으로 변한 뼈에서 그러한 물질을 추출하는 것은 아주 어렵다. 유전학자들은 오래 전부터 네안데르탈인의 DNA를 얻으려고 노력해 왔지만 실패만 거듭했는데, DNA의 미묘한 나선 기둥이 비교적 빨리 분해되기 때문이다. 그렇지만 아주 좋은 조건에서는 온전하게 수만 년 동안 보존될 수 있다. 물론 온전한 정도라는 건 네안데르탈인의 DNA를 분석하는 게 가능한 정도를 말하지, 그 이상은 아니다(특히 〈쥐라기 공원〉에 나오는 것처럼 6500만 년 전의 공룡을 복제한다는 것은 불가능하다). 페보가 이끄는 팀은 네안더 계곡에서 발견된 그 남자의 위팔뼈에서 DNA 3.5 g을 정밀하게 떼냈는데, 운 좋게도 유전학의 금광을 발견했다. 네안더 동굴의 차가운 온도가 DNA의 분해 속도를 늦춘 것 같았다. 뼈에 니스를 칠한 것(유해를 보존하기 위해 흔히 사용하던 방법이나 지금은 더 이상 쓰이지 않는다)도 도움이 된 것 같았다. 게다가 그는 마지막으로 생존했던 네안데르탈인 중 하나였던 것 같다. 그래서 DNA가 분해되는 시간이 더 짧았다. 페보는 그 정확한 화학적 구조를 알아 내는 데 충분한 시료를 얻기 위해 DNA 증폭이라는 기술을 사용해 그 유전 물질의 각 조각을 수백만 개씩 복제했다. 그는 염기쌍 379개로 이루어진 작은 DNA 조각을 얻을 수 있었다(염기쌍은 DNA의 기본 단위 중 하나이다. DNA의 이중 나선 구조에서 염기쌍은 사닥다리의 단에 해당한다). 사람의 DNA에 염기쌍이 약 30억 개 존재한다는 사실을 감안하면, 이것은 그다지 긴 조각이라고 할 수 없다. 그렇지만 그 정도면 호모 사피엔스와 비교해 보기에는 충분했다. 페보가 얻은 DNA는 오늘날 살고 있는 어떤 사람의 DNA하고도 달랐다. 379개의 염기쌍으로 이루어진 이 DNA 조각 부분에서 호모 사피엔스와 네안데르탈인이 보이는 차이는 모두 27군데였다. 이것은 오늘날 살고 있는 서로 다른 인종 집단들 사이에 나타나는 것보다 훨씬 큰 차이이다. 전세계의 모든 인류 집단이 이 DNA 조각에서 보이는 차이라고는 겨우 8개의 염기쌍에 지나지 않는다. 임피리얼 암연구기금의 토머스 린달(Thomas Lindahl)은 "그 DNA는 사람의 것과 흡사하지만, 정확하게 똑같지는 않았다."고 말한다.[18]

물론 시료가 오염되어 실험 결과를 왜곡시켰을 가능성도 있지만, 현재 펜실베이니아 주립대학에서 연구하는 마크 스톤킹이 페보의 실험을 재현한 결과도 똑같이 나왔다는 사실을 감안하면 그럴 가능성은 극히 낮다. 스톤킹은 같은 뼈에서 다른 시료를 채취하여 증폭시킨 다음, 유전자 배열을 분리해 냈는데, 그것은 뮌헨의 연구팀이 얻은 것과 정확하게 일치했다. 다시 말하자면, 과학자들이 네안데르탈인의 DNA 조각을 복제해 분석한 결과, 그것이 우리의 DNA 조각과 상당히 차이가 난다는 사실을 발견한 것이다. 그들은 약 6만 년 전에 우리 계통에서 따로 떨어져 나가 진화를 시작한 종만이 그러한 변이를 나타낼 수 있다고 결론내렸다.[19] 이 결론은 다지역 기원설을 지지하는 사람들에게는 큰 타격을 주었다. 그들은 네안데르탈인이 먼 옛날 우리에게서 떨어져 나간 별개의 혈통이 아니라, 우리의 직계 조상이라고 믿고 있었기 때문이다.

그렇다면 이러한 발견은 고생물학계의 전투에서 양 진영에 어떤 효과를 미쳤을까? 다지역 기원설 지지자들이 그만 항복했을까, 아니면 아프리카 기원설 지지자들의 강한 공격에 맞서 잘 버텨 냈을까? 어느 한쪽이 승리를 거두고, 다른 쪽이 패배했을까? 마지막 질문에 대한 답은 '아니오'이다. 아직까지 결정적인 치명타는 나오지 않았다. 그렇지만 아프리카 기원설 진영이 훨씬 우세해 보인다. 그리고 현재 대부분의 과학자는 현생 인류가 얼마 전에 아프리카에 살았던 사람들로부터 시작되었다고 생각한다. 겉모습의 차이에도 불구하고, 전세계의 인류는 놀라울 정도로 균일한 종이다. 이 사실은 같은 숲 속에 사는 침팬지나 고릴라 집단 속에서 발견되는 유전적 다양성이 전세계 인류 집단에서 발견되는 유전적 다양성보다 훨씬 크다는 사실에서 분명하게 드러난다.[20] 캘리포니아 대학의 데이비드 우드러프(David Woodruff)는 이것을 "침팬지의 눈으로 보면 우리는 모두 돌리처럼 보일 것이다."라고 표현한다. 다시 말해서, 우리는 사실상 클론이며, 우리의 DNA도 서로 아주 비슷하다. 인류의 지리적 분포는 아주 다양하지만, 놀라울 정도로 유전적 동일성을 유지하고 있다. 이것은 전세계 모든 종족이 비교적 최근의 공통 조상에서 비롯되었기 때문이다. 이것은 중요한 의미를 내포하고 있는데, 그것은 다음 장에서 다루기로 하자. 우리 모두가 비교적 최근에 아프리카에서 시작되었다는 개념이 현재 우세해지고 있다는 사실이 중요한데, 화석이나 유전학적 증거가 그것을 뒷받침해 주기 때문이기도 하지만, 지적으로 더 만족스러운 개념이기 때문이기도 하다. 두 번째 사실은 스티븐 제이 굴드가 강조하는데, 그는 "다지역 기원설은 직선적 견해의 마지막 보루로 기억될 것"이라고 생각한다. 그가 지적한 것처럼, 다지역 기원설을 지지하는 사람들은 호모 에렉투스가 아시아와 아프리카, 유럽에서 각각 호모 사피엔스를 향해 진화해 갔다고 주장한다. "그러한 개념은 단일종 내의 모든 하부 집단이 똑같이 최적의 방향을 향해(그리고 뇌를 향해) 위로 움직여 갔다는 극단적인 직선적 견해를 대표한다." 이와는 대조적으로, 아프리카 기원설에서는 호모 사피엔스가 호미니드의 진화나무에서 하나의 가지로 뻗어 나왔을 뿐이며, 보편적인 경향이 그 곳을 향해 나아가는 종착역이 아니라고 설명한다고 굴드는 덧붙인다.[21] 그리고 우리가 다른 모든 종의 진화를 해석할 때 사용하는 것도 후자 쪽이라고 굴드는 말한다. "쥐나 비둘기의 기원을 설명할 때 우리는 다지역 기원설을 사용하지 않는다. 이 두 종은 우리 종만큼 성공을 거두었고, 지리적으로도 광범위하게 확산되었다. 모든 대륙에서 원시 쥐가 더 발달된 쥐를 향해 동시에 함께 진화해 갔다고 생각하는 사람은 아무도 없다. 그보다는 라투스 라투스(*Rattus rattus*: 곰쥐)와 콜룸비아 리비아(*Columbia livia*: 집비둘기)가 한 장소에서 전체 개체군이나 격리된 개체군으로 시작되었다가 점점 지구 전체로 퍼져 나갔다고 생각하는 게 보편적이다."[22] 그렇다면 호모 사피엔스도 그렇다고 보는 게 당연하다.

이 책의 나머지 부분에서는 굴드의 견해를 받아들여 대부분의 과학자들과 마찬가지로 유럽에 크로마뇽인이 도착한 사건과 얼마 후 네안데르탈인이 사라진 사건이 서로 연결되어 있다고 가정할 것이다. 그것도 아주 특별한 방식으로, 즉 크로마뇽인의 출현이 네안데르탈인이 사라지는 원인이 되었다고 가정할 것이다. 그러나 그러한 대체 과정은 어느 정도나 완전하게 일어났을까? 그저 호모 사피엔스가 단순히 땅을 점령하고, 호모 네안데르탈렌시스는 후손도 하나 남기지 않고 사라져 버렸을까? 모두 아주 좋은 질문이지만, 아직 명확한 답은 나와 있지 않다. 그러나 아프리카 기원설을 지지하는 사람들이 처음에 그 가설을 주장할 때, 한 집단이 다른 집단을 완전히 대체하는 사건이 일어났다고 주장하지 않았다는 점을 지적하고 싶다. 네안데르탈인과 현생 인류 사이에 일부 짝짓기가 일어났을 가능성은 누구나 생각해 보았다. 다만, 대부분의 과학자는 그러한 일이 흔히 일어났을 것

1999년에 포르투갈의 주앙 질랴우가 발굴한 아이의 골격. 일부 과학자들은 이 아이가 현생 인류와 네안데르탈인의 특징을 모두 지니고 있으며, 이것은 두 종이 서로 교배했음을 시사한다고 주장한다.

이라고 보지는 않는다. 네안데르탈인은 현생 인류의 유전자 풀(어떤 생물 종의 모든 개체가 가지고 있는 유전자 전체─역자 주)에 일부 기여했을 수는 있지만, 그렇게 대단한 정도는 아니었다. 정말로 놀라운 사실은 네안데르탈인이 기여한 것이 사실상 전혀 발견되지 않는다는 점이다. 우리가 그들의 땅을 대신 차지하는 과정에서 우리와 네안데르탈인 사이에 아무런 교제도 없었던 것처럼 보인다. 실제로 페보가 한 유전자 연구는 우리의 DNA와 네안데르탈인의 DNA가 확연하게 다르다는 것을 보여 준다. 화석 기록 역시 부정적이다.

다만 한 가지 예외가 있는데, 리스본에 있는 국립고고학박물관에서 일하는 주앙 질랴우(João Zilhao)가 1999년 포르투갈에서 발견한 아이의 골격이 그것이다. 처음에는 현생 인류의 골격으로 생각되었으나, 그것을 조사한 에릭 트링코스는 그것이 호모 사피엔스의 전형적인 특징뿐만 아니라 네안데르탈인의 특징도 지니고 있다고 발표했다. "이것은 네안데르탈인과 현생 인류가 이종 교배를 한 최초의 명백한 증거이다."라고

트링코스는 말한다. "이것은 네안데르탈 인과 현생 인류가 함께 살고 서로 사랑했다는 것을 보여 준다." 이것은 또한 우리의 유전자 속에 네안데르탈 인의 유전자가 섞여 있을 가능성을 제기한다. 트링코스는 그 가능성을 배제하진 않지만, 신중한 입장이다. "그것은 가능하다. 그렇지만 그것을 찾아 낼 수 있을 것이라곤 생각하지 않는다. 네안데르탈 인의 완전한 게놈을 포함하고 있는 화석을 얻을 가능성이 없기 때문이다. 그렇지만 네안데르탈 인과 사람의 유전자는 4만 년 전에 서로 섞이고 있었다."[23] 그러나 다른 과학자들은 이에 동의하지 않는다. 케임브리지 대학의 고고학자 폴 멜러스(Paul Mellars)는 "사람의 유전 물질을 분석한 모든 실험 결과에서 네안데르탈 인의 DNA를 닮은 것은 전혀 발견된 적이 없다. 이러한 사실은 네안데르탈 인과 사람 사이에 이종 교배가 설사 일어났다 하더라도, 아주 드물게 일어났다는 것을 말해 준다."고 주장한다.[24] 포르투갈에서 발견된 그 골격은 앞으로 다른 과학자들의 분석을 더 거쳐야 하기 때문에, 최종 결론은 아직 나오지 않았다. 다만, 아프리카 기원설을 주장하는 사람들도 약간의 이종 교배가 일어났을 가능성을 전혀 배제하지는 않는다는 점을 다시 한 번 강조하고자 한다.

그렇다면 한 가지 중요한 의문이 남는데, 이것은 아마도 이 책에서 가장 중요한 질문이 아닌가 싶다. 지금까지 우리가 논의해 온 모든 이야기도 결국에는 이 질문으로 귀결된다. 그것은 왜 호모 사피엔스가 최종 승자가 되었느냐 하는 것이다. 네안데르탈 인은 머리도 좋고 신체도 강인했지만, 멸종하고 말았다. 왜 그랬을까? 우리 종은 어떤 특별한 속성을 갖고 있길래, 다른 호미니드를 희생시키면서 결국 승리를 쟁취했을까? 열대 지방에 적응한 남자와 여자가 어떻게 기후가 혹독한 모든 지역까지 정복하는 데 성공했을까? 우리의 진화에 관한 이야기를 마무리짓게 될 이들 질문에 대한 답이 이 책의 마지막 장을 장식하게 될 것이다. 거기서 우리는 호모 사피엔스의 일원이라는 게 무엇을 의미하는지 집중적으로 검토할 것이다. 물론 그 과정에서 우리 자신과 다른 호미니드, 특히 네안데르탈 인과 비교를 하는 게 가끔 필요할 것이다. 앞에서 언급한 바 있듯이, 우리가 어떤 존재가 아닌지 안다면, 우리가 어떤 존재인지 좀 더 명확하게 아는 데 도움이 될 것이기 때문이다. 그러나 해석은 상당히 신중하게 해야 한다. 왜 네안데르탈 인은 실패하고 우리는 성공했는지 설명하는 과정에서 우리가 지금 지구를 지배하게 된 것은 처음부터 그렇게 결정돼 있었다고 생각하는 고질적인 위험에 빠지기 쉽기 때문이다. 이것은 인류의 진화를 파헤치는 모든 사람이 빠지기 쉬운 함정이다. 호모 사피엔스의 이야기에서 핵심은 사전에 예정된 위대함이 아니라, 억세게도 좋은 운이었다. 이어지는 이야기는 우리가 왜 그토록 운이 좋았는지 보여 줄 것이다.

제 8 장

왜 우리만 홀로 남게 되었는가?

1994년 12월 18일, 동굴 탐사가 세 사람이 프랑스 남부 아르데슈 협곡에 있는 한 동굴 속에서 구불구불하고 비좁은 통로를 기어가며 탐사하고 있었다. 세 사람은 일요일이면 소풍삼아 이렇게 동굴 탐사에 나서곤 했다. 장-마리 쇼베(Jean-Marie Chauvet), 엘리에트 브뤼넬-데샹(Eliette Brunel-Deschamps), 크리스티앙 일레르(Christian Hillaire), 이 세 사람에겐 칠흑같이 어두운 미로 속을 헤매는 것이 주말을 보내는 즐거운 놀이였다. 복잡하게 얽힌 통로를 몸을 비틀며 간신히 빠져 나가자, 돌무더기 틈으로 찬 공기가 휙 불어왔다. 세 사람이 비좁은 통로에 쌓인 돌무더기를 치웠더니 밑으로 뻥 뚫린 수직 갱도가 나타났다. 그들은 밧줄 사닥다리를 사용해 9m 아래의 동굴 바닥으로 내려갔다. 그리고 손전등으로 벽을 비춰 보던 그들은 깜짝 놀라 그 자리에 얼어붙고 말았다. 그들 앞에는 놀라운 광경이 펼쳐져 있었기 때문이다. 흰색과 주황색의 거대한 방해석 기둥들이 서 있고, 벽에는 반짝이는 광물들이 박혀 있었으며, 땅 위에는 곰의 뼈가 널려 있었다. 주위를 둘러보던 엘리에트가 더욱 놀라운 것을 발견했다. 그것은 매머드 그림이었다! 가까이 다가가 보았더니, 동굴 벽은 밝은 색의 대자석과 검은색 숯으로 그리고 새긴 그림으로 가득 차 있었다. 300마리 이상의 동물이 생동감 넘치는 모습으로 그려져 있었는데, 그 중에는 코뿔소, 사자, 물소, 표범, 사슴도 있었다. 각각의 동물 그림에서는 화가의 독창성과 재능이 엿보였다. 인디애나 존스도 이렇게 흥미로운 것은 보지 못했을 것이다. 훗날 쇼베는 "그 날, 우리는 선사 시대와 데이트를 했다."고 회상했다.[1]

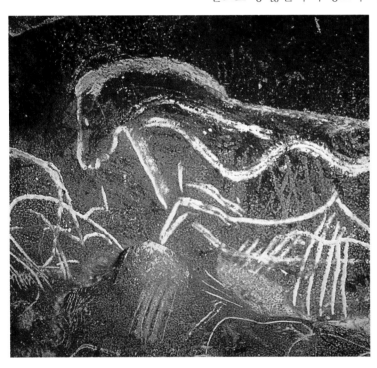

프랑스 쇼베의 콩브다르크 동굴에 크로마뇽인 화가가 남긴 말 그림.

그 동굴은 장-마리 쇼베의 이름을 따 쇼베 동굴로 명명되었다. 이 곳은 오늘날 세계 최대의 벽 예술품 화랑 중 하나로 꼽히고 있다.[2] 이 곳은 인류학적으로도 아주 경이로운 장소인데, 그 그림을 그린 사람들(크로마뇽 인)이 세상에 미친 영향이 얼마나 큰 것이었는지를 보여 주는 하나의 증거이기 때문이다. 쇼베 동굴 벽에 그려진 많은 동물은 원근법으로 그려졌다. 그들은 윤곽을 돋보이게 하기 위해 벽의 일부를 세심하게 긁어 냄으로써 그러한 효과를 냈다. 그리고 손가락과 도구를 사용해 물감으로 정교하게 칠해서 농담과 질감을 더했다. 프랑스의 유명한 동굴 미술 전문가인 장 클로트(Jean Clottes)는 "이 그림을 그린 사람들은 위대한 예술가였다."고 말했다.[3]

그러나 세 사람이 발견한 것은 기존의 크로마뇽 인 화랑에 새로운 그림을 일부 추가

한 것에 그치지 않았다. 크로마뇽 인의 동굴 미술은 이미 잘 알려져 있었고, 라스코, 알타미라, 레제지 같은 장소는 그 이름이 널리 알려져 있었다. 그러나 스티븐 제이 굴드의 표현처럼 "크로마뇽 인은 구부정하고 불만스러운 모습의 먼 조상이 아니라, 해부학으로 보나 벽 예술품으로 보나 바로 우리 자신이다."[4] 그러니 이들이 원근법과 독창성이 돋보이는 작품을 만들었다고 해서 놀랄 이유가 전혀 없다.

그렇지만 우리는 놀란다. 이미 앞에서 이야기한 것처럼 자기 중심적인 배타주의는 떨치기가 어렵다. 우리는 직선으로 상승하는 진화의 길에서 맨 꼭대기에 서 있다는 개념에 익숙해 있다. 예술적 능력에 대해서도 똑같이 생각한다. 쇼베 동굴이 발굴되기 전까지만 해도 대부분의 선사 시대 회화 전문가들은 약 2만 5000년 전으로 추정되는 최초의 작품부터 시작하여 약 1만 1000년 전의 가장 나중의 작품에 이를 때까지 크로마뇽 인의 미술은 질적으로 계속 나아져 간 분명한 흔적을 볼 수 있다고 믿었다. 그러한 해석을 주도한 인물 중 한 사람은 앙리 브뢰유(Henri Breuil)로, 크로마뇽 인의 미술은 사냥꾼에게 행운을 가져다 주거나 혹은 더 중요하게는 짐승에게 부상을 당하지 않게 보호해 주는 일종의 주술을 표현한 것이라고 믿었다. 앙드레 르루아-구랑(André Leroi-Gourhan)은 브뢰유의 이론에 반론을 제기했는데, 그는 동굴 속에서 개개 그림의 위치와 성적인 상징성을 더 중요시했다. 두 사람은 견해차에도 불구하고, 한 가지 점만큼은 생각이 일치했는데, 초기의 동굴 미술은 원시적이고, 후기로 갈수록 작품이 더 정교해지고 더 많은 재능을 보인다는 점이었다.

그 때 쇼베 동굴이 발견되었고, 그 안에 그려진 작품들은 지금까지 발견된 벽 예술품 중 가장 훌륭한 작품으로 호평 받았다. 이것이야말로 크로마뇽 인의 창조성이 절정에 이른 작품이라는 게 공통된 견해였다. 장 클로트는 "그 작품들의 미적, 예술적 질은 아주 이례적이다."라고 말했다.[5] 그렇다면 이 작품들은 언제 만들어진 것일까? 지질연대학자들은 동굴 벽에서 안료 부스러기를 긁어 내어 분석해 보았다. 그랬더니 그 그림들의 연대는 3만 1000~3만 3000년 전으로 나왔다. 장 클로트는 그들에게 "그럴 리가 없다."고 말했다. 그러나 지질연대학자들은 자신들이 얻은 결과가 틀림없다고 말했고, 다른 두 실험실에서 나온 결과도 그것과 일치했다.[6] 장-마리 쇼베와 엘리에트 브뤼넬-데샹, 크리스티앙 일레르는 단지 최고의 벽 예술품만 발견한 게 아니었다. 그들은 세상에서 가장 오래 된 미술 화랑을 발견했다.

더구나 거기에 있는 훌륭한 그림들은 인류 창조성의 진화에 관한 기존의 개념을 송두리째 뒤집는 것이었다. 굴드는 "가장 오래 된 동굴이면서도 질적으로나 정교함에서 후기의 어떤 동굴 미술에도 뒤지지 않는 작품을 보여 주는 쇼베 동굴은 진보가 점진적으로 일어난다는 이전의 믿음이 틀렸음을 입증해 주었다."고 말한다.[7] 미술 비평가 존

쇼베의 콩브다르크 동굴 벽에 그려저 있는
표범과 들소 그림. 미술 비평가들은 '놀라운'
감성과 지각을 보여 준다며 환호했다.

버거(John Berger)도 같은 견해를 피력했다. "이 작품들의 연대가 놀랍게 다가오는 것은
작품에 담겨 있는 지각의 감수성 때문이다. 동물의 목이나 주둥이의 움직임 혹은 궁둥
이의 에너지는 벨라스케스나 브랑쿠시의 작품에서 볼 수 있는 민감성과 절제된 시선으
로 관찰되고 재창조되었다. 예술은 서투른 형태로 시작된 게 아닌 것처럼 보인다. 최초
의 화가와 조각가의 눈과 손은 후대의 어느 화가나 조각가에 못지않게 훌륭했다. 처음
부터 이미 세련미가 있었다."[8]

처음부터 이미 세련미가 있었다. 이 말이 모든 것을 대변한다. 다만, 이 단순한 문
장은 골치 아픈 몇 가지 문제를 숨기고 있다. 쇼베 동굴에서 발견된 것과 같은 작품이
갑자기 나타난 것은 인류학자들에게 큰 골칫거리를 안겨 주었기 때문이다. 크로마뇽 인

이 이러한 그림을 그렸다는 사실은 확실하다. 이 무렵 네안데르탈인은 유럽의 마지막 은신처 동굴에서 죽어 가고 있었고, 이전에 이와 같은 높은 수준의 미술 능력을 보여 준 적이 없었다. 문제는 호모 사피엔스(유럽의 크로마뇽인이나 아프리카의 그 선조나) 역시 이전에 그런 능력을 보인 적이 없다는 사실이었다. 엘렌과 브룩스가 자이르에서 발견한 9만 년 전의 도구(7장 참고)는 정교하게 제작되었으나, 쇼베 동굴 미술의 상징적인 정교함이나 강렬함, 세련미하고는 비교가 되지 않는다.

사실, 네안데르탈인이 지구상에서 사라질 무렵까지 현생 인류와 네안데르탈인 사이에 창조성의 차이는 거의 없었다는 게 분명하게 밝혀져 있었다. 양자의 문화적 유사성은 이스라엘의 스쿨 동굴과 콰프제 동굴에서 발견된 유물로 명백하게 입증된다. 이 곳에서 고고학자들은 무스테리안 공작에 속하는 도구들을 많이 발견했는데, 그와 함께 호모 사피엔스와 호모 네안데르탈렌시스의 뼈도 발견되었다. 이들은 모두 연대가 약 10만 년 전으로 측정되었다. 이 두 종이 처음으로 만난 장소는 레반트(오늘날의 시리아, 이스라엘, 레바논 등 동부 지중해 연안 지역-역자 주)일 가능성이 높다. 호모 사피엔스는 아프리카를 떠나 밖으로 퍼져 나가고 있었고, 네안데르탈인은 점점 추워지는 유럽의 기후를 피해 동쪽으로 이동하고 있었다. 기후 변화에 따라 무리가 이동하면서 정확하게 똑같은 시기에 그런 것은 아니더라도, 그들은 같은 장소를 지나가고, 같은 동굴에서 살았다. 오랜 동안 두 종은 똑같은 도구를 똑같은 방법으로 사용한 게 분명하다. 두 종은 영양을 사냥하고, 과일과 채소를 채취하면서 거의 똑같은 생태적 지위를 차지하고 살았다. 두 종은 모두 죽은 자의 매장을 통해 자신들이 존재한 증거를 남겼지만, 뛰어난 예술적 재능은 전혀 보이지

위: 동굴 그림을 그리고 있는 크로마뇽인 화가를 재현한 모습.

아래: 쇼베의 콩브다르크 동굴 벽에 그려져 있는 코뿔소 두 마리.

않았다. 두 종은 모두 시간을 표시한 것처럼 보인다(그러면서 행복하게 느꼈는지 아닌지는 알 수 없지만).

그러다가 약 4만 년 전에 호모 사피엔스 집단에 문화 혁명이 일어났다. 창끝, 낚시바늘, 작살 등 아슐리안 공작이라는 훨씬 정교한 도구들이 만들어졌다. 조각, 그림, 악기 등 예술품들도 나타났다. 집도 지어졌고(우크라이나에서 발견된 한 주거지는 전체가 매머드 뼈로 만들어졌다), 광물과 돌과 구슬이 교환되었다. 상아, 뿔, 조개 껍데기, 석회암, 흑옥, 적철광을 사용해 장식물을 만들었는데, 그 중 어떤 것은 제작 장소에서 수백 km 떨어진 채석장에서 골라 온 것이었다. 물론 유럽 남부의 동굴에서는 화가들이 동굴 벽에 놀라운 동물 그림을 그리기 시작했다. 존 파이퍼(John Pfeiffer)는 "고고학적 기록으로 볼 때 예술은 돌발적으로 나타났다."고 말한다.[9]

이러한 예술의 빅 뱅은 특이한 게 사실이다. 인류의 지적 능력이 꽃을 피우기 시작한 최초의 징후는 호미니드(아마도 호모 하빌리스)가 올두바이 협곡에 석기를 남긴 250만 년 전으로 거슬러 올라간다. 그러나 그 이후로는 이언 태터설이 지적한 것처럼, 여기저기 새로운 도구나 화덕 또는 조야한 주거가 흩어져 있는 것말고는 그다지 주목할 만한 발전이 이루어지지 않았다. 그러다가 갑자기 호모 사피엔스가 지적인 빅 뱅을 일으킨 것이다. 태터설은 "석기가 최초로 만들어진 때부터 지금까지를 하루로 친다면, 창조성과 상징성, 끊임없이 의문을 제기하는 정신, 혁신 등과 같은 현생 인류 특유의 감성이 고고학적 증거로 나타나기 시작한 것은 겨우 마지막 20분에 불과하다. 그러나 일단 시작되자, 그것은 봇물 터지듯 흘러넘쳤다."라고 말한다.[10]

인류는 갑자기 활짝 꽃을 피우기 시작했고, 네안데르탈인은 살육이 일어나기 전에 이미 쇠퇴하고 말았다. 그런데 왜 우리는 문화를 발명했고, 네안데르탈인은 하지 못했을까? 그리고 우리는 왜 그렇게 늦게서야 문화를 남겼을까? 이 질문들은 우리의 이야기에서 아주 중요하지만, 대답하기가 아주 어렵다. 문제는 이러한 문화 폭발이 우리 조상이 아프리카 대탈출을 시작할 때에는 전혀 나타나지 않다가 호모 사피엔스의 대이주가 한참 진행된 다음에야 나타났다는 데 있다. 4만 년 전에 우리 종은 오스트레일리아

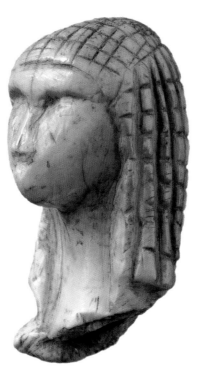

왼쪽: 1만 1000~1만 8000년 전에 뿔로 만든 작살.
오른쪽: 2만 5000년 전에 매머드 상아에 조각을 한 브라상푸이의 여인.

에 도착했고, 서쪽으로는 유럽에 진출했다. 호모 사피엔스는 전세계로 퍼져 나간 뒤에야 비로소 문화 폭발을 일으키기 시작했다. 오스트레일리아에서 암각화가 처음 새겨진 지 얼마 안 돼 쇼베 동굴의 그림이 그려졌다. 이러한 상상력과 지능이 갑자기 서로 별개의 장소에서 따로 분출하여 아프리카와 아시아, 유럽 전역에 걸쳐 혁신적인 문화가 활짝 꽃을 피우게 된 것은 오로지 사람의 뇌에서 일종의 신경 정보 전달이 느린 속도로 일어났기 때문이라고밖에 설명할 길이 없어 보인다.

이러한 문화 폭발이 일어났다는 증거는 명백하다. 2만 5000년 전 매머드 상아를 조각해 만든 브라상푸이의 여인과 같은 걸작품도 그 중 하나이다. 유럽의 여러 장소에서 발견된 조그마한 비너스 입상(가슴과 엉덩이를 과장되게 표현한 기묘한 여인상)도 그 정도 오래 되었다. 그렇지만 무엇보다 인상적인 것은 러시아의 순가르에서 고고학자들이 발굴한 2만 8000년 전의 두 아이와 어른의 유해이다. 이들의 몸은 수천 개의 상아 구슬로 장식되어 있었다. 이 많은 상아 구슬로 목걸이와 펜던트를 만드는 데에는 1만 시간 이상이 걸렸을 거라고 고고학자들은 추정한다. 아주 중요한 지위에 있는 사람만이 이러한 장례식 예우를 받았을 것이다. 어른은 위대한 전사였는지도 모른다. 그러나 아이들은 그 짧은 생애 동안 어떤 일을 했길래 그러한 예우를 받았을까? 그 답은 별로 한 일이 없다는 것이다. 아이들이 그러한 예우를 받은 유일한 이유는 이 무렵 지위가 직접 공적을 세워 얻기보다는 세습되고 있었기 때문이다. 호모 사피엔스 사이에 사회의 계층화, 노동의 분할 등이 일어나고 있었던 게 분명하다.

이것은 또 다른 중요한 문제를 돌아보게 한다. 그것은 호모 사피엔스가 새로 발견한 창조성이 어떤 기능을 했을까 하는 것이다. 우리는 예술 자체를 위해 예술을 발명하지는 않았다. 그것은 진화상 어떤 분명한 목적을 가진 혁신이었음이 분명하다. 그 당시는 어려운 시기였으며, 특히 빙하기의 유럽은 더욱 그랬다. 그 당시 유럽은 예술가와 문인, 학생이 많이 모이는 지금의 센 강 좌안과는 거리가 멀었다. 예술이 나타난 것은 우리 사회에서 어떤 역할을 담당했기 때문이다. 순가르 유해의 경우, 그러한 역할이 어떤 것이었는지 짐작할 수 있는 단서가 남아 있다. 그러한 장식품은 사회에 상징적인 토대를 제공했는데, 그것을 걸친 사람의 지위를 나타냈고, 사회의 다양한 계층을 결합하는 역할을 했다. 또 비너스 입상은 어떤 종교적 기능을 담당했을 것이다. 그렇다면 쇼베의 동굴은 어떤가? 미학적인 우수성을 제쳐놓고 생각

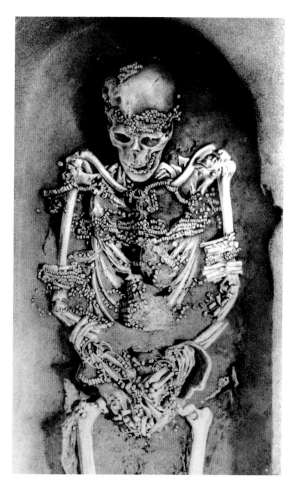

순가르에서 발굴된 골격 중 하나. 아직도 옷에 꿰맨 상아 구슬들이 천에 붙은 채 남아 있다.

영혼의 집

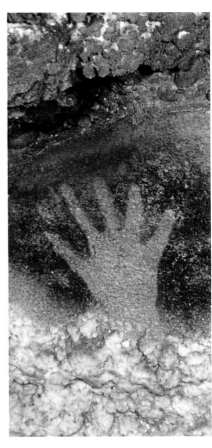

동굴 벽화는 브라질, 오스트레일리아, 유럽, 아프리카 등 전세계 각지에서 발견되었다. 어떤 것은 수천 년 전의 것이지만, 아주 최근에 그려진 것도 있다. 이 벽화들은 이러한 형태의 미술이 무슨 목적으로 그려졌는지에 대한 단서를 제공해 준다. 남아프리카 공화국의 게임패스 동굴의 벽에 비교적 최근에 그려진 일런드영양 같은 동물의 묘사는 여러 아프리카 부족의 힐링 댄스(healing dance: 치유의 춤)와 놀라울 정도로 유사하다는 사실이 발견되었다. 힐링 댄스를 추는 사람들은 최면성 트랜스에 빠져든다. 나중에 그들이 경험한 것을 이야기해 보라고 하면, 그들은 게임 패스의 벽에 그려져 있는 것과 비슷한 이미지를 이야기한다.

다시 말해서, 동굴 미술은 병자를 치료하기 위한 시도로 동물(일런드영양 같은)의 영혼을 불러오는 환각이나 의식을 반영한 것인지 모른다. 요하네스버그에 있는 비트바테르스란트 대학의 고고학자 데이비드 루이스-윌리엄스(David Lewis-Williams)가 특히 이 점을 강조한다. 그는 많은 동물 벽화(프랑스와 에스파냐에서 이전에 발견된 것들과 더 최근에 남아프리카 공화국에서 발견된 것들)에 딸려 있는 수많은 점과 선을 지적한다. 이러한 기하학적 패턴은 트랜스를 경험한 개인들도 보았다고 이야기한다. 다시 말해서, 쇼베나 라스코 같은 장소에 크로마뇽 인이 남긴 위대한 미술 작품은 최면 상태의 환각이나 꿈에서 본 이미지

중 부족의 안녕에 중요한 의미를 지닌다고 생각되는 것들을 그린 것인지도 모른다. 아프리카의 부시면 족은 동굴의 벽을 자신들과 영혼의 세계 사이에 있는 일종의 막으로 생각한다고 루이스—윌리엄스는 말한다. 크로마뇽 인 역시 똑같이 생각했을 수 있다. 루이스—윌리엄스의 표현대로 "이들은 영혼의 세계에 들어가려고 시도하고 있었다."

왼쪽: 남아프리카 공화국의 게임패스에 그려진 현대적인 벽 예술품.
가운데: 일종의 선사 시대 '분무기'를 사용해 그린 것으로 보이는 실루엣 형태의 손. 이 곳 프랑스의 페슈메를 동굴에서 벌어진 의식에서는 물감을 가느다란 관(동물 뼈 같은)에 집어넣은 다음, 입으로 불어서 가느다란 침과 물감의 에어로솔을 화가의 손 위로 뿌리거나 다른 기발한 방법을 사용한 것으로 생각된다.

위: 페리고르 지방의 라스코 동굴 벽화. 크로마뇽 인이 그린 동굴 벽화 중 가장 유명한 것이다. 1940년대에 발견된 이 동굴은 장엄한 벽화가 수백 개나 있어 1950년대에는 관광지로 큰 인기를 끌었다. 그러나 방문객이 많이 찾아오면서 온도와 습도가 변해 그림에 조류가 생겨나게 되었고, 결국 일반 대중에게는 동굴을 개방하지 않기로 결정되었다. 최근에 동굴 벽화가 있는 거대한 방을 그대로 재현한 장소를 지하에 만들어 문을 열었다.

한다면, 그것들은 어떤 사회적 목적에 기여했을까?

이것 역시 대답하기 어려운 질문이지만, 나이절 호크스(Nigel Hawkes)가 〈더 타임스〉지에 쓴 것처럼 몇 가지 단서가 있다. "일부 동굴에는 많은 발자국이 남아 있는데, 대개 젊은 사람의 것이고, 거의 전부 맨발이다. 바깥 기온을 생각하면 신발이나 모카신(에스키모 인이 신는 뒷굽이 없는 부드러운 가죽신－역자 주)을 신었던 게 분명하지만, 그들은 신발을 동굴 입구에 벗어 두었다." 이러한 증거(많은 젊은이들이 참여하고, 신발을 벗는 행동 등)에 바탕해 인류학자들은 동굴 안쪽이 성년식을 위한 장소로 사용되었을 것이라고 주장한다. 호크스는 이렇게 덧붙였다. "일부 동굴에서는 가장 깊숙한 곳

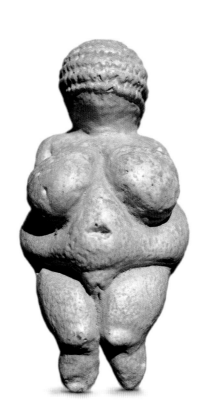
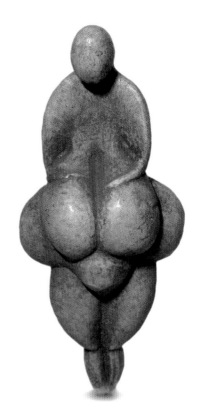

비너스 입상. 이와 같은 조각상은 유럽 여러 장소에서 발견되었다. 가장 오래 된 것은 3만 년 이상 된 것으로 추정되며, 이들 조각상은 일반적으로 다산을 상징하는 것으로 생각된다.

에 가장 강렬한 이미지가 그려져 있다. 그 곳이 마치 사람들의 발길이 뜸한 신성한 장소인 것처럼." [11] 그러한 장면은 쉽게 상상할 수 있다. 한 노인이 젊은이들을 데리고 지하의 방들을 지나간다. 젊은이들은 바람에 흔들거리는 기름 램프와 햇불을 들고 노인의 뒤를 따라 사자, 표범, 코뿔소 등의 프리즈(frieze : 조각을 한 띠 모양의 벽－역자 주) 장식이 있는 동굴 안쪽의 신성한 장소에 도착한다. 노랫소리가 울려 퍼지고(어쩌면 북소리도 들렸을 것이다), 사방에 검은 연기가 피어 오르고, 불빛이 번득인다. 그것은 무

시무시하면서도 황홀한 경험으로 젊은이들의 마음 속에 영원히 새겨졌을 것이다. 그리고 그것은 부족의 결속을 강화시키는 데 도움을 주었을 것이다.

그 무렵에는 사회적 상호 작용이 인류가 살아가는 데 아주 중요한 요소가 된 게 분명하다. 네안데르탈인과 다른 호미니드 종의 희생을 바탕으로 호모 사피엔스가 세계를 지배하게 된 요인은 여러 가지가 있겠지만, 그 중에서도 동맹의 연결망이 아주 큰 역할을 했을 것이다. 그들의 교역 패턴에서 이러한 사회적 촉수가 뻗어 나간 분명한 증거를 발견할 수 있다. 네안데르탈인의 도구는 그 재료가 있는 곳에서 50 km를 벗어나서 발견되는 경우가 드물지만, 호모 사피엔스가 사용한 도구는 최대 320 km나 떨어진 장소에서도 발견된다. 이것은 그들이 상품을 교환하는 정교한 통로들을 만들었고, 복잡한 가족 관계를 형성하고 있었다는 것을 말해 준다. 클라이브 갬블 역시 이 점을 강조한다. "네안데르탈인이 물건(석기와 같은)을 함께 쓴 방식을 살펴보면, 지리적 변이를 거의 발견할 수 없다. 그들은 자기가 사는 곳에서 구할 수 있는 재료를 갖다 썼다. 이와는 대조적으로, 호모 사피엔스는 때로는 수백 km 이상 멀리 떨어져 있는 다른 부족과 함께 물건들을 나누어 썼다. 우리는 연결망이 잘 이루어져 있었으며, 어려운 일을 당했을 때 달려가 도움을 청할 수 있는 친지와 친척이 있었다. 그러나 네안데르탈인은 그렇지 않았다. 그것은 이모들과 사촌들을 기억하는 것과 비슷하다. 우리는 크리스마스 카드를 보냈지만, 네안데르탈인은 그러지 않았다. 그것이 그들이 사라져 간 이유이다."[12]

예술은 이러한 사회적 유대를 강화하는 데 중요한 역할을 했는데, 언어도 역시 그러한 역할을 했다. 둘 다 개념과 물체를 나타내는 데 기호를 사용하는데, 특히 언어는 형성되고 있는 복잡한 관계를 더욱 공고히 하는 중요한 역할을 담당했다. 지구상에 사는 모든 종족과 부족은 아주 복잡한 개념을 서로 주고받는 데 사용할 수 있는 나름의 언어가 있다. 리버풀 대학의 로빈 던바(Robin Dunbar) 교수는 사람은 하루에 약 4만 단어를 말하는데, 그 중 대부분은 하찮은 이야기라고 한다. 대학에서 오가는 일상적인 대화를 분석한 결과에 따르면, 전체 대화 중 86%는 개인적인 인간 관계나 경험에 관한 것(사랑에 관한 이야기, 텔레비전 프로그램, 농담 따위)이다.[13] 따라서, 언어는 부족 생활을 강화시키는 역할을 한 또 하나의 중요한 사회적 접착제였다. 그것은 서로 간에 생존 기술을 전수하는 데에도 도움을 주었을 것이다. 하버드 대학의 언어학자 스티브 핑커(Steve Pinker)의 표현처럼, 복잡한 말은 "현재나 과거를 막론하고, 어떤 사람이 떠올린 천재적인 생각이나 행운의 사건, 시행 착오를 거쳐 얻은 지혜 등에서 혜택을 얻을 수 있게" 해 주기 때문이다.[14] 이에 반해 네안데르탈인은 크로마뇽인보다 의사 소통이 원활하지 않았다는 증거가 있다(꼭 그랬다고 확신할 수는 없지만). 제프리 레이트마(Jeffrey Laitma) 같은 과학자들이 네안데르탈인의 뇌 아랫부분을 분석해 보았더니 호모 사피엔

스에 비해 더 납작했는데, 이것은 후두가 우리보다 더 높은 곳에 위치해 우리처럼 다양한 소리를 낼 수 없었다는 것을 시사한다. 그렇지만 아직 결정적인 증거는 발견되지 않았다.

그리고 의식이라는 문제가 남아 있다. 이것은 아직도 철학자와 심리학자의 골치를 아프게 하는 문제이다. 호모 사피엔스는 자신의 마음 속에서 일어나는 일을 살펴볼 수 있는 능력을 가진 유일한 존재일까? 이러한 질문에 답하는 것은 불가능한 일이지만, 심리학자 니컬러스 험프리(Nicholas Humphrey)는 호모 사피엔스에게 나타난 의식이 아주 복잡한 관계를 정리하는 데 중요한 역할을 했을 것이라고 생각한다. "다른 동물을 훨씬 넘어서는" 우리의 사회적 유대가 지닌 "깊이와 복잡성과 생물학적 중요성"은 자신을 되돌아볼 수 있는 사고 능력 없이는 불가능하다고 그는 말한다.[15]

요컨대, 호모 사피엔스는(더 나은 언어 능력과 지능과 의식을 가지고) 좋은 사냥터와 열매와 과일을 채취할 수 있는 숲에 대한 정보를 주고받고, 도구를 교환하거나 거래하고, 서로 관계를 유지하면서 서서히 세상을 더욱 확고히 지배해 나가게 되었다. 이에 반해 네안데르탈인은 구석기 시대의 혹독한 환경에 더 개인적인 반응을 보이는 생활 방식을 고수했다. 그들은 작은 무리를 이루어 호모 사피엔스보다 더 힘들게 사냥했다. 레슬리 아이엘로는 "네안데르탈인은 때와 장소를 잘못 만난 호미니드였다. 호모 사피엔스는 구성원들이 에너지를 덜 쓰는 방향으로 진화해 갔다. 우리는 경제적인 모델인 것이다."라고 말한다.[16] 달리는 비용이 적게 들고, 유지하기도 쉬웠던 모델인 호모 사피엔스가 성공을 거둔 것은 당연하다. 격리되고 자원 부족에 시달린 네안데르탈인은 크리스 스트링어가 말한 것처럼, "요란하게 사라진 것이 아니라, 조용히 사라져 갔다." 장-자크 위블랭(Jean-Jacques

왼쪽: 쇼베 동굴과 비슷한 벽화들이 그려져 있는 동굴에서 벌어지는 성인식을 상상해 그린 그림. 이러한 동굴은 종교 의식이나 중요한 의식이 벌어진 신성한 장소로 생각된다.

Hublin)도 이를 뒷받침한다. "네안데르탈인은 돌아다니길 좋아했지만, 어려운 시기를 만나면 자신들이 좋아하던 동굴로 돌아왔다. 그런데 시간이 지나 그 동굴로 돌아왔을 때, 그 곳은 이미 널리 영역을 확장하고 있던 호모 사피엔스가 차지하고 있는 것을 발견하게 되었다. 그들은 숨을 곳을 찾아 달아날 수밖에 없었다."

호모 사피엔스가 네안데르탈인보다 지적으로나 문화적으로 우월했다는 견해에 모든 고생물학자가 동의하는 것은 아니다. 앞장에서 네안데르탈인과 호모 사피엔스 간의 이종 교배로 태어난 듯한 화석을 발견한 주앙 질랴우 같은 사람들은 현생 인류가 승리를 거둔 이유는 더 기본적인 데 있다고 주장한다. 그는 "현생 인류가 선택된 민족처럼 아프리카에서 출현했다는 개념이 있다. 그들이 마치 황금 종족이 하등한 네안데르탈인을 대체하며 출현했다는 것은 성경 속의 이야기처럼 들린다. 이것은 너무나도 터무니없는 시나리오이다."라고 말한다. 질랴우는 호모 사피엔스의 우월성을 뒷받침하는 증거들(동굴 벽화, 뼈로 만든 도구, 정교한 목걸이와 장식품)의 연대 측정이 엄밀하지 않았다고 지적한다. 그는 이러한 인공물이 출현한 시기는 현생 인류가

유럽에 도착한 시기와 일치하지 않는다고 주장한다. 호모 사피엔스가 유럽에 나타나기 전에 네안데르탈인은 그것들을 만들고 있었다. "우리와 그들 사이에 지적인 차이는 사실상 거의 없다. 우리는 단지 번식력이 더 뛰어나 수적으로 그들을 압도해 버렸는지도 모른다."[17] 그러나 대부분의 고생물학자는 이에 동의하지 않는다. 네안데르탈인이 유럽에서 사라질 무렵 아주 발달된 도구를 만들었다는 사실은 이들도 인정하지만, 현생 인류가 일으킨 혁신을 단지 모방한 결과라고 생각한다. 폴 멜러스는 "우리는 순전히 운만으로 유럽을 점령한 것은 아니다. 우리는 더 똑똑했다."고 말한다.[18] 이 시기의 유럽 화석에 대한 연대 측정 역시 잘못된 것이 없다고 그는 덧붙인다. 이언 태터설도 호모 사피엔스가 지적 능력이 좀더 뛰어났다고 확신한다. "크로마뇽 인의 행동은 이전에 유럽에서 나타난 것들과 비교할 때 양자 단절이라고까지 표현할 수 있다."[19]

원인이야 무엇이건 간에 최종 결과는 세계 지배로 나타났다. 약 3만 년 전 호모 사피엔스는 지구상에 남은 유일한 호미니드가 되었다(수백만 년 동안에 한 호미니드 종

이 지도는 호모 사피엔스가 아프리카에서 출현하여 서서히 전세계로 퍼져 나가면서 각 지역에 도착한 경로와 대략적인 시간을 보여준다.

1만 5000~3만 5000년 전

북아메리카

남아메리카

대서양

태평양

시간의 모래 위에 남은 발자국

과학자들은 약 200만 년 전 우리 조상이 아프리카를 탈출하기 시작하던 때부터 최근에 현생 인류가 지구상의 가장 먼 지역에 도착한 시기에 이르기까지, 인류가 전세계로 이동해 간 경로를 자세히 추적해 보았다. 이러한 대이주의 세세한 이야기 중 많은 것이 밝혀졌지만, 딱 한 곳만큼은 고생물학자들에게 많은 수수께끼를 남겼는데, 바로 동남아시아에서 오스트레일리아에 걸친 지역이다.

선구적인 연구를 통해 호모 에렉투스가 아프리카를 떠나 유럽과 아시아로 이주한 시기를 약 200만 년 전으로 끌어올리는 데 크게 공헌한 칼 스위셔가 알아 낸 사실을 검토해 보자. 그는 이전에 10만~30만 년 전의 것으로 생각되던 호

모 에렉투스의 화석(인도네시아의 응간동에서 발견된)을 조사해 보았다. 그랬더니 그 연대가 이전보다 훨씬 작은 약 5만 년 전으로 측정되었다. 그러나 이것은 현생 인류가 이 지역에 도착하고 있던 시기와 비슷하다. 따라서, 스위셔의 측정 결과는 믿기 어렵게도 한때 이 지역에서 호모 사피엔스와 호모 에렉투스가 공존했을 가능성을 시사한다.

또 인류가 오스트레일리아에 도착한 시기도 의문이다. 대부분의 연구자들은 호모 사피엔스가 약 6만 년 전에 오스트레일리아에 처음 나타났다고 가정했다. 비록 빙하기 때 섬들 사이에 육교가 연결되긴 했지만, 지난 200만 년 동안에 아시아와 오스트레일리아가 연결된 적은 없었다. 과

학자들은 호모 에렉투스가 배를 타고 항해할 수 있었다고는 생각하지 않았기 때문에, 현생 인류가 배를 타고 아시아에서 건너가기 전까지 오스트레일리아에는 인류가 살지 않았다고 보았다(호모 사피엔스는 세계 최초로 항해를 한 존재로 보인다). 그러나 오스트레일리아 서부에 있는 일부 암각화는 7만 5000년 전에 만들어졌다는 주장이 나왔다. 그렇다면 불과 2만 5000년 전에 아프리카에 나타난 호모 사피엔스가 그 곳까지 그 짧은 기간에 이동했다는 이야기가 된다. 심지어 어떤 과학자들은 인류가 11만 6000~17만 6000년 전에 오스트레일리아에 살았다는 증거를 발견했다고 주장했다. 그러나 암각화는 그 연대를 정확하게 측정하기가 어려우며, 이러한 측정 연대들은 의심을 받았다. 그러나 선사 시대에 사용된 물감인 대자석이 연대가 정확하게 측정된 장소에서 발견되었는데, 이것은 오스트레일리아의 암각화 중 최소한 일부는 실제로 5만~6만 년 전에 만들어졌음을 시사한다.

오스트레일리아의 암각화는 프랑스의 쇼베 동굴이나 라스코 동굴의 동굴 미술과 놀랍도록 비슷하다. 아래 그림들은 노던 준주에 있는 캐서린 강과 빅토리아 강 지역에 있는 암각화이다.

아래 암각화는 최소한 4만 년 전의 것으로 추정된다. 이것은 쇼베 동굴의 그림보다 5000년이나 앞선 것이다.

이 이렇게 독점적인 지위를 누린 것은 처음 있는 일이었다). 이것은 철학적인 측면에서 우리의 선사 시대에 관한 어려운 문제로 남아 있다. 칼 스위셔는 이것을 다음과 같이 표현했다. "많은 사람은 우리가 지구를 완전히 지배한 사건이 아주 최근에 일어났고, 수백만 년 동안은 많은 인류 종이 존재했었다는 사실을 받아들이는 데 어려움을 겪는다. 그것은 본질적으로 종교적인 사고에서 비롯되는 어려움이다. 무신론자나 불가지론자조차도 하느님은 유일신이고, 우리(호모 사피엔스)는 하느님의 형상으로 만들어졌으며, 네안데르탈인 같은 수많은 다른 호미니드는 그렇지 않다는 개념을 주입받으며 자랐다. 그러나 우리가 이 곳 지구에 홀로 남겨진 것이 얼마 되지 않았다는 사실을 받아들이지 않으면 안 된다."[20]

그러한 지배는 풍부한 창조성과 강한 사회적 유대(인간성의 축복이자 저주인)를 발달시킨 수렵 채취인 부족들에 의해 이루어졌다. 이러한 속성들이 결합되어 우리는 달나라 여행(지적인 노력과 강한 팀웍의 소산으로)까지 할 수 있게 되었지만, 그것은 또한 위대한 발명과 강한 사회적 응집력을 모아 그 총부리를 같은 동료 구성원에게 향함으로써 세계 대전을 일으키기도 했다. 이것이 크로마뇽인의 유산이다. 굴드가 말했듯이, 그들은 바로 우리이며, 우리가 그들이 만든 것에 매력을 느끼는 것은 충분히 이해할 수 있다. 그들을 바라볼 때, 우리는 바로 우리 자신을 바라보는 것이다. 아프리카에서 막 출현하여 그 후 수만 년 동안 축적될 기술을 아직 갖추지 못한 우리 자신의 모습을.

그래도 한 가지 수수께끼가 남아 있다. 약 25만 년 전에 호모 사피엔스가 처음으로 나타난 정확한 장소가 어디인지 우리는 전혀 모르고 있다. 또 우리 조상을 빚어 낸 힘과 세계를 정복하도록 그들을 부추긴 진화의 마지막 원동력이 무엇인지도 모르고 있다. 어디에선가 호모 사피엔스는 어떤 행운으로 세상을 지배할 수 있는 특징이 발달하게 되었다. 그러한 특징이 어떤 것인지, 그리고 그것이 왜 그 지역에서 발달했는지 우리는 아직 전혀 모르고 있다. 우리가 알고 있는 것은 사하라 이남의 아프리카 지역 어디선가 특별한 조건의 환경이 나타났고, 가혹한 환경에 놓였던 호미니드의 후손이 지구를 상속받은 존재라는 것뿐이다.

그렇지만 크로마뇽인이 출현한 뒤에 일어난 일은 비교적 쉽게 파악할 수 있다. 구세계와 오스트랄라시아를 서서히 점령한 인류는 베링기아(오늘날의 러시아와 알래스카 사이의 해협에 걸쳐져 있던 육교)를 건너 북아메리카와 남아메리카로 퍼져 갔다. 그 과정에서 검치호랑이, 매머드, 마스토돈, 네뿔영양, 야마 비슷한 포유류를 비롯해 수십 종의 고대 동물이 멸종했다. 1만 1000년 전쯤에는 남극 대륙을 제외한 지구상의 주요 땅덩어리는 모두 인류에 의해 정복되었다. 결국에는 태평양의 가장 외딴 작은 섬들에도 사람이 가서 살게 되었다.

아메리카 대륙을 정복할 무렵 인류는 그 후의 역사에 아주 중요한 의미를 지니게 되는 실험을 시작했는데, 그것은 바로 농업이었다. 채취 생활을 하던 사람들은 식물을 채취하기 좋은 장소를 다시 찾았다가 버려진 씨나 식물에서 새로운 식물이 자라난 것을 발견했을 것이다. 그러자 일부 사람들이 식물을 인위적으로 재배하기 시작했는데, 처음에는 야생에서 먹이가 떨어질 경우에 대비해 믿을 수 있는 식료품 저장실을 만들기 위해 시작했지만, 나중에는 주 식량원을 얻기 위한 목적으로 식물을 재배했다. 얼마 지나지 않아 중동에서는 밀이, 중국에서는 쌀이, 남아메리카에서는 옥수수가, 서아프리카에서는 수수, 기장, 얌이 재배되기 시작했다. 기후 변화도 농업에 도움을 주었는데, 마지막 빙하기가 끝나면서 전세계의 기후는 더 따뜻해지고 습도가 높아졌다. 농업이 시작되자 주어진 땅에서 더 많은 사람들이 살아갈 수 있게 되었다. 다만, 이들은 수렵 채취 생활을 하던 선조보다는 먹이 선택의 폭이 좁아 영양분을 충분히 섭취하지는 못했을 것이다. 그렇지만 옛날 방식을 고수하던 사람들은 농업 생활을 하는 사람들에 비해 수적으로 밀리게 되었고, 또 외딴 장소로 밀려나 살아야 했다(이 과정은 오늘날까지도 계속되고 있다). 인류학자 재레드 다이어먼드(Jared Diamond)는 "현재 남아 있는 극소수 수렵 채취인 집단은 앞으로 수십 년 안에 자신들의 생활 방식을 버리든가 분해되든가 사라질 것이다. 그럼으로써 수백만 년에 걸친 우리의 수렵 채취 생활 방식도 끝날 것이다."라고 경고한다.[21]

농업은 널리 확산되었고, 그와 함께 토지 소유권 개념도 생겨났다. 밀이나 쌀로 부양하면서 생겨난 과잉 인력은 자원을 놓고 싸움을 벌이는 군대를 만드는 데 사용되었고, 농업에 관한 사실들을 기록하는 걸 돕기 위해 문자가 발명되었다. 문자의 발명은 지식의 저장과 축적을 낳아 결국 기술 발전을 촉진시키게 된다. 그러나 모든 대륙이 다 똑같이 축복을 받은 것은 아니었다. 농업 자원이 가장 풍부한 지역은 유라시아(유럽과 중동 지방에 이르는)였다. 그러한 자원으로는 소, 양, 염소, 가금, 말, 밀, 보리 등이 있었다. "대륙 간에 야생 조상 종의 분포가 불균일했던 것이 다른 대륙에 사는 사람들보다 유라시아 사람들이 먼저 총과 균과 쇠를 갖게 된 중요한 이유가 되었다."고 다이어먼드는 말한다.[22] 풍부한 농업 자원을 바탕으로 장차 서양 국가를 만들게 되는 사람들은 처음부터 기술 면에서 멀찌감치 앞서갔기 때문에 다른 지역 사람들은 경쟁이 되지 않았다.

이 점은 아주 중요한데, 아프리카 기원설에서는 호모 사피엔스가 놀랍도록 균일한 종이라는 사실을 분명히 하고 있기 때문이다. 외모로 나타나는 인종 간의 차이는 실제적인 차이보다 더 심한데, 그 중에서 피부색은 태양 자외선에 대해 적응하면서 나타난 기원전 4500년~기원전 5000년에 사용되던 교유기(위)와 맷돌(아래). 예루살렘에서 발견된 초기 농업 도구들이다.

반응일 뿐이다. 그렇다면 왜 오늘날 각 인종이 소유하고 있는 자원에 그렇게 큰 차이가 나타날까? 왜 에스파냐 인이 잉카 인을 정복했고, 잉카 인이 에스파냐 인을 정복하지 못했을까? 왜 서구 국가들만 크루즈 미사일과 레이저 유도 폭탄을 소유하고, 다른 나라들은 소유하지 못했을까? 과거의 설명들(서구인이 선천적으로 더 '활동적'이거나 '야심적'이라는)은 인종차별적인 냄새를 풍긴다. 특히, 인류가 얼마 전에 아프리카에서 시작되었다는 최신 지식에 바탕해 생각하면 더더욱 그렇다. 이에 반해 다이어먼드가 제시한 답(처음에는 모두 똑같은 조건에서 출발했지만, 그 후에 경기장이 기울어졌다는)은 현재 우리가 알고 있는 인류 진화에 관한 지식과 일치한다.

크로마뇽 인의 유산은 그런 식으로 전세계로 분배되었다. 그러나 왜 이처럼 불공평한 상태로 분배되었는지 그 과정을 자세히 밝히는 것은 이 책이 다루고자 하는 내용이 아니다. 그것은 역사학자와 정치학자가 다루어야 할 문제이다. 고생물학자는 단지 우리가 어떻게 현재의 상태에 이르렀는지를 대략적으로 서술할 뿐이다. 골치 아픈 일은 늘 세부적인 데 있지만, 그것은 우리의 최근 역사를 연대기적으로 연구하는 사람들의 몫이고, 원숭이인간 조상으로부터 우리가 진화해 온 과정에 관심을 가진 사람들의 몫은 아니다.

우리가 진화해 온 과정에 관한 이야기가 이 책의 주요 초점이었는데, 이제 그 이야기가 종착역에 이르렀다. 우리는 침팬지와 우리의 공통 조상으로부터 최초의 호미니드들이 어떻게 갈라져 나왔는지 보았고, 그들이 머뭇거리며 사바나로 첫걸음을 옮기고, 라에톨리의 화산재 위로 걸어가는 과정을 추적했다. 그 뒤를 이어 나리오코토메 소년의 죽음, 라시마에 묻힌 사람들의 수수께끼 같은 죽음, 마지막 네안데르탈인의 외로운 최후를 거쳐 마침내 호모 사피엔스가 출현하는 것을 보았다. 이 여행은 세 가지 핵심 단계를 지나왔다. 첫 번째 단계(오스트랄로피테쿠스)는 두발 보행이라는 특징이 나타난 호미니드가 수행했다. 그 다음에는 도구 제작과 잡식성이라는 특징(이러한 특징은 구세계 전체로 퍼져 나가는 원동력이 되었다)을 나타낸 호모 에렉투스가 등장했다. 그리고 마지막으로 현생 인류가 등장했는데, 뛰어난 지적 능력과 사회적 응집력으로 무장한 이들은 지구상에서 유일하게 살아남은 호미니드가 되었다. 이 진화의 대서사시에서 공통된 주제는 날로 심해져 가는 격심한 기후 변동에 대처하여 인류는 점점 더 유연한 반응을 보였다는 것이다. 인류는 두발 보행을 통해 서식지의 범위를 넓히고, 먹이의 종류를 확대시키고, 도구 제작을 통해 새로운 활동 영역을 개척하고, 서로 간의 도움을 극대화하기 위해 사회적 단결을 확대하고 강화시켜 나갔다.

그 최종 결과는 자신이 지구상에 어떻게 나타나게 되었는지 그 답을 찾을 능력을 갖춘 종으로 나타났다. 영국 생물학자 리처드 도킨스(Richard Dawkins)는 "어떤 행성에 사는 지능 생명체가 자신의 존재에 대한 이유를 처음으로 알아 낼 때, 비로소 성숙한 단계에 이른다."고 말했다.[23] 그 정의에 따른다면, 이제 우리는 막 그 단계에 이른 셈이다.

자 료 출 처

제 1 장

1. M. Leakey (1979). Footprints in the Ashes of Time. *National Geographic*, April.
2. 저자와 한 인터뷰(1999).
3. 상동
4. M. Leakey (1979). Footprints in the Ashes of Time. *National Geographic*, April.
5. N. Agnew & M. Demas (1998). Preserving the Laetoli Footprints. *Scientific American*, September, 26–37.
6. M. Leakey (1979). Footprints in the Ashes of Time. *National Geographic*, April.
7. 저자와 한 인터뷰(1999).
8. M. Leakey (1979). Footprints in the Ashes of Time. *National Geographic*, April.
9. N. Agnew & M. Demas (1998). Preserving the Laetoli Footprints. *Scientific American*, September, 26–37.
10. I. Tattersall (1993). *The Human Odyssey*. Prentice Hall, New York.
11. 상동
12. I. Tattersall (1998). The Laetoli Diorama. *Scientific American*, September, 35.
13. M. Leakey (1979). Footprints in the Ashes of Time. *National Geographic*, April.
14. 상동
15. N. Agnew & M. Demas (1998). Preserving the Laetoli Footprints. *Scientific American*, September, 26–37.
16. 저자와 한 인터뷰(1999).
17. 메리 리키는 1979년에 발굴 조사를 끝낼 때, 근처를 흐르는 강에서 모래를 가져와 발자국 화석을 묻었다. 후손을 위해 라에톨리의 발자국을 보호하기 위한 것이었다. 그러나 그 과정에서 아카시아 씨가 그 곳에 묻히게 되었다. 1992년, 아카시아 뿌리가 이 소중한 땅을 손상시키는 것을 염려한 과학자들은 모래를 파내고 발자국을 노출시킨 다음, 그 위에다가 새로이 둔덕을 씌웠다.
    See N. Agnew and M. Demas (1998). Preserving the Laetoli Footprints. *Scientific American*, September, 26–37.
18. M. Leakey (1979). Footprints in the Ashes of Time. *National Geographic*, April.
19. R. Leakey (1994). *The Origin of Humankind*. Weidenfeld & Nicolson, London.
20. M. Leakey (1979). Footprints in the Ashes of Time. *National Geographic*, April.
21. R. Lewin (1999). *Human Evolution: an Illustrated Introduction*. Blackwell.
22. S. J. Gould (1980). Our Greatest Evolutionary Step. *Panda's Thumb*. Penguin, London.
23. O. Lovejoy quoted in R. Leakey (1994). *The Origin of Humankind*. Weidenfeld & Nicolson, London.
24. D. Johanson & B. Edgar (1996). *From Lucy to Language*. Weidenfeld & Nicolson, London.
25. R. McKie (1993). Two Legs Best for Brainy Ancestor. *Observer*, November 14.
26. 저자와 한 인터뷰(1999).
27. Meave Leakey (1995). Exploration in East Africa Reveals Apelike Creatures that Walked Upright Four Million Years Ago. *National Geographic*, September, 38–51.
28. 상동
29. I. Tattersall (1998). *Becoming Human*. Oxford University Press.
30. 저자와 한 인터뷰(1999).
31. 저자와 한 인터뷰(1999).
32. D. Johanson (1996). Face to Face with Lucy's Family. *National Geographic*, March, 96–117.
33. D. Johanson (1976). Ethiopia Yields First Family of Early Man. *National Geographic*, December, 791–811.
34. 상동
35. 상동
36. 상동
37. D. Johanson (1996). Face to Face with Lucy's Family. *National Geographic*, March, 96–117.
38. 비교적 명확한 이 그림은 최근에 새로운 오스트랄로피테신이 발견되면서 다소 흐릿하게 변했다. 이 화석은 이전의 호미니드들이 발견된 장소에서 훨씬 서쪽에 위치한 차드에서 발견되었다. 푸아티에 대학의 미셸 브뤼네(Michel Brunet)가 발견한 이 호미니드에는 오스트랄로피테쿠스 바렐가잘리(*Australopithecus bahrelghazali*)라는 이름이 붙었는데, 리프트밸리에서 서쪽으로 수백 km나 떨어진 장소에서 이 화석이 발견된 것은 동쪽 지역에서 일어난 호미니드의 진화에 관한 이론과 잘 들어맞지 않는다. 그렇지만 앞으로 더 연구해야 할 것이 많이 남아 있다.
39. D. Johanson (1996). Face to Face with Lucy's Family. *National Geographic*, March, 96–117.
40. Quoted by R. Lewin (1995). Bones of Contention: Two Recent Finds of Early Human Fossils have Triggered a Revolution in the Way Anthropologists Think about Evolution. *New Scientist*, November 4.

제 2 장

1. C. Tudge (1995). Human Origins – A Family Feud: Have We Discovered All the Ancestors of *Homo sapiens*? *New Scientist*, May 20.
2. D. Johanson (1996). Face to Face with Lucy's Family. *National Geographic*, March, 96–117.
3. Quoted in R. Lewin (1999). *Human Evolution, an Illustrated Introduction*. Blackwell.
4. 상동
5. 상동
6. 저자와 한 인터뷰(1994).
7. I. Tattersall (1998). *Becoming Human*. Oxford University Press.
8. S. J. Gould (1998). Our Unusual Unity. *Leonardo's Mountain of Clams and the Diet of Worms*. Jonathan Cape, London.
9. R. Dart. *Adventures with the Missing Link*. Quoted in J. Reader (1981). *Missing Links: The Hunt for Earliest Man*. Collins, London.
10. 오스트랄로피테쿠스 아프리카누스(*Australopithecus africanus*)라는 이름은 논란의 대상이 되었는데, 그리스어와 라틴어를 합성한 것도 시빗거리가 되었다. '오스트랄로'는 라틴어로 '남부'라는 뜻이고, '피테쿠스'는 '민꼬리원숭이'라는 뜻의 그리스어를 라틴어식으로 변형시킨 것이다. 그러한 단어 조합은 반감을 불러일으켰다. 〈네이처〉지는 1925년 3월 28일자 기사에서 "오스트랄로피테쿠스라는 이름은 어원학적으로도 정확하지 않을 뿐만 아니라, 별로 마음에 들지 않는 합성어라는 게 일반적인 느낌이다."라고 썼다. 한편, 영국 인류학자 아서 스미스 우드워드는 그 합성어를 '야만적'이라고 표현했다.
    J. Reader(1981), Missing Links: The Hunt for Earliest Man, Collins, London.
11. C. Stringer and R. McKie (1996). *African Exodus*. Jonathan Cape, London.
12. Quoted in J. Reader (1981). *Missing Links: The Hunt for Earliest Man*. Collins, London.
13. C. Darwin (1881). *The Descent of Man*. John Murray, London.
14 J. Reader (1981). *Missing Links: The Hunt for Earliest Man*. Collins, London.
15. 상동
16. Quoted in J. Reader (1981). *Missing Links: The Hunt for Earliest Man*. Collins, London.
17. Quoted in D. Johanson & B. Edgar (1996). *From Lucy to Language*. Weidenfeld & Nicolson.
18. J. Reader (1981). *Missing Links: The Hunt for Earliest Man*. Collins, London.
19. 이러한 채식 습성 때문에 많은 전문가들은 로부스스와 보이세이를 다른 속인 파란트로푸스(*Paranthropus*: '사람에 가까운'이란 뜻)로 분류했다.
20. L. Leakey (1960). Finding the World's Earliest Man. *National Geographic*, June, 420–435.
21. J. Reader (1981). *Missing Links: The Hunt for Earliest Man*. Collins, London.
22. V. Morell (1996). *Ancestral Passions: The Leakey Family and the Quest for Humankind's Beginnings*. Touchstone, New York.
23. L. Leakey (1960). Finding the World's Earliest Man. *National Geographic*, June, 420–435.
24. R. Lewin (1987). *Bones of Contention*. Simon and Schuster, New York.
25. Quoted in V. Morell (1996). *Ancestral Passions: The Leakey Family and the Quest for Humankind's Beginnings*. Touchstone, New York.
26. 상동
27. B. Wood & M. Collard (1999). The Human Genus. *Science* 284, 65–71.
28. A. Walker & P. Shipman (1996). *Wisdom of the Bones*. Weidenfeld & Nicolson, London.
29. 저자와 한 인터뷰(1999).
30. 버나드 우드(Bernard Wood)는 최근에 호모 하빌리스와 호모 루돌펜시스를 오스트랄로피테쿠스 하빌리스와 오스트랄로피테쿠스 루돌펜시스로 분류했다.

B. Wood & M. Collard (1999). The Human Genus. *Science* 284, 65–71.
31. W.H. Calvin (1998). The Emergence of Intelligence. *Scientific American*. Special issue: Exploring Intelligence. Winter.
32. 저자와 한 인터뷰(1999).

제 3 장

1. M. Leakey (1995). The Farthest Horizon. *National Geographic*, September, 38–51.
2. A. Walker & P. Shipman (1996). *The Wisdom of the Bones: In Search of Human Origins*. Weidenfeld & Nicolson, London.
3. R. Leakey & R. Lewin (1992). *Origins Reconsidered*. Little, Brown & Co., London.
4. A. Walker & P. Shipman (1996). *The Wisdom of the Bones: In Search of Human Origins*. Weidenfeld & Nicolson, London.
5. R. Leakey & R. Lewin (1992). *Origins Reconsidered*. Little, Brown & Co., London.
6. A. Walker & P. Shipman (1996). *The Wisdom of the Bones: In Search of Human Origins*. Weidenfeld & Nicolson, London.
7. 상동
8. R. Leakey & R. Lewin (1992). *Origins Reconsidered*. Little, Brown & Co., London.
9. A. Walker & P. Shipman (1996). *The Wisdom of the Bones: In Search of Human Origins*. Weidenfeld & Nicolson, London.
10. C. Stringer & R. McKie (1996). *African Exodus*. Jonathan Cape, London.
11. A. Walker & P. Shipman (1996). *The Wisdom of the Bones: In Search of Human Origins*. Weidenfeld & Nicolson, London.
12. R. Leakey & A. Walker (1985). *Homo Erectus Unearthed: A Fossil Skeleton 1,600,000 years old. National Geographic*. November, 624–9.
13. A. Walker & P. Shipman (1996). *The Wisdom of the Bones: In Search of Human Origins*. Weidenfeld & Nicolson, London.
14. R. Leakey & A. Walker (1985). *Homo Erectus Unearthed: A Fossil Skeleton 1,600,000 years old. National Geographic*. November, 624–9.
15. A. Walker & P. Shipman (1996). *The Wisdom of the Bones: In Search of Human Origins*. Weidenfeld & Nicolson, London.
16. 상동
17. R. Leakey (1981). *The Making of Mankind*. Michael Joseph, London.
18. 저자와 한 인터뷰(1999).
19. A. Walker & P. Shipman (1996). *The Wisdom of the Bones: In Search of Human Origins*. Weidenfeld & Nicolson, London.
20. 상동
21. J. Desmond Clark: quoted at the meeting in his honor, "The Longest Record: the Human Career in Africa," Berkeley, April 1986.
22. 저자와 한 인터뷰(1999).
23. 상동

24. 저자와 한 인터뷰(1999).
25. A. Walker & P. Shipman (1996). *The Wisdom of the Bones: In Search of Human Origins*. Weidenfeld & Nicolson, London.
26. 저자와 한 인터뷰(1999).
27. 저자와 한 인터뷰(1999).
28. 저자와 한 인터뷰(1995).
29. C. Stringer & R. McKie. (1996). *African Exodus*. Jonathan Cape, London.
30. 상동
31. R. Leakey (1981). *The Making of Mankind*. Michael Joseph, London.
32. A. Walker & P. Shipman (1996). *The Wisdom of the Bones: In Search of Human Origins*. Weidenfeld & Nicolson, London.

제 4 장

1. J. Reader (1981). *Missing Links*. Collins, London.
2. S. J. Gould (1988). Men of the Thirty-third Division. *Eight Little Piggies*. Jonathan Cape, London.
3. J. Reader (1981). *Missing Links*. Collins, London.
4. S. J. Gould (1988). Men of the Thirty-third Division. *Eight Little Piggies*. Jonathan Cape, London.
5. Conversation with the author (1999). Also R. Gore (1997). Expanding Worlds. *National Geographic*, May.
6. R. Lewin (1999). *Human Evolution: an Illustrated Introduction*. Blackwell.
7. J. Reader (1981). *Missing Links*. Collins, London.
8. M. Lemonick (1994). How Man Began. New evidence shows that early humans left Africa much sooner than once thought. Did *Homo sapiens* evolve in many places at once? *Time*, March.
9. 저자와 한 인터뷰(1999).
10. A. Walker & P. Shipman (1996). *The Wisdom of the Bones: In Search of Human Origins*. Weidenfeld & Nicolson, London.
11. 저자와 한 인터뷰(1999).
12. A. Walker & P. Shipman (1996). *The Wisdom of the Bones: In Search of Human Origins*. Weidenfeld & Nicolson, London.
13. Quoted in M. Lemonick (1994). How Man Began. New evidence shows that early humans left Africa much sooner than once thought. *Time*. March.
14. Quoted in R. Gore (1997). Expanding Worlds. *National Geographic*, May, 84–109.
15. R. Gore (1997). Expanding Worlds. *National Geographic*, May, 84–109.
16. K. Weaver (1985). The Search for our Ancestors. *National Geographic*, November, 560–623.
17. R. Lewin (1999). *Human Evolution: an*

Illustrated Introduction. Blackwell.
18. J. Kingdon (1993). *Self-made Man and his Undoing*. Simon & Schuster, London.
19. 저자와 한 인터뷰(1999).
20. E. Pennisi (1999). Did Cooked Tubers Spur the Evolution of Big Brains? *Science*, March 26.
21. 상동
22. 저자와 한 인터뷰(1999).
23. 상동
24. R. McKie (1998). Granny Power is Secret of Human Survival. *The Observer*, September 20.
25. 저자와 한 인터뷰(1998)

제 5 장

1. R. Kunzig (1997). Atapuerca: The Face of the Ancestral Child. *Discover*, December, 88–101.
2. R. McKie (1997). To hell and back in search of a lost race. *The Observer*, June 1.
3. 저자와 한 인터뷰, 아타푸에르카(1997).
4. R. Kunzig (1997). Atapuerca: the Face of the Ancestral Child. *Discover*, December, 88–101.
5. 저자와 한 인터뷰(1999).
6. R. McKie (1996). Boxgrove Man Goes Back Underground. *The Observer*, October 20.
7. 저자와 한 인터뷰(1999).
8. I. Tattersall (1998). *Becoming Human*. Oxford University Press.
9. 저자와 한 인터뷰(1999).
10 저자와 한 인터뷰(1999).
11. Quoted in R. Gore(1997). The First Europeans. *National Geographic*, July, 96–113.
12. 저자와 한 인터뷰(1999).
13. 상동
14. Quoted in R. Gore (1997). The First Europeans. *National Geographic*, July, 96–113.
15. 저자와 한 인터뷰(1999).
16. I. Tattersall (1998). *Becoming Human*. Oxford University Press.
17. Quoted in M. Pitts & M. Roberts (1997). *Fairweather Eden*. Century, London.
18. R. Potts (1998). Variability Selection in Hominid Evolution. *Evolutionary Anthropology*.
19. 상동
20. 저자와 한 인터뷰(1999).
21. 저자와 한 인터뷰(1999).
22. 저자와 한 인터뷰(1999).
23. 저자와 한 인터뷰, 아타푸에르카(1997).
24. 상동
25. 상동
26. 상동
27. 저자와 한 인터뷰, 런던 (1999).
28. 상동
29. 저자와 한 인터뷰(1999).
30. R. Kunzig (1997). Atapuerca: the Face of the Ancestral Child. *Discover*, December, 88–101.
31. 저자와 한 인터뷰, 런던(1999).
32. 상동
33. 상동

자료 출처

제 6 장

1. H.G. Wells (1921). *The Grisly Folk*. (Reprinted in H.G. Wells (1958), *Selected Short Stories*. Harmondsworth, Penguin.)
2. J. Reader (1981). *Missing Links*. Collins. London.
3. J. Reader, op. cit. R. Lewin, op. cit.
4. C. Stringer & R. McKie (1996). *African Exodus*. Jonathan Cape, London.
5. J. Shreeve (1995). *The Neanderthal Enigma*. William Morrow, New York.
6. 상동
7. C. Stringer & R. McKie (1996). *African Exodus*. Jonathan Cape, London.
8. 저자와 한 인터뷰, 아무드(1993), and quoted in C. Stringer & R. McKie (1996). *African Exodus*. Jonathan Cape, London.
9. J. Shreeve (1995). *The Neanderthal Enigma*. William Morrow, New York.
10. R. Gore (1996). Neandertals. *National Geographic*, January.
11. R. S. Solecki (1971). *Shanidar: The First Flower People*. Knopf, New York.
12. C. Stringer & R. McKie (1996). *African Exodus*. Jonathan Cape, London.
13. Conversation with the author. Also R. Gore (1996). Neandertals. *National Geographic*, January.
14. Quoted in R. Gore (1996). Neandertals. *National Geographic*, January.
15. 상동
16. 상동
17. J. Shea, quoted in interview with D. Lieberman, Harvard (1994). Also C. Stringer & R. McKie (1996). *African Exodus*. Jonathan Cape, London.
18. K. Schick & N. Toth (1993). *Making Silent Stones Speak*. Weidenfeld & Nicolson, London.
19. W. Golding (1961). *The Inheritors*. Faber, London.
20. A. J. E. Cave & W.L. Straus (1957). Pathology and Posture of Neanderthal Man. *Quarterly Review of Biology* 32, 348–363.
21. J. S. Jones (1993). *The Language of the Genes*. HarperCollins, London.
22. J. Shreeve (1995). *The Neanderthal Enigma*. William Morrow, New York.
23. Quoted in R. Gore (1996). Neandertals. *National Geographic*, January.
24. C. Stringer & R. McKie (1996). *African Exodus*. Jonathan Cape, London.
25. J. Shreeve (1995). *The Neanderthal Enigma*. William Morrow, New York.
26. 저자와 한 인터뷰, 자파라야(1994).
27. J. S. Jones (1994). A Brave, New, Healthy World? *Natural History*, June.

제 7 장

1. J. Shreeve (1995). *The Neanderthal Enigma*. William Morrow, New York.
2. J Kingdon (1993). *Self-made Man and his Undoing*. Simon & Schuster, London.
3. 이 유전적 어머니에게 이브라는 이름을 붙인 사람은 일반적으로 〈샌프란시스코 크로니클〉지의 유명한 과학 저술가인 찰스 프티(Charles Petit)로 알려져 있다. 윌슨은 자신은 그 이름이 마음에 들지 않으며, '우리 모두의 어머니'나 '운 좋은 한 어머니'라는 이름을 더 좋아한다고 말했다. 그렇지만 대다수 사람들은 별 차이를 느끼지 못한다. M. Brown (1990). *The Search for Eve*. HarperCollins, New York.
4. The Search for Adam and Eve. *Newsweek*, 11 January 1988.
5. C. Stringer & R. McKie (1996). *African Exodus*. Jonathan Cape, London.
6. C. Stringer (1996). Out of Eden: A Personal History. Included in C. Stringer & R. McKie. *African Exodus*. Jonathan Cape, London.
7. D.C. Johanson & B. Edgar (1996). *From Lucy to Language*. Weidenfeld & Nicolson.
8. R. Leakey (1983). *One Life*. Michael Joseph, London.
9. J. Shreeve (1992). The Dating Game. *Discover*, September.
10. C. Stringer & R. McKie (1996). *African Exodus*. Jonathan Cape, London.
11. C. L. Brace (1964). The Fate of the "Classic" Neanderthals: A Consideration of Hominid Catastrophism. *Current Anthropology*.
12. Quoted in J. Shreeve (1995). *The Neanderthal Enigma*. William Morrow, New York.
13. C. Stringer (1996). Out of Eden: A Personal History. Included in C. Stringer & R. McKie. *African Exodus*. Jonathan Cape, London.
14. The Search for Adam and Eve. *Newsweek*. 11 January 1988.
15. A. Templeton (1992). Human Origins and the Analysis of Mitochondrial DNA Sequences. *Science* 255, 737. A. Templeton (1993). The "Eve" Hypothesis: A Genetic Critique and Re-analysis. *American Anthropologist* 95, 51–72.
16. M. Ruvolo, interview with author (1994), Harvard. Quoted in C. Stringer & R. McKie. *African Exodus*. Jonathan Cape, London.
17. L. Cavalli-Sforza, P. Menozzi & A. Piazza (1994). *The History and Geography of Human Genes*. Princeton University Press, New Jersey.
18. 저자와 한 인터뷰, 런던(1997).
19. R. McKie (1997). Ancient Genes that Told a Story. *The Observer*, July 13.
20. M. Ruvolo *et al*. (1993). Mitochondrial COII Sequences and Modern Human Origins. *Molecular Biology and Evolution*. D. Woodruff *et al..* (1999). *Proceedings of National Academy of Sciences*.

21. S. J. Gould (1998). Our Universal Unity. *Leonardo's Mountain of Clams and the Diet of Worms*. Jonathan Cape, London.
22. S.J. Gould (1994). So Near and Yet So Far. *New York Review of Books*, 24–28. In the Mind of the Beholder. *Natural History*, February, 14–23.
23. Quoted in A. Palmer (1999). Did She Become Woman? *Sunday Telegraph*, April 25.
24. 상동

제 8 장

1. Quoted in S. Lowry (1997). The Oldest Art Gallery. *The Sunday Telegraph*, June 15.
2. S. J. Gould (1998). Up Against the Wall. *Leonardo's Mountain of Clams and the Diet of Worms*. Jonathan Cape, London.
3. Quoted in T. Patel (1996). Stone Age Picassos. *New Scientist*, July 13.
4. S. J. Gould (1998). Up Against the Wall. *Leonardo's Mountain of Clams and the Diet of Worms*. Jonathan Cape, London.
5. Quoted in T. Patel (1995). Ancient Masters Out Painting in Perspective. *New Scientist*, June 17.
6. Quoted in T. Patel (1996). Stone Age Picassos. *New Scientist*, July 13.
7. S. J. Gould (1996). In the Beginning. *Observer*, April 14.
8. J. Berger (1996). Secrets of the Stone. *Guardian*, November 16.
9. J. Pfeiffer (1982). *The Creative Explosion*. Harper & Row, New York.
10. I. Tattersall (1993). *The Human Odyssey*. Prentice Hall, New York.
11. N. Hawkes (1995). The Original Man. *The Times*, June 17.
12. R. McKie (1998). Scientists Squabble Over the Fate of the Last Neanderthals. *The Observer*, 30 August.
13. R. Dunbar (1994). *The Times*, February 5.
14. S. Pinker (1994). *The Language Instinct*. Allen Lane.
15. Quoted in I. Tattersall (1998). *Becoming Human*. Oxford University Press.
16. 저자와 한 인터뷰(1999).
17. R. McKie (1998). Scientists Squabble Over the Fate of the Last Neanderthals. *The Observer*, August 30.
18. 상동
19. I. Tattersall (1993). *The Human Odyssey*. Prentice Hall, New York.
20. 저자와 한 인터뷰(1999).
21. J. Diamond (1997). *Guns, Germs and Steel*. Jonathan Cape, London.
22. 상동
23. R. Dawkins (1976). *The Selfish Gene*. Oxford University Press.

참 고 문 헌

Brown, M. (1990). The Search for Eve. HarperCollins, New York.

Darwin, C. (1881). The Descent of Man. John Murray, London.

Dawkins, R. (1976). The Selfish Gene. Oxford University Press.

Diamond, J. (1997). Guns, Germs and Steel. Jonathan Cape, London.

Golding, W. (1961). The Inheritors. Faber & Faber, London.

Goodall, J. (1988 rev. edn.). In the Shadow of Man. Weidenfeld & Nicolson, London.

Gould, S. J. (1980). Our Greatest Evolutionary Step. Panda's Thumb. Penguin, London.

Gould, S. J. (1988). Men of the Thirty-third Division. Eight Little Piggies. Jonathan Cape, London.

Gould, S. J. (1998). Our Universal Unity. Leonardo's Mountain of Clams and the Diet of Worms. Jonathan Cape, London.

Johanson, D. C. and Edey, M.A. (1990). Lucy: The Beginnings of Humankind. Penguin, London.

Johanson, D. C. and Edgar, B. (1996). From Lucy to Language. Weidenfeld & Nicolson, London.

Jones, J. S. (1993). The Language of the Genes. HarperCollins, London.

Kingdon, J. (1993). Self-made Man and his Undoing. Simon & Schuster, London.

Leakey, R. & Lewin, R. (1992). Origins Reconsidered. Little, Brown & Co., London.

Leakey, R. (1981). The Making of Mankind. Michael Joseph, London.

Leakey, R. (1983). One Life. Michael Joseph, London

Leakey, R. (1994). The Origin of Humankind. Weidenfeld & Nicolson, London.

Lewin, R. (1987). Bones of Contention. Simon and Schuster, New York.

Lewin, R. (1999). Human Evolution, an Illustrated Introduction. Blackwell, Oxford.

Morell, V. (1996). Ancestral Passions: The Leakey Family and the Quest for Humankind's Beginnings. Touchstone, New York.

Pfeiffer, J. (1982). The Creative Explosion. Harper & Row, New York.

Pinker, S. (1994). The Language Instinct. Allen Lane, London.

Pitts, M. & Roberts, M. (1997). Fairweather Eden. Century, London.

Reader, J. (1981). Missing Links: The Hunt for Earliest Man. Collins, London.

Schick, K. & Toth, N. (1993). Making Silent Stones Speak. Weidenfeld & Nicolson, London.

Shreeve, J. (1995). The Neanderthal Enigma. William Morrow, US.

Solecki, R.S. (1971). Shanidar: The First Flower People. Knopf, New York.

Stringer, C. & McKie, R. (1996). African Exodus. Jonathan Cape, London.

Tattersall, I. (1993). The Human Odyssey. Prentice Hall, New York.

Tattersall, I. (1995). The Fossil Trail. Oxford University Press.

Tattersall, I. (1998). Becoming Human. Oxford University Press.

Walker, A. & Shipman, P (1996). The Wisdom of the Bones: In Search of Human Origins. Weidenfeld & Nicolson, London.

Wells, H.G. (1921). The Grisly Folk. (Reprinted in H.G. Wells (1958), Selected Short Stories. Harmondsworth, Penguin.)

사 진 출 처

찾 아 보 기

인류 진화의 역사
ape•man
THE STORY OF HUMAN EVOLUTION